现代铝加工生产技术丛书

主编 周 江 李凤轶

铝合金管、棒、线材
生 产 技 术

魏长传 付 垚 谢水生 刘静安 编著

北 京

冶 金 工 业 出 版 社

2013

内 容 简 介

本书是《现代铝加工生产技术丛书》之一，详细介绍了铝合金管、棒、线材生产中各种工艺、技术及生产设备等。全书共分6章，内容包括：铝合金管、棒、线材的挤压技术，铝合金管材的轧制技术，铝合金管、棒、线材的拉拔技术，铝合金管、棒、线材的热处理和矫直技术，铝及铝合金管、棒、线材工模具设计，铝及铝合金管、棒、线材生产设备等。

本书是铝加工生产企业工程技术人员和管理人员必备的技术读物，也可供从事有色金属材料与加工的科研、设计、教学、生产和应用等方面的技术人员与管理人员使用，同时可作为大专院校有关专业师生的参考书。

《现代铝加工生产技术丛书》规划出版20分册，目前已出版19分册。

图书在版编目(CIP)数据

铝合金管、棒、线材生产技术/魏长传等编著. —北京：冶金工业出版社，2013.3

（现代铝加工生产技术丛书）

ISBN 978-7-5024-6070-9

Ⅰ.①铝… Ⅱ.①魏… Ⅲ.①铝合金—管材—生产工艺 ②铝合金—棒材—生产工艺 ③铝合金—线材制品—生产工艺 Ⅳ.①TG146.2

中国版本图书馆 CIP 数据核字（2013）第 041292 号

出 版 人　谭学余
地　　　址　北京北河沿大街嵩祝院北巷 39 号，邮编 100009
电　　　话　(010)64027926　电子信箱　yjcbs@cnmip.com.cn
责任编辑　张登科　王雪涛　美术编辑　李　新　版式设计　孙跃红
责任校对　卿文春　责任印制　牛晓波
ISBN 978-7-5024-6070-9

冶金工业出版社出版发行；各地新华书店经销；三河市双峰印刷装订有限公司印刷
2013 年 3 月第 1 版，2013 年 3 月第 1 次印刷
148mm×210mm；12.125 印张；358 千字；371 页
42.00 元

冶金工业出版社投稿电话：(010)64027932　投稿信箱：tougao@cnmip.com.cn
冶金工业出版社发行部　电话：(010)64044283　传真：(010)64027893
冶金书店　地址：北京东四西大街46号(100010)　电话：(010)65289081(兼传真)
（本书如有印装质量问题，本社发行部负责退换）

《现代铝加工生产技术丛书》

主要参编单位

东北轻合金有限责任公司

西南铝业（集团）有限责任公司

中国铝业股份有限公司西北铝加工分公司

北京有色金属研究总院

广东凤铝铝业有限公司

广东中山市金胜铝业有限公司

上海瑞尔实业有限公司

《丛书》前言

  节约资源、节省能源、改善环境越来越成为人类生活与社会持续发展的必要条件，人们正竭力开辟新途径，寻求新的发展方向和有效的发展模式。轻量化显然是有效的发展途径之一，其中铝合金是轻量化首选的金属材料。因此，进入 21 世纪以来，世界铝及铝加工业获得了迅猛的发展，铝及铝加工技术也进入了一个崭新的发展时期，同时我国的铝及铝加工产业也掀起了第三次发展高潮。2007 年，世界原铝产量达 3880 万吨（其中：废铝产量 1700 万吨），铝消费总量达 4275 万吨，创历史新高；铝加工材年产达 3200 万吨，仍以 5% ~ 6% 的年增长率递增；我国原铝年产量已达 1260 万吨（其中：废铝产量 250 万吨），连续五年位居世界首位；铝加工材年产量达 1176 万吨，一举超过美国成为世界铝加工材产量最大的国家。与此同时，我国铝加工材的出口量也大幅增加，我国已真正成为世界铝业大国、铝加工业大国。但是，我们应清楚地看到，我国铝加工材在品种、质量以及综合经济技术指标等方面还相对落后，生产装备也不甚先进，与国际先进水平仍有一定差距。

  为了促进我国铝及铝加工技术的发展，努力赶超世界先进水平，向铝业强国和铝加工强国迈进，还有很多工作要做：其中一项最重要的工作就是总结我国长期以来在铝加工方面的生产经验和科研成果；普及和推广先进铝加工技术；提出我国进一步发展铝加工的规划与方向。

  几年前，中国有色金属学会合金加工学术委员会与冶金工业出版社合作，组织国内 20 多家主要的铝加工企业、科研院所、大专院校的百余名专家、学者和工程技术人员编写出版了大型工具书——《铝加工技术实用手册》，该书出版后受到广大读者，特别是铝加工企业工程技术人员的好评，对我国铝加工业的发展起到一定的促进作用。但由于铝加工工业及技术涉及面广，内容十分丰富，《铝加工技术实用手册》因篇幅所限，有些具体工艺还不尽深入。因此，有读者反映，能有一套针对性和实用性更强的生产技术类《丛书》与之配套，相辅相成，互相补充，将能更好地满足读者的需要。为此，中国有色金属学会合金加工学术委员会与冶金工业出版社计划在"十一五"期间，组织国内铝加工行业的专家、学者和工程技术人员编写出版《现代铝加工生产技术丛书》（简称《丛书》），以满足读者更广泛的需求。《丛书》要求突出实用性、先进性、新颖性和可读性。

《丛书》第一次编写工作会议于 2006 年 8 月 20 日在北戴河召开。会议由中国有色金属学会合金加工学术委员会主任谢水生主持，参加会议的单位有：西南铝业（集团）有限责任公司、东北轻合金有限责任公司、中国铝业股份有限公司西北铝加工分公司、北京有色金属研究总院、广东凤铝铝业有限公司、华北铝业有限公司的代表。会议成立了《丛书》编写筹备委员会，并讨论了《丛书》编写和出版工作。2006 年年底确定了《丛书》的编写分工。

第一次《丛书》编写工作会议以后，各有关单位领导十分重视《丛书》的编写工作，分别召开了本单位的编写工作会议，将编写工作落实到具体的作者，并都拟定了编写大纲和目录。中国有色金属学会的领导也十分重视《丛书》的编写工作，将《丛书》的编写出版工作列入学会的 2007~2008 年工作计划。

为了进一步促进《丛书》的编写和协调编写工作，编委会于 2007 年 4 月 12 日在北京召开了第二次《丛书》编写工作会议。参加会议的有来自西南铝业（集团）有限责任公司、东北轻合金有限责任公司、中国铝业股份有限公司西北铝加工分公司、北京有色金属研究总院、广东凤铝铝业有限公司、上海瑞尔实业有限公司、广东中山市金胜铝业有限公司、华北铝业有限公司和冶金工业出版社的代表 21 位同志。会议进一步修订了《丛书》各册的编写大纲和目录，落实和协调了各册的编写工作和进度，交流了编写经验。

为了做好《丛书》的出版工作，2008 年 5 月 5 日在北京召开

了第三次《丛书》编写工作会议。参加会议的单位有：西南铝业
（集团）有限责任公司、东北轻合金有限责任公司、中国铝业股份
有限公司西北铝加工分公司、北京有色金属研究总院、广东凤铝
铝业有限公司、广东中山市金胜铝业有限公司、上海瑞尔实业有
限公司和冶金工业出版社，会议代表共 18 位同志。会议通报了编
写情况，协调了编写进度，落实了各分册交稿和出版计划。

　　《丛书》因各分册由不同单位承担，有的分册是合作编写，编
写进度有快有慢。因此，《丛书》的编写和出版工作是统一规划，
分步实施，陆续尽快出版。

　　由于《丛书》组织和编写工作量大，作者多和时间紧，在编
写和出版过程中，可能会有不妥之处，恳请广大读者批评指正，
并提出宝贵意见。

　　另外，《丛书》编写和出版持续时间较长，在编写和出版过程
中，参编人员会有所变化，敬请读者见谅。

《现代铝加工生产技术丛书》编委会

2008 年 6 月

前　言

　　铝合金管、棒、线材广泛用于电力、交通、建筑、机械、航空航天和国防军工等领域，在保障国民经济建设和社会发展等方面发挥了非常重要的作用。伴随着国民经济的发展，我国铝合金管、棒、线材生产能力不断扩大，生产门类不断拓宽。在管、棒材生产方面，我国的生产能力大，品种齐全。在线材生产方面，不论是电力铝线、通信照明铝线，还是铝焊丝以及制造飞机用的铆钉线材都能生产，而且生产能力较大。但是，在一些高端铝材领域，我国的生产技术仍不能满足需求，如某些航空用铝合金管、棒材，高端铝焊丝等目前仍需要进口。为了促进我国管、棒、线材加工技术的发展，缩小与国际先进水平的差距，替代进口，作者在总结、提炼多年来铝材生产和科研中积累的经验和科研成果的基础上，参阅、整理了大量国内外最新文献和技术资料，编写了本书，奉献给读者，以期对促进我国铝材加工产业与技术的发展有所帮助。

　　铝合金管、棒、线材生产的主要方法包括挤压、轧制及拉拔等。挤压法目前仍然是铝及铝合金管、棒、线材最主要的生产方法，其产品使用范围广、品种多、质量优。管材轧制是生产无缝管材的主要方法之一。拉拔法普遍用于铝及铝合金管、棒、线材生产，可生产出尺寸精确、表面光洁、强度较高的铝合金管、棒、线材。本书对铝合金管、棒、线材的挤压、轧制及拉拔等工艺进行了详细介绍，包括各种工艺的特点、分类、工艺参数确定方法、工艺流程、工艺编制等方面的内容。除此之外，还详细介绍了管、棒、线材的热处理及矫直技术，工具模的设计技术、铝合金管、棒、线材的生产设备等。本书的编写注重实用性、先进性和行业特色，力求理论联系实际，期望为读者提供一本实用的技术参考书。

　　本书是铝加工生产企业工程技术人员和管理人员必备的技术读物，也可供从事有色金属材料加工的科研、设计、教学、生产和应用方面的技术人员与管理人员使用，同时还可作为大专院校师生的参考书。

　　本书第 1～3 章由付垚博士和魏长传高工编写初稿，第 4～6 章由魏长传高工编写初稿。全书由谢水生、刘静安教授修改、补充并最后审定。

　　本书在编写过程中，参阅了国内外有关专家、学者的文献资料和一些生产企业的实例、图表和数据，并得到了不少专家和工人师傅的指导，程磊、优锋等同志为本书的编写做了大量具体工作，同时得到中国有色金属学会合金加工学术委员会和冶金工业出版社的支持，在此一并表示衷心的感谢！

　　由于作者水平有限，书中不妥之处，敬请广大读者提出宝贵意见。

作　者
2013 年 1 月

目　录

1 铝合金管、棒、线材的挤压技术

1.1 概述

1.1.1 挤压技术的概念

挤压是对放在容器（挤压筒）内的金属坯料施加外力，使之从特定的模孔中流出，获得所需断面形状和尺寸的一种塑性加工方法。

挤压可以生产铝合金管、棒、型、线材。挤压类型可分许多种。

按照金属流动及变形特征分类，有正向挤压、反向挤压、侧向挤压、连续挤压及特殊挤压。按照挤压温度分类，有热挤压、温挤压及冷挤压。

1.1.1.1 正向挤压（正挤压）

将金属坯料与挤压筒存在相对运动的挤压过程称为正向挤压或简称正挤压。通常正向挤压时，其制品流出方向与挤压轴运动方向相同，如图 1-1 所示。正挤压是最基本的挤压方法，以其技术最成熟、工艺操作简单、生产灵活性大等特点，成为铝合金材料压力加工中最广泛使用的方法之一。正挤压的基本特征是，挤压时坯料与挤压筒之间产生相对滑动，存在很大的外摩擦，在大多数情况下，这种摩擦是有害的，它消耗了大量的挤压功，使金属流动不均匀，从而给挤压制品的质量带来不利影响，导致挤压制品头部与尾部、表层部与中心部的组织性能不均匀；由于强烈的摩擦发热作用，限制了铝及铝合金挤压速度的提高，加快了挤压模具的磨损。

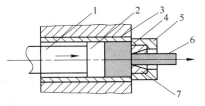

图 1-1 实心材正向挤压示意图

1—挤压轴；2—挤压垫；3—挤压筒；
4—坯料；5—模座；6—制品；7—挤压模

1.1.1.2 反向挤压 (反挤压)

将金属坯料与挤压筒不存在相对运动的挤压过程称为反向挤压或简称反挤压。通常反向挤压时，其制品流出方向与挤压轴运动方向相反，如图 1-2 所示。反挤压法主要用于铝及铝合金管材与型材、无粗晶环棒材的热挤压成型。反挤压时金属坯料与挤压筒壁之间无相对滑动，挤压能耗较低（所需挤压力小），因而在同样能力的设备上，反挤压法可以实现更大变形程度的挤压变形，或挤压变形抗力更高的合金，可以使用长铸锭，提高成品率。与正挤压不同，反挤压时金属流动主要集中在模孔附近的领域，因而沿制品长度方向金属的变形是均匀的，有利于提高制品尺寸精度。在挤压过程中金属产生的变形热较小，有利于提高挤压速度。由于受到挤压轴的限制，挤压制品的外形尺寸相对较小。

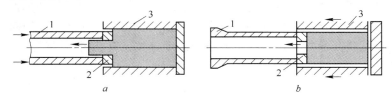

图 1-2   实心材反向挤压示意图
a—挤压杆可动反向挤压；b—挤压筒可动反向挤压
1—挤压轴；2—挤压模；3—挤压筒

1.1.1.3 侧向挤压

金属挤压时制品流出方向与挤压轴运动方向垂直的挤压，称为侧向挤压，如图 1-3 所示。由于其设备结构和金属流动特点，侧向挤压主要用于电线电缆行业各种复合导线的成型，以及一些特殊的包覆材料成型。但近年来，有关通过高能高速变形来细化晶粒、提高材料力学性能的研究受到重视，因而利用可以附加强烈剪切变形的侧向挤压法制备高性能新材料的尝试成为研究热点之一，如侧向摩擦挤压、等

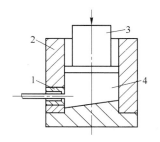

图 1-3   侧向挤压示意图
1—挤压模；2—挤压筒；
3—挤压轴；4—锭坯

通道侧向挤压等。

1.1.1.4　连续挤压

以上所述各种方法的一个共同特点是挤压生产的不连续性，前后坯料的挤压之间需要进行分离压余、充填坯料等一系列辅助操作，影响了挤压生产的效率，不利于生产连续长尺寸的制品。为此，实现挤压生产的连续化是近30年来挤压技术研究开发的重要方向之一。挤压生产真正实现连续化，并获得较好的实际应用，是在英国原子能局的 D. Green 于 1971 年发明了 Conform 连续挤压法之后，如图 1-4 所示。Conform 连续挤压法是利用变形金属与工具之间的摩擦力而实现挤压的。由旋转槽轮上的矩形断面槽和固定模座所组成的环行通道起到普通挤压法中挤压筒的作用，当槽轮旋转时，借助于槽壁上的摩擦力不断地将杆状坯料送入而实现连续挤压。

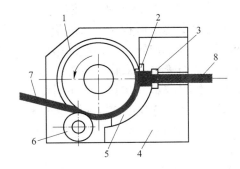

图 1-4　Conform 连续挤压机示意图
1—挤压轮轴；2—挡料块；3—挤压模；4—槽封块；
5—挤压腔；6—压紧轮；7—坯料；8—制品

Conform 连续挤压时坯料与工具表面的摩擦发热较为显著，因此，对于低熔点的铝及铝合金，不需进行外部加热即可使变形区的温度上升至 400 ~ 500℃ 而实现热挤压。Conform 连续挤压适合于铝包钢电线等包覆材料，小断面尺寸的铝及铝合金线材、管材、型材的成型。采用扩展模挤压技术，也可生产较大断面型材。

1.1.2　挤压技术的特点

挤压加工方式在铝合金工业体系中占有特殊的地位，这是因为近些年来随着科学技术的不断进步和国民经济的飞速发展，使用部门对铝合金产品的精度、形状、表面粗糙度和组织性能等各种质量指标提出了新的要求。而向用户保证供应符合各种质量要求的铝合金产品，采用挤压加工技术生产比用其他压力加工方法（如轧制、锻造等）有更大的优越性和可靠性。归纳起来，挤压加工有下列特点：

（1）在挤压过程中，被挤压金属在变形区能获得比轧制、锻造更为强烈和均匀的三向压缩应力状态，可充分发挥被加工金属本身的塑性，因此，挤压法可加工轧制法或锻造法加工有困难甚至无法加工的低塑性难变形金属或合金。对于某些必须用轧制或锻造法进行加工的材料，如7A04、7075、5A06等合金的锻件等，也常用挤压法先对铸锭进行开坯，以改善其组织，提高其塑性。目前，挤压仍然是可以用铸锭直接生产产品的最优越的方法。

（2）挤压法不但可以生产断面形状较简单的管、棒、型、线材产品，而且可生产断面变化、形状极复杂的型材和管材，如阶段变断面型材、逐渐变断面型材、带异型加强筋的整体壁板型材、形状极其复杂的空心型材和变断面管材、多孔管材等。这类产品用轧制法或其他压力加工方法生产是很困难的，甚至是不可能的。异型整体型材可简化冷成型、铆焊、切削、化铣等复杂的工艺过程，这对于减少设备投资、节能、提高金属利用率、降低产品的总成本具有重大的社会、经济效益。

（3）挤压加工方式灵活性很大，只需要更换挤压模、挤压轴、挤压针等挤压工具即可在一台设备上生产形状、规格和品种不同的制品；更换挤压工具的操作简便易行、费时少、工效高。这种加工方法对订货批量小、品种规格多的铝合金材料加工生产厂最为经济适用。

（4）挤压制品的精度比热轧、锻造产品的高，制品表面品质也较好。随着工艺水平的提高和模具品质的改进，现已能生产壁厚为$(0.3 \sim 0.4)\,mm \pm 0.10mm$、表面粗糙度达$0.8 \sim 1.8\mu m$的超薄、超高精度、高品质表面的型材。这不仅大大减少了总工作量和简化了后步工序，同时也提高了被挤压金属材料的综合利用率和成品率。

（5）对某些具有挤压效应的铝合金来说，其挤压制品在淬火时效后，纵向强度性能（R_m、$R_{p0.2}$）远比其他方法加工的同类产品要高。这对挖掘铝合金材料潜力，满足特殊使用要求具有实用价值。

（6）工艺流程短、生产操作方便，一次挤压即可获得比热模锻或成型轧制等方法生产的面积更大的整体结构部件，而且设备投资少、模具费用低、经济效益高。

（7）铝合金具有良好的挤压特性，可以通过多种挤压工艺和多种模具结构进行加工。

虽然挤压加工具有上述许多优点，但由于其变形方式与设备结构的特点，也存在一些缺点：

（1）制品组织性能不均匀。由于挤压时金属的流动不均匀（在无润滑正向挤压时尤为严重），致使挤压制品存在表层与中心、头部与尾部的组织性能不均匀现象。特别是LD2、LD5、LD7等合金的挤压制品，在热处理后表层晶粒显著粗化，形成一定厚度的粗晶环，严重影响制品的使用性能。

（2）挤压工模具的工作条件恶劣、工模具耗损大。挤压时坯料处于近似密闭状态，三向压力高，因而模具需要承受很大的压力作用。同时，热挤压时工模具通常还要受到高温、高摩擦作用，从而大大影响模具的强度和使用寿命。

（3）生产效率较低。除近年来发展的连续挤压法外，常规的各种挤压方法均不能实现连续生产。一般情况下，挤压速度（这里指制品的流出速度）远远低于轧制速度，且挤压生产的几何废料损失大、成品率较低。

尽管用挤压法生产铝合金制品仍存在几何废料损失较大，挤压速度远低于轧制速度，生产效率低，组织和性能的不均匀程度较大，挤压力大，工模具消耗量较大等尚待改进的缺点，但随着现代科技迅猛发展，新挤压工艺、设备和新结构模具的出现，上述缺点也正在被逐渐克服，尤其对铝合金来说，挤压加工方法仍不失为一种确保产品品质、综合效益最好的先进加工方法。

1.2 铝及铝合金挤压时金属流动的特点

铝及铝合金挤压时金属的流动对制品的组织性能、尺寸形状以及表面状态有着重要的影响，而金属变形的均匀性又受到挤压金属的性能、挤压方法以及挤压条件的限制。本节着重分析棒材挤压时金属的流动特点。

　　挤压变形过程中金属流动行为的研究方法，可以分为解析法和实验法两大类。解析法有初等解析法（也称主应力法或平板假设法）、滑移线法、以上限法为代表的能量法、有限单元法等；实验法有坐标网格法、视塑性法、高低倍组织法、云纹法、光塑性法等。这些方法各自具有其他方法所没有的特点，适用于不同的具体研究对象。

　　棒材挤压时金属流动可分为三个阶段：填充挤压阶段、基本挤压阶段及紊流挤压阶段，如图1-5所示。挤压力也随着金属流动的三个阶段发生变化。

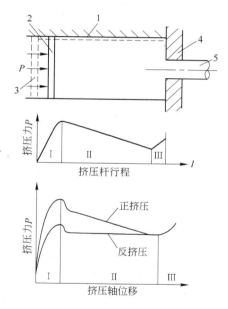

图1-5　棒材挤压时金属流动三个阶段的压力变化

Ⅰ—填充挤压阶段；Ⅱ—基本挤压阶段；Ⅲ—紊流挤压阶段

1—挤压筒；2—挤压垫片；3—填充挤压前垫片的原始位置；4—挤压模；5—制品

1.2.1　填充挤压阶段

　　在挤压时为了便于把锭坯放入挤压筒中，一般锭坯的直径总要比挤压筒的内径小。因此，第一阶段要进行填充挤压，使金属充满整个挤压筒，同时有小部分金属流入模孔。填充挤压阶段金属沿锭坯长度上的不均匀变形和径向流动对制品的力学性能和表面质量有一定的影响。因此，希望锭坯与筒的间隙尽量小些，以能装入挤压筒为准，以便减少填充挤压时的变形量。填充挤压变形量用填充系数 K_t 表示：

$$K_t = F_t / F_D \qquad (1-1)$$

式中　F_t——挤压筒内孔横断面积，mm^2；

　　　F_D——锭坯横断面积，mm^2。

锭坯与筒的间隙越大，填充系数 K_t 越大，填充过程中流出模孔的料头越长，料头损失就越大，同时锭坯在挤压筒中变形，空气不能排出造成表面气泡缺陷。一般 K_t 取值为 1.05～1.10。

挤压刚开始时，作用在锭坯上的外力有：挤压轴施加的挤压力 P、模孔端面的反压力 N、挤压垫片和模子端面的摩擦力 T，如图 1-6 所示。由于前段金属有往外侧流动的趋势，所以模子端面对金属摩擦力的方向指向模孔。

填充挤压开始阶段的应力状态类似自由体镦粗，为三向压应力状态，将轴向应力 σ_1、径向应力 σ_r、周向应力 σ_θ 近似看做主应力。虽然应力状态类似镦粗，但又有差别，这个差别是由于前端对着模口的部分未受到任何压力而产生的。σ_1 沿着径向的分布是不均匀的，由于金属内部的相互作用，不均匀性逐渐减小。

填充挤压金属变形过程如图 1-7 所示，开始时锭坯与模子表面接

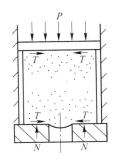

图 1-6　填充挤压开始受力状态

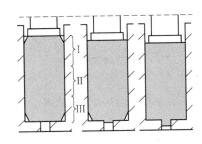

图 1-7　填充挤压金属变形过程示意图

触部分的轴向应力 σ_1 比其他部分大而先达到塑性条件，即 $\sigma_1 \geqslant \sigma_s$，发生塑性变形。但由于端面摩擦力作用，变形量很小。当继续加大挤压力时，锭坯发生"鼓形"，随后继续压缩锭坯，在部位 II 上的金属对容器壁的摩擦使 σ_r 增加，σ_1、σ_r、σ_θ 都很大，继续产生塑性变形困难。那么，在部位 I 上的锭坯所受的平均单位压力比部位 III 上的平均单位压力大，因此，部位 II 处挤压筒的内腔首先被金属填满，而后再填满靠近凹模的部分 III 的空腔。

当挤压断面收缩率（挤压筒与锭坯之间的间隙）较大，锭坯长度和直径的比为 3~4 时，在部位 III 的空腔内空气或者润滑剂完全燃烧的产物，在挤压时受到剧烈压缩并明显发热，这种气体会进入锭坯表面的裂纹中。当裂纹通过模子被焊合后，该气体在出模孔后形成气泡，或者由于裂纹未能焊合而在出模孔后成为起皮。锭坯和挤压筒之间的间隙越大，缺陷就越严重。

为了避免此种情况的发生，锭坯长度与直径之比最好小于 3~4，或者采用"梯度加热"，如图 1-8 所示，即温度高的一端靠近模子，低的一端与垫片接触，使靠近模子的一端首先变形，并在镦粗的过程中逐渐向后变形，从而把挤压筒内的气体排出。梯度加热应用在反向挤压及电缆铝护套连续挤压方面。

当锭坯长度与直径之比很大时，会出现如图 1-9 所示的形状。但是在某种情况下，希望在填充挤压时能有较大的变形量。例如，LC4、LY12 等型材要求的横向力学性能，在填充挤压阶段必须给予锭坯 25%~35% 的镦粗变形才能达到。

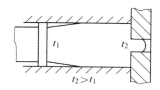
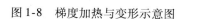
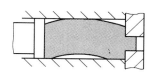

图 1-8　梯度加热与变形示意图　　　图 1-9　锭坯在挤压筒内发生弯曲的状态

在填充挤压阶段金属要流进挤压模孔，但应指出，这部分金属并不是发生塑性变形后流进模孔的，在正对模孔部位的金属不受正压力的作用, 金属向着力最小的方向移动, 而在模孔处, 由于受到模子的作用力, 金属在模口周围产生突变, 这种突变使金属内部产生很大的切应力, 此切应力在模孔的周围最大, 往后逐渐减小, 如图 1-10 所示。

设模子端面对锭坯的压力为 P, 则该处应力 $\sigma = \dfrac{4P}{\pi(D_0 - D_k)^2}$。

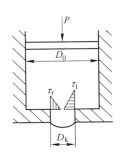

图 1-10 填充挤压阶段模孔处金属的切应力分布
τ_r—径向切应力分布;
τ_1—轴向切应力分布

由于在填充挤压过程中, 模子端面对金属的压力 P 在不断增加, 所以当模孔处的金属切应力 $\tau = \tau_s$ 时, 模孔部分的金属便沿模孔被切断, 并从模孔中推出。此时锭坯的长度最长, 锭坯与挤压筒之间的摩擦力最大。由于各种力的作用, 挤压力上升到最大。

1.2.2 基本挤压阶段

基本挤压阶段是金属从模孔开始流出到挤压将要完毕的过程。在研究金属流动之前, 先分析一下金属锭坯在此阶段的受力与变形状态, 如图 1-11 所示。

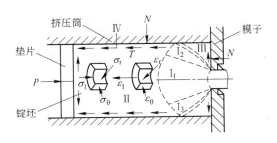

图 1-11 基本挤压阶段金属受力与变形状态

金属锭坯挤压所受的外力有: 挤压轴的正压力 P, 挤压筒壁和模孔壁的反压力 N, 在金属与垫片、挤压筒及模孔接触面上的摩擦力 T, 其作用方向与金属的流动方向相反。这些外力的作用, 决定了挤压时的基本应力状态是三向压应力状态：轴向压应力 σ_1、径向压应力 σ_r 及周向压应力 σ_θ，这对利用和发挥金属的塑性是极其有利的。挤压时的基本变形状态为：一是延伸变形；二是压缩变形，即轴向延伸变形 ε_1，径向压缩变形 ε_r，周向压缩变形 ε_θ，但在不同区域，应力与变形状态的相对数值关系是不同的。

在 I_1 区，由于模口外无任何外力的作用，$\sigma_1 = 0$。当 P 继续加大到一定值，径向压应力 σ_r 及周向压应力 σ_θ 增加到满足塑性条件时，坯料开始发生塑性变形，金属流出模孔，形成 I_1 区。I_1 区为三向压应力状态，径向压应力 σ_r 及周向压应力 σ_θ 都大于轴向压应力 σ_1，变形状态为轴向延伸变形 ε_1，径向压缩变形 ε_r，周向压缩变形 ε_θ。

在 I_2 区，由于 I_2 区处在 I_1 区周围的区域，是三向压应力状态，而 $|\sigma_1| > |\sigma_\theta| > |\sigma_r|$，则对应的变形状态为轴向压缩变形 ε_1，周向压缩变形 ε_θ，径向延伸变形 ε_r。

I 区由 I_1 与 I_2 区构成，总称为塑性变性区，I_1 区称为延伸变形区，I_2 区称为压缩变形区。

II 区为弹性变形区，其应力状态与 I 区相似，但是未满足塑性条件，随着挤压过程的进行，此区坯料不断进入 I 区，I 区不断扩大。

III 区为死区，其应力状态为近似三向等值压力状态，实际是处在弹性变形状态。严格来说，死区并不死，在挤压过程中此区不断变小。

死区形成的原因：锭坯在前端受到模子端面摩擦力的作用，金属受到的径向力小于摩擦力，使金属的流动受到阻碍。又因这部分金属处在挤压筒和模子形成的"死角"处，受冷却作用，金属温度降低，塑性降低，强度升高，不易流动，而形成了难变形区，即称为死区。

影响死区大小的因素有：模角 α、模孔位置、挤压比、摩擦力以及金属强度等。

IV 为剪切变形区，即锭坯与挤压筒间的摩擦作用以及 I 区与 III 区强烈的剪切作用（存在激烈的滑移区），可使金属达到临界切应力，产生塑性变形，促使 II 区的金属进入 I 区。

由于挤压时，塑性变形区轴向流动速度中心部位快、外围部位慢，而出模口后的外端和中心金属相互制约，中心部位金属受到外部金属的牵制而形成压应力，外部金属受到中心部位金属的带动，而承受拉应力，从而形成了图 1-12 所示的内应力。棒材头部的 σ_r^n 往往使塑性较差的金属产生头部裂开，而棒材表面的 σ_1^n 则是产生表面周向裂纹的根源。弹性变形区的 σ_1^n 促使塑性变形区范围扩大，在挤压临近终了时，σ_1^n 的中间拉应力还能促使中心缩尾的形成。

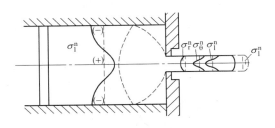

图 1-12　棒材单孔挤压时的内应力

基本挤压阶段金属流动特点是随着挤压条件的变化而不同，在通常情况下，锭坯的内外层金属在此阶段内不发生交错或反向紊乱流动，原来中心或边部的金属，挤压后仍在挤压制品的中心或边部。

下面是单孔锥形模不润滑正向挤压圆棒实验。圆棒是由两瓣组成，在圆棒中心组合面划有方向网格，观察基本挤压阶段变形过程坐标网格的变形，研究正向实心棒材挤压金属的流动特点，如图 1-13 所示。

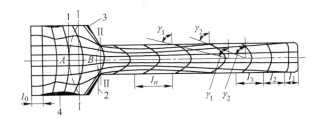

图 1-13　正向挤压实心棒材坐标网格变化（$\gamma_1 > \gamma_2$）

l_0—变形前网格形状；l_1、l_2、l_3、…、l_n—变形后网格被拉长；

Ⅰ—Ⅰ—模孔入口处平面；Ⅱ—Ⅱ—模孔出口处平面

1—变形区压缩锥部分的起点；2—变形区压缩锥部分的终点；3—弹性区（死区）；4—刚性区

（1）坐标网格上纵向线的变化特征：

1）原来平行于挤压轴线的各条纵向线，在变形后，除了前端部分外，基本上保持为平行线，这说明金属在基本挤压阶段未发生紊流，属近似平流运动。

2）这些纵向线在进入和流出变形区压缩锥时，都要发生两次相反的弯曲。第一次弯曲是进入变形区压缩锥平面Ⅰ—Ⅰ之前，第二次弯曲是从变形区出口平面Ⅱ—Ⅱ流出之前。如果把每条纵向线开始和终了的弯曲点连接起来，则可得到两个均匀的轴对称曲面，如虚线Ⅰ—A—Ⅰ、Ⅱ—B—Ⅱ所示。这两个曲面朝着与金属流动方向相反的方向凸出，由这两个曲面和模子附近的弹性区（即死区）所形成的回转曲面的面积，就是金属正挤压时的变形区压缩锥，即塑性变形区。塑性变形区随内外部条件的变化而变化。纵向坐标线有时在未进入塑性变形区之前距离垫片不远处发生明显的弯曲，形成细颈。产生的原因主要是：锭坯外层金属在挤压筒壁上的摩擦力作用下，落后于内层的金属，而挤压垫片上的摩擦力阻碍着金属向中心变形，当挤压垫片作用在锭坯上的压力达到一定数值后，外层金属则开始向中心部分压缩而形成细颈。

3）在变形区内，各条纵向线的弯曲程度从周边向中心逐渐减小，这说明距离中心层越远的金属，其相对变形程度越大。

（2）坐标网格上横向线的变化特征：

1）所有原来垂直于挤压轴线的各条横向直线，在变形后都在金属流出方向发生轴对称的弯曲凸出。这是由于周边层的金属受到挤压筒内壁摩擦力作用（无润滑）而使其流动比中心层滞后造成的，说明金属变形不均匀。

2）在正常挤压条件下，除了少数密集在制品前端的横向线外，其他横向线都变成为近似于双曲线的形状。这些曲线的顶部由前（压出端）向后逐渐变尖，说明这些横向线在进入变形区之前，由于挤压筒内壁摩擦力的影响已使其发生弯曲，距离变形区越远的横向线，在挤压筒内的移动距离越长，所受摩擦力的影响越大，其弯曲程度越大，顶点也越尖。横向坐标线的弯曲程度，由棒材的前端往后端逐渐增加，其线间距离也逐渐增大，即 $l_1 < l_2 < l_3 < \cdots < l_n$，当达到一

定位置时趋于稳定不变。这说明在挤压制品的长度方向上,金属变形也是不均匀的。

3)从横向线的弯曲程度可知,在挤压制品的所有环形层上,除了发生剪切变形外,金属还发生基本的延伸变形和压缩变形。

剪切变形量的大小是由中心向周边逐渐增加的,这说明在挤压制品的同一横断面上,其变形程度也是不均匀的。挤压后的坐标网格存在着畸变,中间的方格变为近似矩形,外层的方格变为近似平行四边形,这说明外层金属除了受到延伸变形外,还受到附加剪切变形,其切变角 γ 由中心层向外层、由前端向后端逐渐增加。

(3)前端头部的变形特点:

1)制品前端头部横向线的弯曲程度较小,说明前端头部金属的变形量很小。例如,在挤压大直径棒材时,由于前端变形量太小,常保留着一定的铸造组织,故在生产工艺中规定要切去挤压制品前端一定长度的几何废料。

2)在相同条件下,采用锥形模挤压时,由于坯料前端头部有一部分表面转移到制品的侧面,故其前端头部的变形量比采用平模挤压时大得多。

1.2.3 紊流挤压阶段（挤压结束阶段）

挤压过程中,当挤压筒中锭坯长度减小到接近变形区压缩锥高度时的金属流动阶段称为紊流挤压阶段。在此阶段挤压力升高,其原因是在挤压后期金属径向流动增加,为实现金属径向流动需克服更大的变形抗力。另外,在锭坯与挤压筒之间摩擦力的作用下,锭坯表面被污染的金属留在挤压筒内壁,经挤压垫片的清理,留存在锭坯尾端,同时,由于锭坯中心部位的金属流动速度快于边部金属,而边部金属不能及时补充上,在尾部中心部位形成空洞及缩尾缺陷,这对制品的质量有影响。因此在挤压结束阶段要留有压余。

金属在挤压结束阶段的流动速度,主要是使金属径向流速增加。以平模挤压为例,径向流速的增加与锭坯的直径和金属质点的位置有关,变形区中的锭坯直径越大,则流速越小;金属质点越接近模孔,流速越大。这是由于在垫片未进入变形区压缩锥之前,变形区中的体积并未减小，进入变形区多少金属，从模孔流出多少金属；当垫片进入变形区压缩锥后，变形区中的体积减小，而在挤压速度 v_j 和延伸系数不变的条件下，金属从模孔流出速度为 $v_1 = \lambda v_j$，v_1 不变，要求向模孔中供应的金属体积也不变，这必然要引起金属径向流速增大。由于在挤压结束阶段，金属与垫片和模子的接触面不变，金属与挤压筒的接触面减少得不多，并且金属沿挤压筒的滑动速度不快，等于 v_j，因此必将引起消耗于金属内部滑动的功率增加，而使挤压力增大。

挤压末期压余很薄时，由于金属流动不均匀会造成挤压缩孔缺陷。棒材多孔挤压时，与单孔挤压相比，不同的是变形区不是一个，而是多个。每个模孔都对应一个小变形区，其应力-变形特点、不均匀流动情况均与单孔挤压时相似。但对整个锭坯来说，不均匀变形（塑性流动）要比单孔挤压有所减轻。

1.3   挤压管、棒、线材时挤压力的计算方法

挤压力就是挤压轴通过垫片作用挤压锭坯使金属从模孔流出来的压力。若挤压力除以垫片的断面积，则成为单位挤压力，也称挤压应力。实践证明，挤压力是随挤压轴的行程而变化的，所要计算的挤压力是指曲线上的最大挤压力，它是确定挤压机吨位和校核挤压机部件强度的依据。

1.3.1   挤压力的影响因素

1.3.1.1   合金的本性和变形抗力
一般来说，挤压力与挤压时合金的变形抗力成正比关系。但由于合金性质的不均匀性，往往不能保持严格的线性关系。

1.3.1.2   锭坯的状态
锭坯内部组织性能均匀时，所需要的挤压力较小；经充分均匀化退火铸锭的挤压力比不进行均匀化退火的铸锭挤压力低；经一次挤压后的制品作为二次挤压的锭坯时，在相同工艺条件下，二次挤压时所需的单位挤压力比一次挤压时的单位挤压力大。

1.3.1.3   锭坯的形状与规格
锭坯的形状与规格对挤压力的影响实际上是通过挤压筒内锭坯与

筒壁之间的摩擦阻力而产生作用的。锭坯的表面积越大，与筒壁的摩擦阻力就越大，因而挤压力也就越大。在不同挤压条件下，锭坯与筒壁之间的摩擦状态不同，锭坯的形状与规格对挤压力的影响规律也不同。正向无润滑热挤压时，锭坯与筒壁之间处于常摩擦应力状态，随着锭坯长度的减小，挤压力线性减小。但当挤压过程中锭坯在长度上温度发生变化时，挤压力一般为非线性变化。

有润滑正挤压、冷挤压、温挤压时，由于接触表面沿轴向非均匀分布，故摩擦应力也非均匀分布，挤压力与坯料长度之间一般为非线性关系。

1.3.1.4 工艺参数

(1) 变形程度。通常挤压力与变形程度的对数呈正比关系。

(2) 变形温度。变形温度对挤压力的影响是通过变形抗力的大小反映出来的。一般来说，随变形温度升高，变形抗力下降，所需挤压力减小，但一般为非线性关系。

(3) 变形速度。变形速度也是通过变形抗力的变化影响挤压力的。冷挤压时，挤压速度对挤压力的影响较小。热挤压时，在挤压过程无温度、外摩擦变化等条件下，挤压力与挤压速度（对数比例）之间呈线性关系。

1.3.1.5 外摩擦条件

随外摩擦的增加，金属流动不均匀程度增加，因而所需的挤压力增加。同时，由于金属和挤压筒、挤压模、挤压垫片之间的摩擦阻力增加，挤压力大大增加。一般来说，正向挤压铝合金时，因锭坯与挤压筒之间的摩擦阻力比反向热挤压时大，而使其挤压力提高25%~35%。

1.3.1.6 模子形状与尺寸

(1) 模角的影响。模角对挤压力的影响，主要表现在变形区及变形区锥表面，而克服金属与筒壁间摩擦力及定径带上摩擦力所需的挤压力与模角无关。在一定的变形条件下，如图1-14所示，随着模角 α

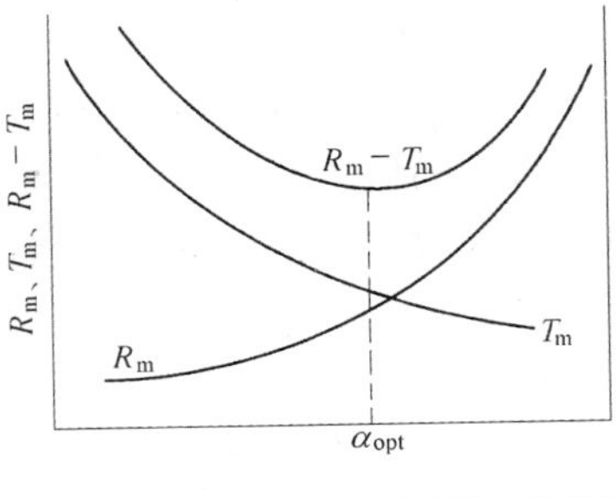

图1-14 挤压力分量与圆锥模角的关系

的增大，在变形区内变形所需的挤压力分量 R_m 增加，这是由于金属流入和流出模孔的附加弯曲变形增加之故；但克服模子锥面上摩擦阻力的分量 T_m 则由于摩擦面积的减小而下降。以上两种外力综合作用结果，使 $R_m - T_m$ 在某一模角 α_{opt} 下为最小，从而总的挤压力也为最小，α_{opt} 称为最佳模角。过去一般认为，挤压最佳模角一般在45°~60°的范围内。理论分析表明，最佳模角与挤压变形程度（$\varepsilon_e = \ln\lambda$）之间具有如下关系：

$$\alpha_{opt} = \arccos \frac{1}{1 + \varepsilon_e} = \arccos \frac{1}{1 + \ln\lambda} \qquad (1-2)$$

（2）模面形状的影响。模面形状对金属流动均匀性和挤压力的影响的研究表明，采用合适形状的曲面模挤压，以改善金属的挤压性，降低挤压生产能耗，有其重要意义。

（3）定径带长度的影响。随着定径带长度的增加，克服定径带摩擦阻力所需的挤压力增加。消耗在定径带上的挤压力分量为总挤压力的5%~10%左右。

（4）其他因素的影响。挤压模的结构、模孔排列位置等对挤压力也有较大的影响。当挤压条件相同时，采用桥式模挤压空心材的挤压力比采用分流模挤压的挤压力下降30%。采用多孔模挤压时，模孔的排列位置对挤压力也有一定影响。

1.3.1.7 制品断面形状

在挤压变形条件一定的情况下，制品断面形状越复杂，所需的挤压力越大。如在相同条件下，厚度小的扁棒所需挤压力比厚度大的要大。

1.3.1.8 挤压方法

不同的挤压方法所需的挤压力不同。反挤压的挤压力比同等条件下正挤压的低30%~40%以上；侧向挤压比正挤压所需的挤压力大。此外，有效摩擦挤压、静液挤压、连续挤压比正挤压所需的挤压力要低得多。

1.3.1.9 挤压操作

除了上述影响挤压力的因素外，实际挤压生产中，工艺操作和生产技术等方面的原因对挤压力的大小影响也很大。例如，加热温度不均匀、挤压速度太慢或挤压筒加热温度太低等因素，可导致挤压力在挤压过程中产生异常的变化。

1.3.2 挤压力的计算方法

1.3.2.1 计算方法

挤压力的计算方法有多种：经验公式法、图解法、切块法、滑移线法、变形功法、上限法、有限元法和神经元网络法。

A 经验公式法

经验公式法是把大量经验数据经数学方法处理后得到的具有一定精确度的计算方法。该法简便易用，但缺乏通用性。

B 图解法

图解法是通过将一些挤压力的主要影响因素图线化而得到的一种计算方法。该法直观简便，但使用时其他因素对其准确性影响较大。

C 切块（主应力法）法

切块法是把问题简化为平面问题或者轴对称问题，由近似平衡方程和近似塑性条件联立求解。该法尽管粗糙，但使用简便。

D 滑移线法

滑移线法是把问题假设为理性刚塑体的平面应变问题，针对具体变形工序，建立相应的滑移线场，然后利用其某些特性，求解挤压力的大小。该法具有几何直观性，可区分变形区和刚性区。但要正确建立变形体内的滑移线场是一个相当复杂的问题，有时需要配合专门的试验才能确定。

E 变形功法

变形功法是建立在能量守恒定律的基础上，假设应变是在最大主应力或剪应力的作用下发生的，从而使求解过程简化。该法使用简便。

F 上限法

上限法是依据能量平衡原理，利用虚功原理和最大塑性功原理求解外界载荷极限值。该法使用简便。

G 有限元法

有限元法是把复杂的集合体挤压过程的非线性问题转化成离散

的、单元的线性问题来处理，能够全面考虑各种边界条件，可以一次模拟求出全部物理量（应力场、速度场和温度场等）和较为详细的变形信息。该法缺点是要用计算机电算处理，对读者的专业基础要求较高。

H　神经元网络法

神经元网络法是依靠计算机对实验数据模拟得到的模型进行仿真，根据模型进行预报、反复训练的一种方法。该法缺点是依赖实验数据，缺乏通用性。

适用于工程使用的挤压力计算方法应当是简捷、方便和实用的。由于切块法、上限法和经验公式通常给出具体的挤压力数值，使用起来比较方便。

1.3.2.2　棒材挤压力计算方法的种类

挤压棒材时，按锭坯受力情况，将其分成四个区域，如图 1-15 所示。

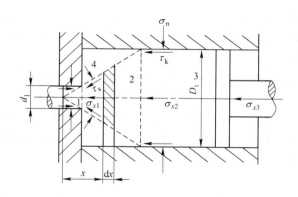

图 1-15　棒材挤压时的受力状态

1—定径区；2—塑性变形区；3—未变形区；4—难变形区（死区）

第 1 区为定径区，锭坯在该区域内不发生塑性变形，除受到挤压模工作带表面给予的压力和摩擦力作用外，在与 2 区的分界面上还将受到来自 2 区的压力 σ_{x2} 的作用。锭坯在此区内处于三向压应力状态。

第 2 区为塑性变形区，锭坯在此区将受到来自 1 区的压应力 σ_{x1}、来自 3 区的压应力 σ_{x2}、来自 4 区的压应力 σ_n 和摩擦应力 τ_s 的作用。

因此，此区坯料处于三向应力状态。

第 3 区为未变形区，它在 2 区的压应力 σ_{x2}、垫片的压应力 σ_{x3}、挤压筒壁的压应力 σ_n 和摩擦力 τ_k 的作用下产生强烈的三向压应力状态。在垫片附近是三向等值压应力状态。在此区坯料不发生塑性变形。

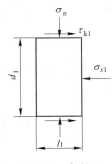

图 1-16 定径区
受力分析

第 4 区为难变形区（死区），其应力状态与镦粗时接触表面中心部分的难变形区相似，也是近于三向等值压应力状态，锭坯处于弹性变形状态。在挤压后期，死区范围不断缩小，转入塑性变形区。用锥模挤压时，如模角和润滑条件好，也可以出现无死区的情况。

下面从 1 区开始逐渐推导挤压应力 $\sigma_{x3} = \sigma_j$ 的计算公式。

定径区受力情况如图 1-16 所示，由于锭坯在塑性变形区产生的弹性变形恢复而产生 σ_n，并且锭坯与模子工作带有相对运动，便产生摩擦应力 τ_{k1}，可按库仑摩擦定律确定，可近似取 $\sigma_n \approx \sigma_x$。

$$\tau_{k1} = f_1\sigma_n = f_1\sigma_x \qquad (1\text{-}3)$$

根据静力平衡方程：

$$\sigma_{x1}\frac{\pi}{4}d_1^2 = \tau_{k1}\pi d_1 l_1$$

$$\sigma_{x1}\frac{\pi}{4}d_1^2 = f_1\sigma_s\pi d_1 l_1$$

$$\sigma_{x1} = \frac{4f_1\sigma_s l_1}{d_1} \qquad (1\text{-}4)$$

式中　l_1——工作带长度；

　　　d_1——工作带直径；

　　　f_1——工作带与锭坯间的摩擦系数。

变形区单元体的受力情况如图 1-17 所示。在塑性变形区与死区的分界面上，应力达到极

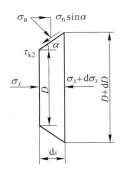

图 1-17 塑性变形区
单元体上的作用力

大值 $\tau_{k2} = \dfrac{1}{\sqrt{3}}\sigma_s = \tau_s$，作用在单元体锥面上的应力沿 x 轴的平衡方程为

$$\frac{\pi}{4}(D + \mathrm{d}D)^2(\sigma_x + \mathrm{d}\sigma_x) - \frac{\pi}{4}D^2\sigma_x -$$

$$\pi D\frac{\mathrm{d}x}{\cos\alpha}\sigma_n\sin\alpha - \frac{1}{\sqrt{3}}\sigma_s\pi D\mathrm{d}x = 0 \qquad (1-5)$$

整理后，略去高阶微量

$$\frac{\pi D}{4}(D\mathrm{d}\sigma_x + 2\sigma_x\mathrm{d}D) - \frac{1}{2}\sigma_n\pi D\mathrm{d}D - \frac{\sigma_x}{\sqrt{3}}\frac{\pi D}{2\tan\alpha}\mathrm{d}D = 0$$

$$2\sigma_x\mathrm{d}D + D\mathrm{d}\sigma_x - 2\sigma_n\mathrm{d}D - \frac{2\sigma_x}{\sqrt{3}}\frac{\mathrm{d}D}{\tan\alpha} = 0 \qquad (1-6)$$

将近似塑性条件 $\sigma_n - \sigma_x = \sigma_s$ 代入

$$D\mathrm{d}x - 2\sigma_s\mathrm{d}D - \frac{2\sigma_x}{\sqrt{3}}\cot\alpha\mathrm{d}D = 0$$

$$\mathrm{d}\sigma_x = 2\sigma_s\left(1 + \frac{1}{\sqrt{3}}\cot\alpha\right)\frac{\mathrm{d}D}{D} \qquad (1-7)$$

将两边积分得

$$\sigma_x = 2\sigma_s\left(1 + \frac{1}{\sqrt{3}}\cot\alpha\right)\ln D + C \qquad (1-8)$$

当 $D = d_1$ 时，$\sigma_x = \sigma_{x1} = \dfrac{4f_1l_1}{d_1}\sigma_s$

$$\frac{4f_1l_1}{d_1}\sigma_s = 2\sigma_s\left(1 + \frac{1}{\sqrt{3}}\cot\alpha\right)\ln d_1 + C \qquad (1-9)$$

将式(1-9)与式(1-8)相减得

$$\sigma_x = 2\sigma_s\left(1 + \frac{1}{\sqrt{3}}\cot\alpha\right)\ln\frac{D}{d_1} + \frac{4f_1\sigma_sl_1}{d_1}$$

$$\sigma_x = \sigma_s\left(1 + \frac{1}{\sqrt{3}}\cot\alpha\right)\ln\left(\frac{D}{d_1}\right)^2 + \frac{4f_1\sigma_sl_1}{d_1} \qquad (1-10)$$

当 $D = D_t, \sigma_x = \sigma_{x2}$，则

$$\sigma_{x2} = \sigma_s\left(1 + \frac{1}{\sqrt{3}}\cot\alpha\right)\ln\left(\frac{D_t}{d_1}\right)^2 + \frac{4f_1\sigma_s l_1}{d_1}$$

$$\sigma_{x2} = \sigma_s\left(1 + \frac{1}{\sqrt{3}}\cot\alpha\right)\ln\lambda + \frac{4f_1\sigma_s l_1}{d_1} \qquad (1\text{-}11)$$

在未变形区，由于坯料与挤压筒间的压应力 σ_n 数值很大，可按常摩擦应力区确定，所以其摩擦应力 $\tau_k = \tau_s = \frac{1}{\sqrt{3}}\sigma_s$，则垫片表面的挤压力为

$$\sigma_j = \sigma_{x3} = \sigma_{x2} + \frac{1}{\sqrt{3}}\sigma_s\frac{4\pi D_t l_3}{\pi D_t^2} \qquad (1\text{-}12)$$

未变形区长度为 $l_3 = l_0 - l_2 = l_0 - \dfrac{D_t - d_1}{2\tan\alpha}$

$$\sigma_j = \sigma_{x2} + \frac{1}{\sqrt{3}}\frac{4l_3}{D_t}\sigma_s \qquad (1\text{-}13)$$

将式(1-12)代入式(1-13)

$$\sigma_j = \sigma_s\left[\left(1 + \frac{1}{\sqrt{3}}\cot\alpha\right)\ln\lambda + \frac{4f_1 l_1}{d_1} + \frac{4}{\sqrt{3}}\frac{l_3}{D_t}\right] \qquad (1\text{-}14)$$

则挤压力

$$P = \sigma_j\frac{\pi}{4}D_t^2 \qquad (1\text{-}15)$$

式中　α——死区角度（死区与变形区分界线同挤压筒中心线夹角），平模挤压时取 $\alpha = 60°$，锥模挤压时，如无死区，则 α 即为模角；

　　　λ——挤压系数（挤压比）；

　　　D_t——挤压筒内径，cm；

　　　d_1——模孔直径，cm；

　　　l_1——工作带长度，cm；

　　　l_2——变形区长度，cm；

l_3 ——未变形区部分锭坯的长度，cm；

l_0 ——锭坯的长度，cm；

σ_s ——挤压锭坯的变形抗力，其值取决于锭坯的性质、挤压温度、变形速度和变形程度，可根据表 1-1 选用，MPa；

σ_j ——挤压应力，MPa；

P ——挤压力，MN。

1.3.2.3　计算挤压力的简化公式

计算挤压力的公式很多，现介绍一种比较简化的计算公式：

$$P = \beta A_0 \sigma_0 \ln\lambda + \mu\sigma_0\pi(D + d)L \qquad (1-16)$$

式中　P ——挤压力，N；

A_0 ——挤压筒断面积或挤压筒与挤压针之间的环形面积，mm^2；

σ_0 ——金属变形抗力，MPa；

λ ——挤压系数；

μ ——与剪切有关的系数(无润滑摩擦系数)，取 0.557；

D ——挤压筒直径，mm；

d ——挤压大针直径，cm；

L ——镦粗后铸锭的长度，mm；

β ——与摩擦(金属内摩擦)有关的修正系数，一般取 1.3 ~ 1.5 (硬合金取下限，软合金取上限)。

此计算式分为两项，第一项表示的是为了使金属产生塑性变形而需要的挤压力；第二项则是为了克服作用在挤压筒壁和穿孔针侧面上的摩擦力而需要施加的挤压力。式中金属变形抗力可通过应变速度系数 C_v 来近似确定，其公式为：

$$\sigma_0 = C_v\sigma_s \qquad (1-17)$$

式中　σ_s ——不同变形温度下的变形应力，其值的选取见表 1-1；

C_v ——不同挤压温度下变形抗力的应变速度系数，可按图 1-18 确定。图中的横坐标为平均应变速度，可根据下式计算：

$$\dot{\varepsilon} = \varepsilon_e/t_s \qquad (1-18)$$

式中 ε_e——挤压时的真实延伸应变，$\varepsilon_e = \ln\lambda$；

$\quad\quad t_s$——金属质点在变形区中停留的时间，s。

表 1-1 铝合金不同变形温度下的 σ_s 值 （MPa）

合金牌号	变形温度/℃						
	200	250	300	350	400	450	500
纯铝	57.8	36.3	27.4	21.6	12.3	7.8	5.9
5A02			63.7	53.9	44.1	29.4	17.8
A05				73.5	56.8	36.3	25.5
5A06			78.4	58.8	39.2	31.4	28.6
3A21	52.9	47.0	41.2	35.3	31.4	23.5	15.5
6A02	70.6	51.0	38.2	32.4	28.4	25.7	18.5
2A50				55.9	39.2	31.4	24.5
6063				32.9	24.5	16.7	14.7
2A11			53.9	44.1	34.3	29.4	24.5
2A12			68.6	49.0	39.2	34.3	27.4
7A04			88.2	68.6	53.9	39.2	34.3

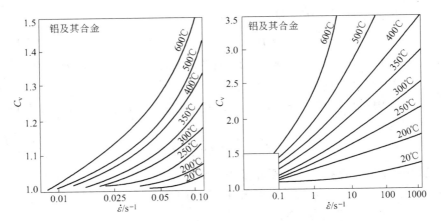

图 1-18 铝及铝合金变形抗力的应变速度系数图

挤压过程中，金属质点在变形区中停留的时间可按照秒体积流量来计算：

$$t_s = B_M/B_s \qquad (1-19)$$

式中　B_M——塑性变形区的体积，mm^3；

　　　B_s——挤压变形中金属的秒流量，mm^3/s。

根据挤压产品品种及挤压方式的不同，挤压力的计算公式也不同，以下列出了几种计算公式。

正向挤压棒材、线材坯料：

$$P = \beta A_0 \sigma_0 \ln\lambda + \mu\sigma_0 \pi DL \qquad (1-20)$$

正向无润滑挤压管材：

$$P = \beta A_0 \sigma_0 \ln\lambda + \mu\sigma_0 \pi(D + d) \times L \qquad (1-21)$$

正向润滑挤压管材（只润滑挤压针）：

$$P = \beta A_0 \sigma_0 \ln\lambda + \sigma_0 \pi(\mu D + \mu_1 d) \times L \qquad (1-22)$$

式中　μ_1——铸锭与挤压针之间摩擦系数，取 $0.05 \sim 0.08$。

反向挤压棒材：

$$P = \beta A_0 \sigma_0 \ln\lambda \qquad (1-23)$$

反向不润滑挤压管材：

$$P = \beta A_0 \sigma_0 \ln\lambda + \mu\sigma_0 \pi d L_0 \qquad (1-24)$$

1.3.2.4　挤压管材时穿孔针所承受的摩擦力及穿孔力的计算

A　摩擦力的计算

采用穿孔针方式挤压管材时，其穿孔针上所受到的摩擦力 F 可表示为：

$$F = \mu(P/A_0)\pi dL \qquad (1-25)$$

式中　F——穿孔针上所受摩擦力，MN；

　　　μ——摩擦系数，一般取 $0.05 \sim 0.08$；

　　　P——挤压力，N；

　　　A_0——挤压筒与挤压针之间的环行面积，cm^2；

　　　d——穿孔针直径，cm；

　　　L——铸锭长度，cm。

为防止发生穿孔针被拉断，一般规定挤压针的最大拉应力小于允许的最大拉应力。当拉应力达到预先设定的允许最大拉应力时，挤压机将自动减速或停止运行，以降低挤压针所受的拉应力。

穿孔针允许最大拉应力：

$$\sigma_t = F_t / A_m \tag{1-26}$$

式中　σ_t——允许最大拉应力，MPa；

　　　F_t——穿孔针材料允许最大拉力，MN；

　　　A_m——穿孔针材料危险断面面积，cm^2。

B　穿孔力的计算

穿孔挤压时，通常是在填充挤压后再开始穿孔。在穿孔开始阶段，金属向后流动，因为此时向后流动的阻力较小。为了减小穿孔负荷，延长穿孔针的寿命，填充挤压后，应使挤压轴向后移动，以减少金属向后流动的阻力。随着穿孔深度的增加，穿孔所需的力迅速增大，如图1-19所示，这是因为金属向后流动的阻力增大，同时穿孔针侧表面所受摩擦阻力也增大的缘故。当穿孔深度达到一定值（l_a）时，作用在针前端面上的力足以使针前面的一个金属圆柱体与坯料之间发生完全剪断而作刚体运动。这个圆柱体即穿孔料头，此时的穿孔力达到最大。

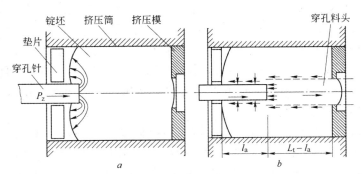

图 1-19　穿孔过程中金属流动和穿孔针受力情况

a—穿孔开始阶段金属流动；b—穿孔力达到最大时金属流动与穿孔针受力情况

当穿孔力达到最大时的穿孔深度 l_a 确定后，即可用如下方法确定最大穿孔力 P_z，通常按下列公式计算：

$$P_z = Z \frac{\pi d_z}{2} R_{eL} \left[(L_t - l_a) \frac{d}{d_z} + l_a \right] \tag{1-27}$$

$$\sigma_z = Z \frac{2}{d_z} R_{eL} \left[(L_t - l_a) \frac{d}{d_z} + l_a \right] \tag{1-28}$$

而

$$Z = 1 + \frac{39.12 \times 10^{-7} \lambda' \Delta T t}{D_t \left(1 - \frac{d_z}{D_t} \right)} \tag{1-29}$$

式中 ΔT——针与铸锭的温差，℃；

      t——由填充开始到穿孔终了时间，s；

      λ'——铝及铝合金的热导率，J/(s·m·℃)；

      R_{eL}——屈服强度，MPa；

      L_t——挤压筒长度，mm；

      d——管材外径，mm；

      d_z——穿孔针直径，mm；

      D_t——挤压筒直径，mm。

1.4 铝合金管、棒、线材的合金、品种、规格和适用范围

《铝及铝合金术语 第一部分：产品及加工处理工艺》（GB/T 8005.1—2008）中对棒材、线材、管材给出了定义：棒材产品可以通过挤压或挤压后拉伸（又称冷拔）获得，为实心压力加工产品，并呈直线形交货。棒材产品沿其纵向全长，横断面对称、均一，且呈圆形、椭圆形、正方形、长方形、等边三角形、正五边形、正六边形、正八边形等正多边形。

线材产品可以通过挤压或挤压后拉伸（又称冷拔）获得，为实心压力加工产品，并成卷交货。线材产品沿其纵向全长，横断面对称、均一，且呈圆形、椭圆形、正方形、长方形、等边三角形、正五边形、正六边形、正八边形等正多边形。

管材产品可以通过挤压或挤压后拉伸获得，也可以通过板材进行焊接获得。管材产品为沿其纵向全长，仅有一个封闭通孔，且壁厚、横断面都均匀一致的空心产品，并呈直线形或成卷交货。横断面形状

有圆形、椭圆形、正方形、等边三角形或正多边形。因管材加工方式不同，可分为无缝管材、有缝管材、焊接管材。对锭坯采用穿孔针穿孔挤压，或将锭坯镗孔后采用固定针穿孔挤压，所得内孔边界之间无分界线或焊缝的管材称为无缝管。对锭坯不采用穿孔挤压，而是采用分流组合模或桥式组合模挤压，所得内孔边界之间有一条或多条分界线或焊缝的管材称为有缝管材。用轧制的板材或带材焊接而成的管材，在焊接边界之间有一条明显的分界线或焊缝的管材称为焊接管材。

棒材（包括圆棒和非圆棒）可由热轧或热挤压方法生产，并且经过或不经过随后的冷加工制成最终尺寸。线材通常经过一个或多个模子拉制生产。只有某些合金用以生产包铝的圆棒或线材，以增加抗腐蚀性，很多铝合金直接加工成棒材及线材。在这些合金中，2011与6262是专门用于制作螺钉机的材料，而2117与6053则用于制造铆接件与零配件。2024-T4合金是制造螺栓与螺丝的标准材料。1350、6101与6201合金广泛用作电线。5056合金用作拉链，而5056包铝合金，可制作防虫纱窗丝。5083、4043、5056、6061、7005等合金可制成焊丝。

表1-2～表1-4为常用铝及铝合金棒材（包括线材坯料）的合金、规格和用途；表1-5为常用铝及铝合金线材（包括线材坯料）的合金、规格和用途；表1-6～表1-8为常用铝及铝合金管材（包括有缝管）的品种、规格及范围。

表1-2 铝及铝合金棒材的合金、规格和用途

技术标准代号	合金	供应状态	规格/mm				用途
			圆棒直径		方棒、六角棒内切圆直径		
			普通棒材	高强度棒材	普通棒材	高强度棒材	
GB/T 3191—1998	1070A、1060、1050A、1035、1200、8A06、5A02、5A03、5A05、5A12、5052、5083、3003	H112FO	5～600		5～200		适用于挤压圆棒、正方形棒、六角形棒

技术标准代号	合　金	供应状态	规格/mm				用途
			圆棒直径		方棒、六角棒内切圆直径		
			普通棒材	高强度棒材	普通棒材	高强度棒材	
GB/T 3191—1998	2A70、2A80、2A90、4A11、2A02、2A06、2A16	H112F	5~600		5~200		适用于挤压圆棒、正方形棒、六角形棒
		T6	5~150		5~120		
	7A04、7A09、6A02、2A50、2A14	H112F	5~600	20~160	5~200	20~100	
		T6	5~150	20~120	5~120	20~100	
	2A11、2A12	H112F	5~600	20~160	5~200	20~100	
		T4	5~150	20~120	5~120	20~100	
	2A13	H112F	5~600		5~200		
		T4	5~150		5~120		
	6063	T5、T6	5~25		5~25		
		F	5~600		5~200		
	6061	H112F	5~600		5~200		
		T6	5~150		5~120		
		T4					
GJB 2054—1994	5A02、5A03、5A05、5A06、3A21	H112O	5~350	5~200			适用于航空、航天用挤压圆棒、方棒、六角棒
	2A11、2A12	H112	5~350	5~200	20~150	20~100	
		T4	5~150	5~120	20~150	20~100	
	2A02、2A16	H112、T6	5~150	5~120			
	2A70、2A80	H112	5~350	5~120			
		T6	5~150	5~120			
	6A02、2A50、2A14、7A04、7A09	H112	5~350	5~200	20~150	20~100	
		T6	5~150	5~120	20~150	20~100	
GJB 1137—1991	2219	O	5~300				适用于航天用圆棒
		T6	5~120				

续表 1-2

技术标准代号	合金	供应状态	规格/mm				用途
			圆棒直径		方棒、六角棒内切圆直径		
			普通棒材	高强度棒材	普通棒材	高强度棒材	
GJB 2920—1997	2214	F	30~220				适用于航空用圆棒、方棒、六角棒
	2014	FT4、T6	50~100				
	2024	T3、T4	10~120		10~120		
	2017A	T4	18~135		27		
YS/T 493—2005	4A11、4032	H112F	100~300				适用于活塞用棒材
YS/T 589—2006	7A15	H112、T6	90~180				适用于工业用棒材

表 1-3　铝及铝合金矩形棒的合金、规格和用途

技术标准代号	合金	供应状态	规格/mm				用途
			普通扁棒		高强度扁棒		
			宽度	厚度	宽度	厚度	
YS/T 439—2001	1070A、1070、1060、1050A、1050、1035、1100、1200	H112	10~600	2~150	10~600	2~150	适用于工业用矩形棒材
	2A11、2A12	H112、T4					
	2017、2024	T4					
	2A50、2A70、2A80、2A90、2A14	H112、T6					
	3A21、3003	H112					
	5052、5A02、5A03、5A05、5A06、5A12	H112					
	6101	T6					
	6A02、6061、6063	H112、T6					
	7A04、7A09、7075	H112、T6					
	8A06	H112					
YS/T 689—2009	2024、2A12	T4	5~85	5~85			适用于衡器用扁棒

表 1-4　铝及铝合金拉制棒材的合金、规格和用途

技术标准代号	合　金	供应状态	规格/mm				用途
			圆棒直径	方棒边长	扁　棒		
					厚度	宽度	
YS/T 624—2007	1060、1100	OFH18	5~100	5~50	5~40	5~60	适用于一般工业用拉制圆棒、矩形棒
	2024	OFT4、T351					
	2014	OFT4、T351、T651					
	3003、5052	OFT14、T18					
	7075	OFT6、T651					
	6061	FT6					

表 1-5　铝及铝合金线材的合金、规格和用途

技术标准代号	合　金	状态	规格/mm	用途
GB 3195—1982	1050A	H18O	0.8~5	适用于导电用拉制线材
GB/T 3196—2001	1035	H18	1.6~3	适用于铆钉用拉制线材
		H14	3~10	
	2A01、2A04、2B11、2B12、2A10、3A21、5A02、7A03	H14	1.6~10	
	5A06、5B05	H12	1.6~10	
GB/T 3197—2001	1070A、1060、1050A、1035、1200、8A06	H18 O	0.8~10	适用于焊条用拉制线材
		H14O	3~10	
	2A14、2A16、3A21、4A01、5A02、5A03	H18、H14O	0.8~10	
		H12O	7~10	
	5A05、5B05、5A06、5A33、5183	H18、H14O	0.8~7	
		H12 O	7~10	
GJB 1138A—1999	1070A、1060、1050A、1035、1200、1100、8A06、3A21、5A02、5A03、6061、6A02	H8	0.8~1.6	适用于航空、航天、兵器、船舶工业用焊丝
		H14O	2~7	
		H18		
	2A14、2A16、2A20、4A01、4043、5A05、5B05、5A06、5B06、5A33、5356、5554、5A56、5B01、5556	H14 O	2~7	
		H18		
GJB 2055—1994	1035、5A02、5A05、5A06、5B05、3A21、2A01、2A04、2B11、2B12、2A10、2B16、7A03	H18	1.6~10	适用于航空、航天用铆钉线材

表 1-6　铝及铝合金管材的品种、规格和范围

技术标准代号	品种	规格范围 外径/mm	规格范围 壁厚/mm	合　金	状　态	用　途
GB/T 6893—1995	薄壁管材	6~120	0.5~5	1035、1050、1050A、1060、1070、1070A、1100、1200、8A06、3003、3A21、5052、5A02	O、H14	适用于一般用途铝及铝合金拉（轧）制无缝管材
				2017、2024、2A11、2A12	O、T4	
				5A03	O、H34	
				5A05、5056、5083	O、H32	
				5A06	O	
				6061、6A02	O、T4、T6	
				6063	O、T6	
GB/T 4437.1—2000	厚壁管材	25~400	5~50	1070A、1060、1100、1200、2A11、2017、2A12、2024、3003、3A21、5A02、5052、5A03、5A05、5083、5086、5454、6A02、6061、6063、7A09、7075、7A15、8A06	H112、F	适用于一般工业用铝及铝合金热挤压无缝圆管
				1070A、1060、1050A、1035、1100、1200、2A11、2017、2A12、2024、5A06、5454、5086、6A02	O	
				2A11、2017、2A12、6A02、6061、6063	T4	
				6A02、6061、6063、7A04、7A09、7075、7A15	T6	
GB/T 4437.2—2000	有缝管	8~350	0.5~40	1070A、1060、1050A、1035、1100、1200、3003、5A06、5083、5454、5086	O、H112、F	适用于公路、桥梁和建筑等行业用铝及铝合金有缝管
				5A02、5A03、5A05	H112、F	
				5052	O、F	
				2A11、2017、2A12、2024	O、H112、F、T4	

技术标准代号	品种	规格范围 外径/mm	规格范围 壁厚/mm	合 金	状 态	用 途
GB/T 4437.2—2000	有缝管	8 ~ 350	0.5 ~ 40	6A02	O、H112、F、T4、T6	适用于公路、桥梁和建筑等行业用铝及铝合金有缝管
				6061	F、T4、T6	
				6005A、6005	T5、F	
				6063	F、T4、T5、T6	
YS/T 97—1997	凿岩机管材	65 ~ 85	4.5 ~ 5	2A11、2A12	T4	适用于凿岩机用铝合金拉制管材
GJB 1744—93	薄壁管材	6 ~ 120	1 ~ 5	2A14	T4、T6、O	适用于航天工业
GJB 1745—93	厚壁管材	25 ~ 185	5 ~ 32.5	2A14	H112、T6	适用于航天工业
GJB 2379—95	薄壁管材	6 ~ 120	0.5 ~ 5	1070A、1060、1050A、1035、1200、8A06、5A02、5A03、5A05、5A06、3A21、6A02、2A11、2A12、	O	适用于航空、航天用铝及铝合金拉（轧）制无缝管材、矩形管及多边形管
				6A02、2A11、2A12	T4	
				6A02	T6	
				5A02、5A03、5A05、3A21、	H34	
				1070A、1060、1050A、1035、1200、8A06、5A02、3A21	H18	
GJB 2381—95	厚壁管材	25 ~ 250	5 ~ 35	1070A、1060、1050A、1035、1200、8A06	H112	适用于航空、航天工业用铝及铝合金热挤压无缝圆管
				5A02、5A03、5A05、5A06、3A21	H112、O	
				2A11、2A12	H112、O、T4	
				6A02	H112、O、T4、T6	
				7A04、7A09	T112、T6	
				7075	T73	

表1-7 铝及铝合金冷拉矩形管材的品种、规格和范围

技术标准代号	品种	规格范围		合 金	状态	用途
		公称边长 $a \times b$ /mm × mm	壁厚 /mm			
GB/T 6893—1995	冷拉矩形管	$(14 \times 10) \sim$ (70×50)	$1 \sim 5$	1035、1050、1050A、1060、1070、1070A、1100、1200、8A06、3003、3A21、5052、5A02	O、H14	适用于一般用途铝及铝合金拉(轧)制无缝管材
				2017、2024、2A11、2A12	O、T4	
				5A03	O、H34	
				5A05、5056、5083	O、H32	
				5A06	O	
				6061、6A02	O、T4、T6	
				6063	O、T6	

表1-8 铝及铝合金冷拉椭圆形管材的品种、规格和范围

技术标准代号	品种	规格范围		合 金	状态	用途
		长轴 $a \times$ 短轴 b /mm × mm	壁厚 /mm			
GB/T 6893—1995	冷拉椭圆形管	$(27 \times 11.5) \sim$ (114.5×48.5)	$1 \sim 2.5$	1035、1050、1050A、1060、1070、1070A、1100、1200、8A06、3003、3A21、5052、5A02	O、H14	适用于一般用途铝及铝合金拉(轧)制无缝管材
				2017、2024、2A11、2A12	O、T4	
				5A03	O、H34	
				5A05、5056、5083	O、H32	
				5A06	O	
				6061、6A02	O、T4、T6	
				6063	O、T6	

1.5　铝及铝合金管、棒、线材工艺流程

1.5.1　铝及铝合金管、棒、线材的生产方式

铝及铝合金管、棒、线材的生产方式主要是将锭坯挤压成再制品，再通过后道工序的拉伸、轧制、矫直等方法得到符合成品要求的产品。由于产品的品种不同，产品要求及生产工艺的不同，选择的挤压设备也不同。各种挤压方法在生产铝及铝合金管、棒、线材中的应用见表1-9。

表1-9　各种挤压方法在管、棒、线材生产中的应用情况

挤压方法	制品种类	所需设备特点	对挤压工具要求
正挤压法	棒　材	不带有穿孔系统的棒材挤压机	普通挤压工具
	管材、棒材	不带有穿孔系统的棒材挤压机	舌形模、组合模或随动针
		带有穿孔系统的管、棒挤压机	固定针
		带有穿孔系统的管、棒挤压机	专用工具
反挤压法	管材、棒材	带有长行程挤压筒的棒材挤压机	专用工具
		带有长行程挤压筒，有穿孔系统的管、棒挤压机	专用工具
		专用反挤压机	专用工具
正反向联合挤压法	管材、棒材	带有穿孔系统的管、棒挤压机	专用工具
Conform 连续挤压	管　材	Conform 挤压机	专用工具
冷挤压	高精度管材	冷挤压机	专用工具

1.5.2　铝及铝合金棒、线材的生产工艺流程

铝及铝合金棒材因其为实心制品，沿其纵向全长为等横断面形状，且尺寸精度较低，可通过挤压方式直接获得，故棒材是通过挤压机控制成品尺寸来获得，其工艺流程较简单。线材和拉制棒材因尺寸精度高，通过挤压方式获得的尺寸精度无法满足成品要求，需进行后续冷加工工艺，通过拉伸模控制最终的产品尺寸精度，其生产工艺流

程相对复杂。图 1-20 列出了常用的生产工艺流程路线图，具体工艺流程还应根据合金状态、品种、规格、质量要求、工艺方法及设备条件等因素，按具体条件合理选择、制定。

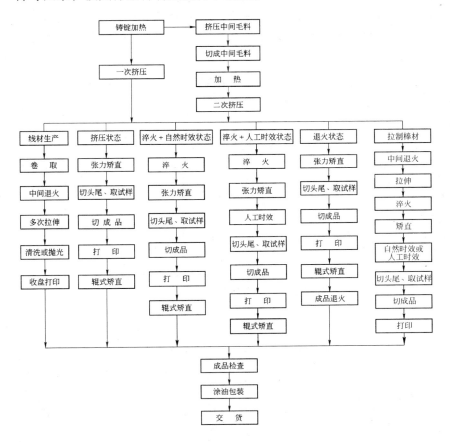

图 1-20 铝及铝合金棒（线坯）材生产工艺流程

1.5.3 铝及铝合金管材的生产工艺流程

1.5.3.1 生产适用范围

铝及铝合金管材的生产方法很多，但适用的范围相差较大。如采用分流模生产的有缝管材，只能应用于对焊缝没有要求的民用管材；

而对焊缝有要求的需承受一定压力的管材，则需要采用穿孔挤压方式生产的无缝管材。对尺寸精度要求高的管材，需通过轧制或拉伸方式，以满足尺寸精度的要求。但应用最广泛的仍是挤压，并配合其他冷加工的方法。近年来，连续挤压法和焊接法生产铝合金管材技术获得了一定的发展。表1-10列出了铝及铝合金管材的主要生产方法及适用范围。

表1-10 铝及铝合金管材的主要生产方法及适用范围

主要生产方法	适用范围	主要优缺点
热挤压法（包括热穿孔-热挤压法）	厚壁管，复杂断面管，异型管，变断面管，钻探管	（1）生产周期短，效率高，成品率高，所需配套设备少，成本较低； （2）品种、规格范围广，可生产复杂断面的异型管和各种合金的阶段变断面和逐渐变断面管材； （3）管材的尺寸精度较低，内外表面质量较差
热挤压-拉伸法	直径较大且壁厚较厚的薄壁管	（1）与冷轧法相比，设备投资少，成本低； （2）可生产所有规格的薄壁管材，适合于生产软合金管材； （3）生产壁厚较厚的软合金管材时，生产效率比冷轧法的高，成品率高； （4）生产硬合金和小直径薄壁管材时，效率低，生产周期长，成品率低； （5）机械化程度差，劳动强度大，适用于小工厂
热挤压-冷轧-减径拉伸法；热挤压-冷轧-盘管拉伸法	中、小直径薄壁管和长管	（1）能生产所有规格的薄壁管，适合于生产硬合金管材及小规格管材； （2）冷变形量大，生产周期短； （3）机械化程度高，与热挤压法配合，适用于大、中企业； （4）设备多且复杂、投资大； （5）盘管拉伸法可生产中、小直径任意长度薄壁管，生产效率高
横向热轧-拉伸法；三辊斜轧-拉伸法	软合金大直径厚壁管	（1）设备简单，投资少； （2）适用于生产大规格软合金管； （3）生产硬合金管困难，生产小规格管时效率低，周期长； （4）机械化程度低，劳动强度大，适用于小企业

主要生产方法	适用范围	主要优缺点
热挤压空心锭-横向旋压法；旋压-拉伸法	特大直径薄壁管，中、小规格异型管及变断面管	(1) 设备简单； (2) 能生产特大直径薄壁管； (3) 生产效率低，产品质量不稳定，不适用于大批量生产普通管； (4) 旋压法适用于生产软合金大、中、小异型管和逐渐变断面管；专用设备生产效率高
连续挤压法（Conform 和 Castex 连续挤压法）	小直径薄壁长管，软合金异型管	(1) 设备简单，投资少； (2) 工艺简单，周期短，效率高，成品率高，成本低； (3) 无残料挤压，不需加热设备，能耗低； (4) 可生产无限长的小直径薄壁管； (5) 自动化程度高，可实现全自动连续生产； (6) 不能生产大规格异型管和硬合金管
冷挤压法	中、小直径薄壁管	(1) 设备少，效率高； (2) 生产周期短，成品率高； (3) 生产硬合金困难，需要大型冷挤压机； (4) 工模具寿命短，消耗大，设计与制造困难； (5) 产品精度和表面质量高，但品种规格有限
焊接-减径拉伸法	大、中直径薄壁管	(1) 效率高，成本低； (2) 适合于生产大、中规格的产品； (3) 产品有焊缝，只宜用于生产民用产品； (4) 产品内表面质量较差
冷弯-高频焊接法	各种规格和形状的薄壁管	(1) 效率高，成本低； (2) 可生产各种规格管材（以软合金为主）； (3) 可实现全自动化生产； (4) 生产硬合金困难； (5) 产品有焊缝，主要用于生产民用产品

1.5.3.2　生产的工艺特点

（1）用于生产管材的铝合金种类很多，按其强度特性和加工性能的不同，一般可分为纯铝、软铝合金和硬铝合金三大类。纯铝和软铝合金管材加工容易，挤压系数大，而且表面质量也较好。硬铝合金管材加工则较困难，挤压系数不宜过大，需要能力较强的设备，表面易出现各种缺陷。因此，操作技术要求较高、工序繁多、生产效率低、成品率低、工模具损耗大、成本较高。

（2）各种用途的铝合金管材，对内、外表面质量都有较高的要求。由于铝合金本身的硬度不高，在生产过程中极易造成磕碰伤、擦伤和划道，因此，在各道工序均应轻拿轻放，保护表面。

（3）铝及铝合金管材在冷、热加工中发黏，易黏附在工具上造成各种表面缺陷，因此在加工中应进行良好的工艺润滑。工模具应具有较高的表面硬度和较低的表面粗糙度。

（4）除纯铝可不控制挤压速度外，其他合金都有各自合适的挤压速度范围，因此应选择速度可调的挤压机，同时要严格控制挤压过程的温度、速度规范，以免产生裂纹。

（5）纯铝和许多铝合金在高温、高压、高真空条件下都易焊合在一起，因而给生产管材创造了有利的条件。平面组合模和舌形模挤压就是利用该特性来生产管材的，这不仅扩大了管材的品种和用途，而且可利用普通型棒材挤压机和实心铸锭来挤压断面复杂的管材和多孔管材。

（6）在穿孔和挤压过程中，挤压筒和穿孔针表面都有一层完整的金属，形成均匀的铝套。操作过程中应使这层铝套保持干净和完整，否则会恶化管材的内、外表面品质。

（7）减小偏心和壁厚差是铝及铝合金管材挤压的关键技术之一。为保证管材的尺寸精度，减小偏心，防止断针和损坏其他工具，应尽量保证设备和工具的对中。

（8）适当的工艺条件下，可采用穿孔挤压、无润滑挤压等方法，生产内表面质量高的管材。

1.5.3.3　生产工艺流程

铝及铝合金管材因品种多，产品要求不一样，生产的方式也不同，其工艺流程相差较大。对于厚壁管材，可通过热挤压控制尺寸精度，满足成品要求，其工艺较简单；而对于薄壁管材，因需要经过挤压后的冷加工方式才可生产出符合要求的管材，故生产工艺及操作技能要求较高。通过热挤压及后续的冷加工方式生产的典型工艺流程见表 1-11。

表 1-11　铝及铝合金管材生产典型工艺流程

品种 \ 状态 \ 工序名称	热挤压厚壁管			挤压-拉伸薄壁管			挤压-冷轧-拉伸薄壁管			
	F	T4	T6	O	HX3	T4/T6	O	HX3	T4/T6	O
坯料加热	●	●	●	●	●	●	●	●	●	●
热挤压	●	●	●	●	●	●	●	●	●	●
锯切	●	●	●	●	●	●	●	●	●	●
车皮、镗孔		●	●							
毛料加热		●	●							
二次挤压		●	●							
张力矫直或辊式矫直				●	●	●				
切夹头				●	●	●	●	●	●	●
中间检查				●	●	●	●	●	●	●
退火				●	●	●	●	●	●	●
腐蚀清洗							●	●	●	●
刮皮修理							●	●	●	●
冷轧制(多次)							●	●	●	●
退火(多次)							●	●	●	●
打头				●	●	●	●	●	●	●
拉伸(多次)				●	●	●	●	●	●	●
淬火		●	●			●			●	
整径		●	●			●			●	
精整矫直	●	●	●	●	●	●	●	●	●	●
切成品、取试样	●	●	●	●	●	●	●	●	●	●
人工时效			●			●			●	
成品退火				●			●			●
检查、验收	●	●	●	●	●	●	●	●	●	●
涂油、包装	●	●	●	●	●	●	●	●	●	●
交货	●	●	●	●	●	●	●	●	●	●

1.6　棒材、线材挤压工艺编制

　　无论是采用正向不润滑挤压法还是采用反向挤压法生产铝及铝合金棒材，其工艺制定均可参照以下步骤、原则和方法。

1.6.1　挤压系数的选择

挤压系数的大小对产品的组织、性能和生产效率有很大的影响。当挤压系数过大时，锭坯长度必须缩短（压出长度一定时），几何废料也随之增加。同时，由于挤压系数的增加会引起挤压力的增加，对硬合金可能造成闷车而无法实现正常挤压。如果挤压系数选择过小，因金属变形程度小，力学性能满足不了技术要求。生产实践经验表明，为了满足组织和力学性能要求，应选择挤压系数 $\lambda \geqslant 8$。考虑到力学性能及生产效率，一般将挤压系数 λ 控制在 $10 \sim 25$。在特殊情况下，对于 $\phi 200 \mathrm{mm}$ 以上的锭坯可以采用 $\lambda \geqslant 6.5$。挤压小规格软合金时，可以采用 $\lambda = 100 \sim 200$。此外，还必须考虑到挤压机的能力，对于一定能力的挤压机，不同挤压筒允许的最大挤压系数随合金不同而不同。

1.6.2　模孔个数

模孔个数主要由棒材外形复杂程度、产品品质和生产管理情况来确定。主要考虑以下因素：

（1）从提高尺寸精度及表面质量考虑，最好采用单孔；

（2）若选择多孔模，应尽量减少模孔的数量，一般控制在 4 孔以内；

（3）从提高生产效率考虑，应选择多孔模挤压；

（4）考虑模具强度以及模孔布置是否合理。

1.6.3　挤压筒直径的选择——模孔试排图

对于大型挤压工厂，一般均配有挤压能力由大到小的多台挤压机和一系列不同直径的挤压筒，因此，工艺选择范围很宽。此外，模孔排列时，其模孔至模外缘以及模孔之间必须留有一定的距离，否则会造成不应有的废品（成层、波浪、弯曲、扭拧）与长度不齐等缺陷。因此，根据经验，各生产厂都规定了不同机台与不同挤压筒模孔距模边缘和各模孔之间的最小距离（表 1-12）。为排孔时简单与直观起见，可绘制成以下排孔图（按 1：1 绘制）。其绘制方法是：以挤压筒外径减去两倍模孔边缘距离为直径，按 1：1 绘制一系列同心圆。在 x、y 轴上截取 ox_1、ox_1'、oy_1、oy_1' 使其等于 1/2 模孔与模孔之间的距离，做成三个正方形，在各同心圆和正方形上标出各挤压筒直径和挤压机名称。用这种工艺试排图确定工艺十分方便（图 1-21）。

表 1-12   模孔距模边缘和各模孔之间最小距离

挤压机 /MN	挤压筒直径 /mm	模直径 /mm	压型嘴出口径 /mm	孔-边最小距离/mm	孔-孔最小距离/mm	总计 /mm
49	500	360	400	50	50	150
	420	360、265	400	50	50	150
	360	300、265	400	50	50	150
	300	300、265	400	50	50	150
19.6	200	200	155	25	24	74
	170	200	155	25	24	74
11.67	130	148	110	15	20	50
	115	148	110	15	20	50
7.35	95	148	110	15	20	50
	85	148	110	15	20	50

注：软铝合金可减少。

1.6.4 制订工艺

为取得最佳经济效益，要制订好的工艺，除了在技术上合理以外，同时还必须使其经济效益尽可能提高，即尽可能减少几何废料。

1.6.5 确定模孔数

在拟定工艺时：（1）根据经验确定采用的模孔数。（2）验算挤

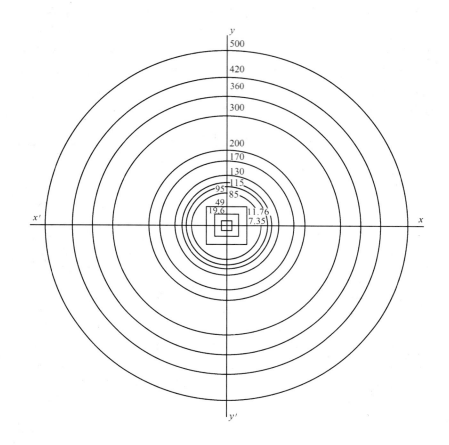

图 1-21　模孔试排图

压系数。对每个可能排下的挤压筒均计算其挤压系数，若筒的挤压系数接近于 $\lambda_{合理}$，符合表 1-13 规定，则认为该挤压筒是合适的。(3) 工艺试排。确定了模孔数及挤压筒直径以后，计算模孔排列是否合理。(4) 计算残料厚度。根据所确定的参数，按增大残料厚度计算。增大残料厚度即正常残料厚度（表 1-14）加上规定的正常切尾长度（表 1-15）减 300mm 所推算出的残料厚度。300mm 切尾长度是考虑成品切尾方便而统一规定的切尾长度。

表1-13 棒材生产工艺参数

项目 挤压机/MN	挤压筒直径/大针直径/mm	挤压筒面积/cm²	挤压筒长度/mm	比压/MPa	压型嘴出口直径/mm	镦粗系数/面积公偏差系数	残料长(基本/纯铝带板)/mm	工作台长/m	合理压出长/m	合理毛料长/m	挤压系数λ①	合理挤压系数λ	毛料长度(最长/最短)/mm
7.5	85	56.7	560	1382	110	1.1/1.2 (1.2)	20/15	13.5	8	350	10~50	15~36	500/100
	95	70.9		1105									
12	115	104	715	1130	110	1.1/1.1	26/20	13.0		400	10~50	15~30	650/150
	130	132.7		886.2						450		15~30	
16	170/65	227/193.7	740	703.5/825	155	1.1/1.06	40/25	13.0	9	600	10~45	15~30	650/230
	200/90	314/250		508/638									
20	170	227	815	863	155 (深180)			13.2					700/230
	200	314		624									
50	300	707	1200	693	400	1.07/1.03	65/55	16.5	10	900	10~40	15~30	1100/(350,410,430)
	360	1018		481							10~36	15~20	
	420	1385		353			85/65		<10		10~25	15~20	
	500	1964		249.5						1000	8~15		
35	280/100	537	1000	638	335	1.2/1.03	50	17.8	10	650	10~30	12~30	750/300
	280/130	483		710									
	370/100	997		344									
	370/130	942		364									
	370/160	874		392									
	370/200	761		450									

① 对于纯铝和软铝合金的挤压系数λ和挤压出长度等可增大。

表 1-14 正常残料厚度

挤压筒直径/mm	$H_正$/mm	
	棒 材	纯铝带材
85	20	15
95	20	15
115	25	20
130	25	20
170	40	25
200	40	25
300	65	55
360	65	55
420	85	65
500	85	65

注：直径大于500mm的挤压筒，其$H_正$的厚度参考本表适当增加。

表 1-15 棒材正常切尾长度

品 种	厚度或直径/mm	$L_正$/mm	余数/mm
棒材、带材	≤26	900	600
	28 ~ 38	800	500
	40 ~ 105	700	400
	110 ~ 125	600	300
	130 ~ 150	500	200
	155 ~ 200	400	100
	225 ~ 300	300	0

$$H_增 = H_正 + (L_正 - 300)\lambda^{-1} \qquad (1-30)$$

式中 $H_增$——增大残料厚度，mm；

$H_正$——正常残料厚度，mm；

$L_正$——规定正常切尾长度，mm。

1.6.6 锭坯长度计算

不定尺产品锭坯长度可按下式计算：

$$L = \left(\frac{L_{制}}{\lambda} + H_{增} \right) K \qquad (1-31)$$

定尺产品锭坯长度可按下式计算：

$$L = \left[\frac{ML_{制} + L_{切头尾} + L_{试样} + L_{工艺余量}}{\lambda} + H_{增} \right] k \qquad (1-32)$$

式中　M——定尺个数；

　$L_{切头尾}$——切头、切尾总长度，mm；

　　k——镦粗系数，见表 1-13；

　$L_{制}$——定尺长度，mm；

　$L_{试样}$——取试样长度，mm；

$L_{工艺余量}$——挤压工艺余量，随模孔数变化，mm

模孔数	1	2	4	≥6
工艺余量	500	800	1000	1200

1.6.7 棒材、线材工艺参数

表 1-16 ~ 表 1-18 中列出了圆棒、方棒、六角棒挤压工艺参数，棒材正向挤压和反向挤压工艺比较列于表 1-19 中，线材毛坯挤压工艺参数列于表 1-20 中。

表 1-16　铝及铝合金圆棒挤压工艺参数

棒材直径 /mm	模孔数 /个	挤压筒 直径/mm	挤压系数 λ	填充系数 K	残料厚度 H/mm	压出长度 L/mm	锭坯尺寸 $D \times L$/mm × mm
6	10	115	36.7	1.06	41	7500	112 × 260
25	4	200	16.0	1.09	78	7559	192 × 600
30	2	170	16.0	1.10	71	7620	162 × 600
40	1	170	18.0	1.10	62	8731	162 × 600
60	3	360	12.0	1.06	98	9013	350 × 900

棒材直径 /mm	模孔数 /个	挤压筒 直径/mm	挤压系数 λ	填充系数 K	残料厚度 H/mm	压出长度 L/mm	锭坯尺寸 D × L/mm × mm
100	1	360	12.9	1.06	96	9760	350 × 900
150	1	420	7.8	1.08	111	5663	405 × 900
200	1	500	6.2	1.08	101	5156	485 × 1000
250	1	650	6.7	1.08	120	8576	625 × 1500
300	1	800	7.1	1.08	150	8808	770 × 1500

注：适用于 1060、2A70、6061、7A04 等。

表 1-17　铝及铝合金方棒挤压工艺参数

方棒规格 /mm × mm	单孔断面积 /cm²	模孔数 /个	挤压筒 直径/mm	挤压 系数 λ	填充 系数 K	残料厚度 H/mm	压出长度 L/mm	锭坯尺寸 D × L/mm × mm
6 × 6	0.36	6	95	32.8	1.07	38	7337	92 × 280
35 × 35	12.25	1	170	18.5	1.07	67	8011	162 × 550
40 × 40	16.0	1	200	19.6	1.09	60	8714	192 × 550
50 × 50	25.0	2	300	14.1	1.07	93	9231	290 × 900
60 × 60	36.0	2	300	9.8	1.07	106	7204	290 × 900
100 × 100	100.0	1	360	10.2	1.07	104	7600	350 × 900

注：适用于 1070、2A11、3003、5A03、6061、7075 等。

表 1-18　铝及铝合金六角棒挤压工艺参数

六角棒 规格/mm	单孔断面积 /cm²	模孔数 /个	挤压筒 直径/mm	挤压 系数 λ	填充 系数 K	残料厚度 H/mm	压出长度 L/mm	锭坯尺寸 D × L/mm × mm
六角 6	0.31	6	95	37.9	1.07	36	7491	92 × 250
六角 30	7.79	2	200	20.1	1.09	65	8836	192 × 550
六角 50	21.65	1	200	14.5	1.09	68	7000	192 × 600
六角 60	31.17	2	300	11.3	1.07	100	8375	290 × 900
六角 80	55.42	1	300	12.8	1.07	96	9538	290 × 900

注：适用于 2A02、5A03、6A02、7A04 等。

表 1-19 2A12 合金棒材正挤压与反挤压工艺比较

棒材直径 /mm	反 向 挤 压				正 向 挤 压			
	挤压系数 λ /模孔数 n	锭坯尺寸 $D \times L$ /mm × mm	残料厚度 H/mm	成品率 /%	挤压系数 λ /模孔数 n	锭坯尺寸 $D \times L$ /mm × mm	残料厚度 H/mm	成品率 /%
150	7.8/1	405 × 1000	30	85.0	7.8/1	405 × 900	114	75.2
120	12.3/1	405 × 900	30	88.0	9.0/1	350 × 900	99	78.4
110	14.6/1	405 × 900	30	89.2	10.7/1	350 × 900	92	80.6
85	12.2/2	405 × 900	30	88.5	9.0/2	350 × 900	110	75.5
65	10.5/4	405 × 900	30	82.5	10.2/3	350 × 900	104	76.6

表 1-20 铝及铝合金线材毛坯挤压工艺参数

线材毛坯规格 /mm	单孔断面积 /cm²	模孔数 /个	挤压筒直径 /mm	挤压系数 λ	填充系数 K	残料厚度 H/mm	压出长度 L/mm	锭坯尺寸 $D \times L$ /mm × mm
12	1.13	4	170	50.2	1.07	65	26857	162 × 600
10.5	0.865	4	170	65.5	1.07	65	31767	162 × 550

1.7 铝合金管材的挤压技术

1.7.1 管材热挤压技术

热挤压技术因其金属变形抗力小，适用范围宽，工艺技术成熟而被广泛应用于管材生产。热挤压管材可采用空心锭-挤压针法、实心锭-穿孔针法，也可用实心锭-组合模法进行挤压。管材主要采用正向挤压生产法生产，但近年来，由于反向挤压技术的快速发展，生产的管材尺寸精度高，壁厚薄，生产效率高，成品率高，被各厂家普遍认可。挤压管材时，可采用润滑挤压或无润滑挤压工艺，润滑挤压可降低挤压力，降低穿孔针的负荷，而无润滑挤压有利于穿孔挤压的实现。挤压时金属需经过弯曲变形方可流出模孔，提高了金属变形程度，有利于金属力学性能的提高。由于被挤压金属与挤压针之间存在摩擦力，减少了内层金属的超前流动，其金属流动比挤压棒材时均匀，减少了缩尾废品的产生。图 1-22 为空心锭挤压管材示意图。

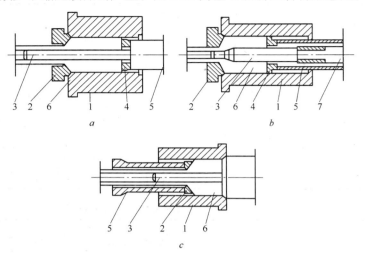

图 1-22 空心锭挤压管材示意图

a—随动针挤压；b—用固定的圆锥-阶梯针挤压；c—反向挤压

1—挤压筒内套；2—模子；3—挤压针；4—挤压垫片；

5—挤压轴；6—锭坯；7—针支承

1.7.1.1 空心锭正向挤压管材

挤压时金属制品的流动方向与挤压轴运动方向相同的挤压方法，称为正向挤压，简称正挤压。正向挤压是管材最基本的、也是最广泛采用的生产方法。正向挤压可以在卧式挤压机上进行，也可以在立式挤压机上进行。空心锭正向挤压就是将内径大于穿孔针的空心锭坯放入挤压筒中，穿孔针在穿孔的过程中，锭坯不发生变形的挤压方法。该工艺主要应用在穿孔针润滑挤压，可大大降低穿孔针的拉力，有利于降低工具损耗。按照穿孔针的结构形式，可分为固定针挤压和随动针挤压。

固定针挤压是将挤压针固定在具有独立穿孔系统的双动挤压机的针支承上。生产过程中，固定针的位置相对模子是固定不变的。当更换产品规格时，一般只需更换针尖及模子。固定针正向挤压管材的特点如下：穿孔针只受拉应力的作用，提高了穿孔针的稳定性，可使用较长的穿孔针；使用较长的空心锭，可提高生产效率，提高成品率；灵活性较大，可生产各种规格的管材，适用性较宽。但空心锭铸造困难，特别是铸造性能差的合金及大规格的空心锭因裂纹倾向性较大而难以生产，小规格空心锭因内孔镗孔困难也不能生产；空心锭需镗孔，使锭坯的成品率下降5%左右；镗孔质量较差时，润滑挤压容易产生螺旋状擦伤。

随动针挤压是将挤压针固定在无独立穿孔系统挤压机的挤压轴上。生产过程中，由于随动针是固定在挤压轴上，随着挤压过程的进行，挤压针也随着挤压轴同步移动，因而随动针与模孔工作带的相对位置是随着挤压过程的进行而变动的。当改变挤压管材规格时，必须更换整根挤压针，同时还需要相应地变更铸坯的内孔尺寸。随动针挤压的特点有，锭坯与挤压针无相对移动，降低了摩擦力；工具和设备简单，操作简便；其不足之处有生产的产品主要以小规格为准，适应范围较小；随动针带有锥度，生产的管材前端和尾端的壁厚不一致；挤压中心调整困难，对挤压机的整体对中要求较高。

1.7.1.2　穿孔挤压管材

穿孔挤压分全穿孔挤压和半穿孔挤压，其主要特点是所用的锭坯是实心的或内径小于挤压针外径的空心铸锭。在穿孔（半穿孔）时，首先对锭坯进行镦粗变形，使其充满整个挤压筒中，随后穿孔针穿入锭坯内部，直到正常挤压的位置。在穿孔过程中，因穿孔针进入到锭坯内部，根据体积不变原理，金属将从模孔部分挤出，另一部分将向垫片方向运动，故在此阶段，挤压轴不能给予锭坯挤压力，以便金属向后端运动。在穿孔挤压时，应降低穿孔速度，提高锭坯的加热温度，防止断针，减少因穿孔针不稳造成穿孔偏心而影响产品质量。在正常挤压过程中，穿孔针表面粘有一层与挤压筒内表面基本相同的均匀铝套，铸锭内、外表面摩擦条件基本相似，所以流动比较均匀，即使到挤压最后阶段，管材中间层仍然不会卷入油污、脏物，因此不容易产生点状擦伤、气泡、缩尾等缺陷。

穿孔挤压的优点主要是：采用实心锭坯或空心锭坯，减少了锭坯的加工量，简化了工艺，缩短了生产周期，减少了几何废料，从而降低了成本；金属流动均匀，可减少缩尾、气泡等缺陷，提高了组织、性能的均匀性；管材内、外表面质量好；采用无润滑挤压工艺，穿孔针不用涂油润滑，可减轻劳动强度，降低对人员和环境的影响；与组合模挤压相比，穿孔挤压所用的工具和模具设计、制造简单，使用寿命较长，而且产品无焊缝，适于制作重要受力部件。但在管材生产中穿孔挤压仍存在很大的局限性。该方式适用于挤压纯铝和软铝合金异型管和管坯毛料，而且多适于采用短锭、高温、慢速的挤压工艺，对于硬合金以及大直径管材，采用穿孔挤压比较困难。实心锭穿孔挤压时，前端金属被挤出而将管材封闭，造成挤压管材内孔为真空态，挤压出来的管材容易变形，使后续加工困难而易造成报废。因管材前端为实心棒材，所占比重较大，几何废料大，成品率低。穿孔针在穿孔时受到压应力的作用，容易产生弯曲变形而使产品偏心，所以对穿孔针的强度提出了更高的要求。

1.7.1.3 反挤压管材

图 1-23 为反挤压管材原理示意图。反挤压管材的主要优点是：挤压筒与锭坯无相对运动，可降低挤压力，增大挤压系数，提高设备挤压能力；可采用长锭挤压，减少几何废料，提高成品率；金属受力

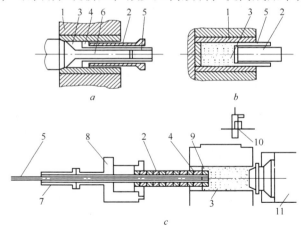

图 1-23 反挤压管材原理示意图

a—空心锭反向挤压；b—实心锭穿孔反向挤压；c—TAC 反向挤压

1—挤压筒；2—挤压模轴；3—锭坯；4—挤压模；5—管材；6—挤压针；

7—导路；8—压型嘴；9—模支承；10—残料分离冲头；11—主柱塞

状况较好，可提高挤出速度，减少能耗和提高生产效率；金属流动较均匀，制品在纵向上尺寸、组织及性能较均匀，可生产出无粗晶环产品，有利于后续加工。但是用实心锭穿孔反挤压时，不利于发挥长锭坯的优势，尽量不采用穿孔挤压。因穿孔针较长，为提高其稳定性，对锭坯的偏心及内、外径尺寸要求较高。锭坯表面应保持清洁，以提高制品表面质量。由于反挤压技术起步较晚，工模具的设计与制造比较复杂，挤压机造价较高，生产成本大，受挤压模轴限制，挤压范围较窄，在生产中的应用远不如正挤压法。

1.7.1.4 管材的焊合挤压（分流组合模挤压）法

焊合挤压又称为组合模挤压，是利用挤压轴把作用力传递给金属，流动的金属通过模子的前端模桥被分劈成两股或多股金属流，然后在模子焊合室内重新组合，并在高温、高压、高真空条件下焊合获得的管材。用这种方法可在各种形式的挤压机上采用实心铸锭获得任何形状的管材，所以，在软铝合金挤压及对焊缝没有严格要求的民用产品上得到广泛的应用。由于组合模的芯头与模子为一个整体，并能稳定地固定在模子中间，所以可以生产内孔尺寸小、壁薄、精度高、内表面质量好、形状复杂的管材。挤压过程中应尽量采用大的挤压比，提高焊合室的焊合效果，以保证焊缝质量。图1-24为不同结构的组合模挤压示意图。平面组合模主要用于挤压纯铝及软铝合金管材。舌形模挤压的挤压力较平面分流组合模低15%~20%，主要用于挤压硬合金管材。

1.7.2 热挤压管材工艺制定

1.7.2.1 锭坯种类的选择

铝及铝合金管材可用空心锭坯挤压，也可以用实心锭坯挤压。空心锭坯可用铸造方法直接铸成空心锭坯，也可以用实心锭坯通过机械加工方式获得。采用实心锭坯主要应用在对焊缝要求不高的民用产品上，而对焊缝有要求的则采用空心锭坯进行挤压。另外，铸造的工艺水平高低，设备的形式和能力等也决定着采用何种锭坯进行挤压。采用固定针挤压时，考虑到挤压针的成本及规格的分布，一般在一个挤压筒上配置2~4个挤压针，在挤压针上配置多个挤压针尖，在更换

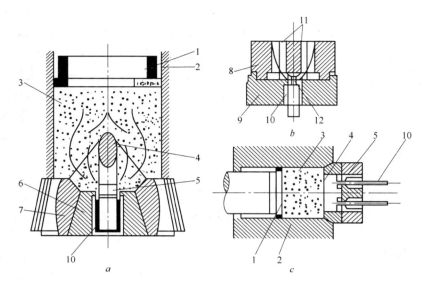

图 1-24   不同结构的组合模挤压示意图

a—舌形模挤压管材；b—平面分流组合模挤压管材；c—星形分流组合模挤压管材

1—挤压垫片；2—挤压筒；3—锭坯；4—模桥；5—芯头（针）；6—模内套；
7—模外套；8—上模；9—下模；10—管子；11—分流孔；12—芯子（舌头）

规格时，只需更换挤压针尖，所以锭坯的规格相对较少。采用随动针挤压时，每一个挤压规格均需配置随动针，故锭坯的尺寸随着成品的规格变化而变化。

1.7.2.2 挤压系数的选择

用挤压针法挤压管材时，只能进行单孔挤压，不能用孔数调整挤压系数，所以管材允许的挤压系数范围很宽。由于挤压系数较宽，在工艺制定上就有多种选择，故应考虑工作台的长度及锭坯的长度，从中选出更合理的挤压系数。各种挤压管材的挤压系数范围可参考表1-21。二次挤压毛料的挤压系数一般为 10 左右。考虑到力学性能的要求，厚壁管材的挤压系数不应小于8，但也不宜过大，否则锭坯过短影响成品率，或挤压时容易造成闷车而影响正常生产。管毛料的合理挤压系数是：当挤压壁厚较薄的硬合金管材时，挤压系数应取下限；挤压软铝合金管材时，挤压系数可超出表中的最大值，但应保证表面品质。

表 1-21 热挤压管材的合理挤压系数范围

挤压机能力/MN	挤压筒直径/mm	合适的挤压系数范围	
		硬合金	软铝合金[①]
6.3	100	12 ~ 25	12 ~ 30
	120	12 ~ 20	12 ~ 23
	135	10 ~ 16	10 ~ 25
12	115	20 ~ 40	30 ~ 50
	130	20 ~ 35	30 ~ 40
	150	15 ~ 30	20 ~ 35
16.3	140	30 ~ 45	30 ~ 60
	170	20 ~ 40	20 ~ 50
	200	15 ~ 30	20 ~ 40
25	260	25 ~ 57	30 ~ 117
35	230	10 ~ 50	10 ~ 60
	280	10 ~ 45	10 ~ 55
	370	10 ~ 20	10 ~ 40
45	320	10 ~ 50	10 ~ 75
	420	10 ~ 30	10 ~ 45

[①] 纯铝和 6063 等软铝合金的挤压系数最大可达 80 ~ 120。

挤压系数为挤压筒断面积减挤压针断面积,再除以制品的断面积。在实际生产中,为了工艺计算简便,挤压管材时的挤压系数可以用下列近似公式计算:

$$\lambda = \frac{F_0}{F_1} = \frac{(D_0 - S_0)S_0}{(D_1 - S_1)S_1} \quad (1-33)$$

式中　D_0——空心锭坯外径,mm;

　　　D_1——管材外径,mm;

　　　S_0——空心锭坯壁厚,mm;

　　　S_1——管材壁厚,mm。

用组合模挤压管材时,因多数情况下为纯铝和软铝合金,所以挤压系数可达到 100 以上。某些情况下，为防止挤压系数过大，可同时挤压多根管材，用以调节挤压系数的范围。但是，为了保证管材的焊缝质量，挤压系数应大于 25。

1.7.2.3　锭坯断面尺寸的确定

锭坯断面尺寸与被挤压合金、产品规格、挤压机能力、挤压筒大小以及所需的挤压力有关。在生产实际中，一般是根据经验，以挤压系数作为重要依据，先确定挤压筒直径后，再按表 1-22 数据确定铸锭断面尺寸。一般小规格锭坯选下限，大规格锭坯选上限。同规格挤压筒，反向挤压的尺寸应小于正向挤压的尺寸。

表 1-22　管坯断面尺寸

挤压机类型	挤压筒直径-坯料外径/mm	坯料内径-挤压针直径/mm
卧　式	4 ~ 20	4 ~ 15
立　式	2 ~ 5	3 ~ 5

1.7.2.4　铸锭长度的确定

在挤压系数已确定的情况下，根据挤压管材挤出长度，可按下式计算铸锭的长度。

不定尺管材铸锭长度计算公式：

$$L_0 = \frac{L_i}{\lambda} + H \tag{1-34}$$

定尺管材铸锭长度计算公式：

$$L_0 = \frac{nL_{定} + L_{切}}{\lambda} + H \tag{1-35}$$

式中　λ——挤压系数；

　　L_i——挤压长度，mm；

　　$L_{定}$——成品管材的定尺长度，mm；

　　L_0——铸锭的长度，mm；

　　n——倍尺个数；

　　H——管材挤压残料的长度，按表 1-23 确定，mm；

$L_切$——留作切除的工艺余量（其中包括切头、切尾、试样长度并考虑挤压偏差），其数值应根据实际生产条件灵活确定，mm。一般厚壁管材为800mm，管毛料为600mm。

表1-23 铝及铝合金管材热挤压残料长度

挤压筒直径/mm	挤压管材种类	挤压残料长度/mm
420~800	所有品种	60~80
150~230	所有品种	20~30
80~130	所有品种	10~15
所有挤压筒	所有品种	$(0.1~0.15)D_筒$ 或 1.5~2倍桥高（组合模）
280~370	中间毛料	50
	厚壁管	40
	管毛料	30

1.7.2.5 对锭坯的质量要求

（1）表面质量。锭坯的内、外表面经过车皮、镗孔、加工后表面粗糙度应小于6.3μm，不应有气孔、裂纹、起皮、气泡、成层、外来压入物、油污、端头毛刺和严重碰伤等；车削刀痕深度不大于0.5mm，反向挤压用锭坯的车削刀痕深度不大于0.3mm；表面可用锉刀修理局部，但锉刀痕要均匀过渡，且深度不大于4mm。对半穿孔用锭坯，可不对内表面进行车削加工。用于分流模挤压的实心锭坯，可不车皮。

（2）尺寸偏差。为了保证锭坯与设备、工具间的同心度，减少管材的偏心，穿孔用实心锭坯尺寸公差可参见表1-24，空心锭坯和中间毛料尺寸公差可参见表1-25。

表1-24 穿孔用实心锭坯尺寸公差

种类	偏差值/mm		
	外径	长度	切斜度
实心锭坯	±1.0	±4	2~5

表 1-25　空心锭坯和中间毛料尺寸公差

种　类	偏差值/mm				
	外　径	内　径	长　度	切斜度	壁厚不均度
空心锭坯	±2.0	±1.0	+8 ~ +10	1 ~ 5	1.0 ~ 1.5
中间毛料	−1.5	±0.5	+4	1.5 ~ 2.0	0.75

（3）内部组织。低倍试片不允许有夹渣、裂纹、气孔、疏松、氧化膜、偏析聚集物、光亮晶粒、金属间化合物、缩尾、分层等缺陷。

（4）为消除铸造过程中产生的晶内成分偏析和锭坯的内应力，改善锭坯的工艺性能，提高金属的塑性，降低变形抗力，对硬合金及内应力较大的合金锭坯应进行均匀化退火处理。铝及铝合金锭坯的均匀化处理制度见表 1-26。

表 1-26　铝及铝合金锭坯均匀化处理制度

合金种类	均匀化制度/℃	保温时间/h
5A02、5A03、5A05、5A06、5B06	460 ~ 475	24
5A12、5A13	445 ~ 460	24
3A21	600 ~ 620	4
2A11、2A12	480 ~ 495	8 ~ 12
2A16	515 ~ 530	24
6A02、2A50、2B50	515 ~ 530	12
2A70、2A80、2A90、2A14	485 ~ 500	12
7A04、7A09、7A10	450 ~ 470	12 ~ 24

1.7.2.6　挤压温度-挤压速度规范

挤压温度和挤压速度是挤压过程中的重要参数，挤压温度过高，表面容易产生挤压裂纹，降低表面质量；挤压温度过低，容易产生挤压闷车，影响生产效率。提高挤压速度，虽可提高生产效率，但需要的挤压力较大；管材表面受到的拉应力增大，容易产生挤压裂纹；挤压后的尺寸变化较大，容易产生尺寸不合格；挤压速度过慢，降低了生产效率；对采用润滑挤压针挤压的润滑效果不利，恶化了内表面质量。所以，挤压温度和挤压速度对制品的表面质量、尺寸精度、力学性能、生产效率、成品率及设备性能、工模具的损耗都有影响。表1-27列出了无润滑正向挤压时锭坯的典型挤压系数、挤压温度和金属流速。表1-28列出了采用随动针和固定针挤压时的金属流动速度，表1-29列出了冷却或不冷却工具挤压时的金属流动速度。表1-30列出了一次挤压锭坯和挤压筒的加热制度，表1-31列出了二次毛料和挤压筒温度制度，表1-32列出了铝及铝合金的平均挤压速度。

表1-27　无润滑正挤压时锭坯的挤压系数和挤压温度、金属流速

合金牌号	挤压温度/℃		挤压系数 λ	金属流动速度 /m·min^{-1}
	锭坯	挤压筒		
1×××系、6A02、6063	300~500	300~480	≥15~120	15~100
2A50、3A21	350~430	300~380	10~100	10~20
5A02	350~420	300~350	10~100	6~10
5A06、5A05	430~470	370~400	10~50	2~2.5
2A11、2A12	330~400	300~350	10~60	2~3
7A04、7A09	420~460	380~420	10~45	0.5~2.5

表1-28　用随动针和固定针挤压时的金属流动速度

合金牌号	尺寸/mm×mm×mm 或 mm×mm		坯料加热温度/℃		金属流动速度 /m·min^{-1}	
	锭坯	管材	固定针挤压	随动针挤压	固定针挤压	随动针挤压
2A12	150×64×340	29×22	400	380	2.7	3.3
5A06	256×64×260	44×38	470	440	2.45	3.2
2A11	225×94×430	76×66	330	300	4.4	6.0

表1-29　用随动针和固定针挤压时在冷却或不冷却模具条件下的金属流动速度

合金牌号	尺寸/mm×mm×mm 或 mm×mm		挤压条件	金属流动速度 /m·min^{-1}		流动速度 /m·min^{-1}
	锭坯	管材		固定针挤压	随动针挤压	
2A12	156×64×290	29×23	不冷却/冷却	400/420	350/380	3.2/4.25
6A05	156×64×360	50×40	不冷却/冷却	400/430	350/360	4.1/5.1
6A06	156×64×230	45×37	不冷却/冷却	430/400	340/400	3.2/4.5

表 1-30   一次挤压锭坯和挤压筒的加热制度

合 金	铸锭加热温度 /℃	加热炉仪表温度 /℃	挤压筒温度 /℃
2A11、2A12、2A50、2A14、5A02、5A03、5052	350 ~ 450	490	350 ~ 450
5A04、5A05、5A06、3A21	350 ~ 450	470	350 ~ 450
7A04、7A09、157	360 ~ 440	460	350 ~ 450
1070、8A06、6A02、3A21、6063	350 ~ 450	550	350 ~ 450
6A02 厚管（H112、T4、T6）	460 ~ 520	550	400 ~ 450
1070、8A06、5A02、5052、3A21 厚管	400 ~ 450	500	400 ~ 450
1070、8A06、6A02、3A21、穿孔挤压	400 ~ 480	550	400 ~ 450
6063（T5）	500 ~ 530	550	400 ~ 450

表 1-31   二次毛料和挤压筒温度制度

合 金	二次毛料加热温度/℃	加热炉仪表最高温度/℃	挤压筒温度/℃
1070、8A06	350 ~ 450	500	
5A02、5A03、2A11、2A12、5052	350 ~ 450	490	
5A04、5A05、5A06、3A21	350 ~ 450	470	350 ~ 450
7A04、7A09、	350 ~ 440	460	
6A02、3A21、6063	350 ~ 480	500	
6063（T5）	500 ~ 530	550	400 ~ 450

注：如铸锭或二次毛料加热温度达不到规定温度时，可适当调整炉子定温。对有特殊要求的制品，其加热温度应在加工卡片上注明。

表 1-32   铝及铝合金的平均挤压速度

合 金	制品	加热温度/℃		金属平均挤压速度 /m·min⁻¹
		锭坯	挤压筒	
6A02、6061、6063		490 ~ 510	450 ~ 480	10 ~ 15
3A21、纯铝		300 ~ 450	320 ~ 400	15 ~ 30
5A02、5A03		350 ~ 430	350 ~ 400	6 ~ 8
5A05	管 材	430 ~ 460	370 ~ 400	0.8 ~ 6
2A11、2A14		330 ~ 400	300 ~ 380	1.0 ~ 4.0
2A12		330 ~ 400	300 ~ 380	0.8 ~ 3
5A06、7A04、7A09		360 ~ 440	360 ~ 440	0.5 ~ 3

1.7.2.7　工艺润滑

为了获得内表面质量良好的管材，必须采用有效的工艺润滑以保证挤压针和金属间保存有一层良好的润滑膜。表 1-33 为目前热挤压管常用的润滑剂。涂抹方法仍以手工操作为主，但某些挤压机上已出现了机械涂抹方式，如采用干粉喷涂法对穿孔针喷涂。用组合模挤压管材时，为了保证焊缝质量，禁止润滑或弄脏模子、挤压筒和锭坯。

表 1-33　管材热挤压常用的润滑剂

编　号	润滑剂名称	质量分数/%
1	71 号或 72 号汽缸油	60 ~ 80
	山东鳞片状石墨(0.038mm 以上)	20 ~ 40
2	750 号苯甲基硅油	40 ~ 60
	山东鳞片状石墨(0.038mm 以上)	60 ~ 70
3	汽缸油	65
	硬脂酸铅	15
	石　墨	10
	滑石粉	10
4	鳞片状石墨	10 ~ 25
	汽缸油	55 ~ 80
	铅　丹	10 ~ 20
5	氢松香脂乙醇(40%)	6
	四氢松香脂乙醇(45%)	
	松香脂乙醇(15%)	
	2,6-2 代丁基-4-甲基酚	0.1
	无机矿物油	余　量

采用润滑穿孔针方式挤压管材时，润滑剂的使用应注意以下

几点：

（1）润滑剂的配比要适当。如果润滑剂中石墨偏少，润滑剂过稀，涂抹在穿孔针上的油膜很薄，润滑膜强度低、易破裂，在挤压过程中穿孔针易粘金属，造成管材表面出现擦伤缺陷。如果石墨过多，润滑剂过稠，管材内表面易产生石墨压入缺陷。

（2）配置润滑剂时搅拌要均匀，避免其中有未搅拌开的石墨团块存在，造成管材内表面石墨压入缺陷。特别是在冬天气温低，润滑剂流动性能差，不易搅拌均匀，在这种情况下，可适当将矿物油加热，以增加润滑剂的流动性。

（3）润滑剂涂抹要均匀。如果涂抹不均匀，在润滑剂少的部位易较早地出现干摩擦，造成穿孔针粘金属，使管材表面产生擦伤缺陷。如果穿孔针表面某些部位没有涂抹上润滑剂，则会出现更严重的擦伤缺陷。

（4）穿孔针上涂抹润滑剂时要迅速，特别是涂抹润滑剂后应立即进行挤压操作，防止间隔过长，降低润滑效果。

（5）要防止穿孔针上的润滑剂流淌到挤压筒中，造成管材外表面产生起皮、气泡缺陷。

（6）使用润滑剂前，应及时清除掉穿孔针上的金属黏结物及润滑剂燃烧后留下的残焦，以免影响润滑效果。

1.7.2.8 工艺操作要点

（1）挤压之前应把挤压针、挤压模、垫片等工具预先在专用加热炉中加热。挤压工具的加热温度不应低于300℃，保温时间不少于1h。难挤压产品及组合模挤压时，加热温度不应低于450℃，挤压筒温度一般为450~480℃。

（2）挤压针的润滑应均匀，并应防止流淌到挤压筒中及锭坯表面，避免锭坯产生起皮、气泡、成层等缺陷。润滑挤压时应使用合适的润滑剂，并均匀涂抹。使用组合模挤压时应严禁使用润滑剂润滑锭坯、模子和其他工具。

（3）挤压前用较干的润滑剂薄薄地涂抹模子工作带及附近模面，但挤压垫片上不应润滑。

（4）模子工作带和挤压针上粘有金属屑时，可用刮刀和砂布清理，但不要破坏均匀的铝套。

（5）锭坯可用工频感应电炉、电阻炉、燃油或燃气炉加热，加热时应严格测温和控温。

（6）挤压铝合金管材时，特别是挤压硬合金管材和用组合模挤压管材时，应采用高温、慢速挤压工艺。

（7）为保证管材的直线度，可采用与管子外形一致的导路装置。导路的相应尺寸每边应比管材大 10 ~ 30mm。在现代化挤压机上，可采用牵引装置降低管材的弯曲度。

（8）挤压纯铝和软铝合金管材，可在现代化的由 PLC（程序逻辑控制）装置控制的全自动连续挤压生产线上进行。

（9）在立式挤压机上进行润滑挤压时，挤压残料用冲头来分离。冲头直径较模孔小 0.5 ~ 1mm。

（10）更换工具时，若需要敲击必须使用铝制锤，严禁用钢铁锤或钢铁件击打工具。

（11）为了防止挤压闷车，开始挤压或更换工具时，前几块铸锭的挤压温度控制在中、上限，待挤压 3 ~ 5 块料后再转入正常挤压温度。

（12）当发现制品产生起皮、气泡、成层等缺陷时，应及时用工具清理挤压筒。

1.7.2.9　挤压管材的质量控制

A　挤压管材的尺寸偏差

热挤压管材是通过热挤压的加工方法一次成型的管材。在随后的加工工序中，管材的断面几何形状和尺寸不再发生变化，也就是说除对管材进行适当矫直外，不再进行加工。

GB/T 4437.1—2000 技术标准是 2000 年发布的热挤压管材技术标准。其尺寸控制特征为：管材外径尺寸、管材壁厚尺寸。

管材的外径尺寸除控制任一外径与公称外径的偏差之外，还要控制平均外径与公称外径的偏差。管材壁厚除控制任一壁厚与平均壁厚的壁厚不均度外，同时还要控制平均壁厚与公称壁厚的偏差。

GB/T 4437.1—2000 中热挤压管材尺寸及偏差见表 1-34 和表 1-35。

表 1-34 GB/T 4437.1—2000 中热挤压管材壁厚及其偏差（mm）

级别	公称壁厚	任一壁厚与平均壁厚的允许偏差	平均壁厚与公称壁厚的允许偏差							
			公 称 外 径							
			≤30		>30~75		>75~125		>125	
			高镁合金	其他合金	高镁合金	其他合金	高镁合金	其他合金	高镁合金	其他合金
普通级	5.0~6.0	平均壁厚的15%	±0.54	±0.35	±0.54	±0.35	±0.77	±0.50	±1.10	±0.77
	>6.0~10.0		±0.65	±0.42	±0.65	±0.42	±0.92	±0.62	±1.50	±0.96
	>10.0~12.0				±0.87	±0.57	±1.20	±0.80	±2.00	±1.30
	>12.0~20.0				±1.10	±0.77	±1.60	±1.10	±2.60	±1.70
	>20.0~25.0	最大值 ±2.30					±2.00	±1.30	±3.20	±2.10
	>25.0~38.0						±2.60	±1.70	±3.70	±2.50
	>38.0~50.0								±4.30	±2.90
高精级	5.0~6.0	平均壁厚的10%	±0.36	±0.23	±0.36	±0.23	±0.50	±0.33	±0.76	±0.50
	>6.0~10.0		±0.43	±0.28	±0.43	±0.28	±0.60	±0.41	±0.96	±0.64
	>10.0~12.0				±0.58	±0.38	±0.80	±0.53	±1.35	±0.88
	>12.0~20.0				±0.76	±0.51	±1.05	±0.71	±1.73	±1.14
	>20.0~25.0	最大值 ±1.50					±1.35	±0.88	±2.10	±1.40
	>25.0~38.0						±1.73	±1.14	±2.49	±1.65
	>38.0~50.0								±2.85	±1.90

注：1. 当规定尺寸是外径和内径而不是壁厚本身时，则壁厚偏差只检查任一壁厚与平均壁厚的允许偏差；

    2. 当产品标准或合同中要求壁厚偏差全为（＋）或全为（－）时，其偏差值为表中对应数值的2倍；

    3. 表中任一壁厚是指在管材断面上任一点测得的壁厚；平均壁厚是指在管材断面的任一外径两端测得壁厚的平均值；

    4. 高镁合金是指化学成分中，平均镁含量大于或等于3%的铝镁合金（如 LF3、LF5、5056合金等）。

表1-35 GB/T 4437.1—2000中热挤压管材外径及其偏差（mm）

公称外径	普通级（±）		高精级（±）			
	任一外径与公称外径的允许偏差		任一外径与公称外径的允许偏差		平均外径与公称外径的允许偏差	
	高镁合金	其他合金	高镁合金	其他合金	高镁合金	其他合金
25	0.99	0.66	0.76	0.54	0.38	0.25
>25 ~ 50	1.30	0.85	0.96	0.64	0.46	0.30
>50 ~ 100	1.50	0.99	1.14	0.76	0.58	0.38
>100 ~ 150	2.50	1.70	1.90	1.25	0.96	0.61
>150 ~ 200	3.70	2.50	2.85	1.90	1.35	0.88
>200 ~ 250	5.00	3.30	3.80	2.54	1.73	1.14
>250 ~ 300	6.20	4.10	4.78	3.18	2.10	1.40
>300 ~ 350	7.40	5.00	5.70	3.80	2.49	1.65
>350 ~ 400	8.70	5.80	6.68	4.45	2.85	1.90

注：1. 当产品标准或合同要求直径偏差全为（＋）或全为（－）时，其偏差为表中对应数值的2倍；

2. 当要求的直径偏差为内径时，应根据该管材的外径取表中对应的外径偏差值作为内径偏差，并在合同中注明"直径偏差要求内径"字样；

3. 表中的任一外径是指在管材断面上任一点测得的外径；平均外径是指在管材端面上任意测量两个互为直角的外径所得到的平均值；

4. 高镁合金是指化学成分中，平均镁含量大于或等于3%的铝镁合金（如LF3、LF5、5056合金等）。

B 二次挤压中间毛料尺寸偏差及表面质量

（1）中间毛料尺寸偏差符合表1-36标准。

表1-36 中间毛料尺寸偏差

外径允许偏差/mm	内径允许偏差/mm	壁厚不均/mm
100 $^{-2}$		
120 $^{-2}$	±1.0	≤2.0
135 $^{-2}$		

（2）表面不允许有裂纹。允许有深度不大的机械加工余量的起

皮、气泡、擦伤、划沟、压入物及其他缺陷。但用于挤压厚壁管材的中间毛料，内表面允许有上述缺陷，但其深度不得大于0.5mm。

C 挤压管毛料尺寸偏差及表面质量

挤压管毛料可分为两种：冷轧管毛料和冷拉管毛料，其尺寸偏差及表面质量如下：

（1）直径偏差。冷轧管毛料的外径允许偏差为±0.5mm。内径允许偏差为 $^{+0.5}_{-0.2}$mm。

拉伸毛料的外径允许偏差一般不要求。内径允许偏差为±2.0mm。

（2）平均壁厚偏差。管毛料的平均壁厚按下式计算，冷轧管毛料和冷拉管毛料的平均壁厚允许偏差均为±0.25mm。

$$平均壁厚 = （最大壁厚 + 最小壁厚）/2 \tag{1-36}$$

（3）允许最大壁厚偏差。管毛料壁厚应从最大壁厚逐渐过渡到最小壁厚。其壁厚偏差允许值按下式计算：

$$管毛料壁厚允许偏差 \leqslant \frac{毛料的名义壁厚}{成品的名义壁厚} × 成品壁厚公差 \tag{1-37}$$

因壁厚不均形成的壁厚不均度按下式计算：

$$壁厚不均度 = 管毛料的最大壁厚 - 管毛料的最小壁厚 \tag{1-38}$$

管毛料壁厚允许偏差根据铝合金薄壁管标准不同，产品壁厚偏差及管毛料允许最大壁厚偏差列于表1-37和表1-38中。

（4）椭圆度。冷轧管毛料和冷拉管毛料的椭圆度不应超过其直径偏差。

（5）弯曲度。冷轧管毛料挤压后，应进行辊矫，矫直后的弯曲度每米不大于1mm，全长不大于4mm。冷拉管毛料可不矫直，但弯曲度应尽量小些，以不影响装入拉伸芯头及拉伸转筒为原则。

（6）端头质量和切斜度。管毛料端头应切正直，无毛刺和飞边。冷轧管毛料的切斜度应小于2mm。

（7）内表面质量。管毛料内表面应清洁光滑，无起皮、裂纹、成层、深沟、重擦伤、气泡等；允许有能蚀洗掉的轻微压坑、擦伤、划道和石墨压入。

（8）外表面质量。管毛料外表面不允许有裂纹、严重起皮、气泡及大面积的缺陷存在，但允许有个别能清理掉的不太深的表面缺陷，例如挤压生产的起皮、气泡、擦伤、金属压入、刮伤、磕碰伤等缺陷，缺陷面积应不超过10%，在冷加工之前必须清除。

表 1-37　GB 221—84、GJB 2379—95 标准中
管毛料壁厚允许偏差　　（mm）

毛料壁厚	成 品 壁 厚									
	0.5	0.75	1.0	1.5	2.0	2.5	3.0	3.5	4.0	5.0
	成品壁厚允许偏差									
	±0.05	±0.08	±0.10	±0.14	±0.18	±0.20	±0.25	±0.25	±0.28	±0.40
1.5	0.30	0.32	0.30							
2.0	0.40	0.43	0.40	0.37						
2.5	0.50	0.53	0.50	0.47	0.45					
3.0	0.60	0.64	0.60	0.56	0.54	0.48				
3.5	0.70	0.75	0.70	0.65	0.63	0.56	0.58			
4.0	0.80	0.85	0.80	0.75	0.72	0.64	0.67	0.57		
4.5	0.90	0.96	0.90	0.84	0.81	0.72	0.75	0.64	0.63	
5.0	1.00	1.07	1.00	0.93	0.90	0.80	0.83	0.71	0.70	
5.5							0.92	0.79	0.77	0.88
6.0							1.00	0.86	0.84	0.96
6.5								0.93	0.91	1.04
7.0								1.00	0.98	1.12
7.5									1.05	1.20
8.0									1.12	1.28
8.5										1.36
9.0										1.44
9.5										1.52
10.0										1.60

表 1-38　GB 6893—86、GB/T 6893—2000 标准中
管毛料壁厚允许偏差　　　　　　　（mm）

毛料壁厚	成品壁厚									
	0.5	0.75	1.0	1.5	2.0	2.5	3.0	3.5	4.0	5.0
	成品壁厚允许偏差									
	±0.08	±0.10	±0.12	±0.18	±0.22	±0.25	±0.30	±0.35	±0.40	±0.50
1.5	0.48	0.40	0.36							
2.0	0.64	0.53	0.48	0.48						
2.5	0.80	0.67	0.60	0.60	0.55					
3.0	0.96	0.80	0.72	0.72	0.66	0.60				
3.5	1.12	0.93	0.84	0.84	0.77	0.70	0.70			
4.0	1.28	1.07	0.96	0.96	0.88	0.80	0.80			
4.5	1.44	1.20	1.08	1.08	0.99	0.90	0.90	0.90		
5.0	1.60	1.33	1.20	1.20	1.11	1.00	1.00	1.10	1.00	
5.5						1.10	1.10	1.20	1.10	1.10
6.0						1.20	1.20	1.30	1.20	1.20
6.5							1.30	1.40	1.30	1.30
7.0							1.40	1.50	1.40	1.40
7.5								1.60	1.50	1.50
8.0									1.60	1.60
8.5									1.70	1.70
9.0									1.80	1.80
9.5										1.90
10.0										2.00

1.7.2.10　挤压卡片的编制与举例

表 1-39 为热挤压管材工艺举例，表 1-40 为 $\phi40mm \times 30mm \times 5.0mm$，2A11-T4 管材热挤压工艺卡片举例。

表1-39　热挤压管材工艺举例

合金牌号	管材品种	管材规格 /mm×mm×mm	挤压筒直径/mm	挤压系数	残料长度/mm	铸锭规格 /mm×mm×mm	压出长度/m	备注
2A11	厚壁管	25×15×5.0	100	24	10	97×18×200	4.6	6MN 挤压机
		40×30×5.0	135	24.7	10	132×33×190	4.5	
		80×60×10.0	280	24.4	40	270×106×450	10.0	35MN 挤压机
2A12	拉伸毛料	107×96×5.5	280	27.5	30	270×140×400	10.2	
		129×117×6.0	280	20.8	30	270×140×500	9.8	
5A02	拉伸毛料	31×23×4.0	100	21.9	10	97×26×210	4.4	6MN 挤压机

表1-40　热挤压厚壁管工艺卡片举例

工序名称	主要设备	主要工艺参数	每道工序制品尺寸 /mm 外径	内径	长度	每块质量/kg	几何废料/kg	工艺废料/kg
空心锭加热	电阻加热炉	温度 400~460℃	133	33	250	8.8		
热挤压	6MN立式挤压机，φ135mm挤压筒	挤压温度 400~450℃，挤压速度 2~3m/min，λ=24.7，工艺润滑	40	30	4500	6.8	1.0	1.0
淬火	立式淬火炉	淬火温度 498℃±3℃，保温时间 40min，水温 30~40℃，最大装炉量600kg	40	30	4500	6.7		0.1
切头、切尾取样	圆盘锯床	切头 200mm（取样180mm）切尾 300mm（取样50mm）	40	30	4100	6.08	0.6	0.02
矫直	矫直机	矫直速度 30m/min 调整角度 30°	40	30	4106	6.0		0.08

工序名称	主要设备	主要工艺参数	每道工序制品尺寸 /mm			每块质量 /kg	几何废料 /kg	工艺废料 /kg
			外径	内径	长度			
切成品	圆盘锯床	中断	40	30	2000 + 50	2.9 ×2	0.02	
检查验收	实验室检查平台	检验化学成分、性能、尺寸、精度、表面质量、内部组织等	40	30	2000 + 50	2.9 ×2		
涂油、包装	油槽，包装车间	FA101 防锈油，60 ~ 80℃	40	30	2000 + 50	2.9 ×2		
交货	成品库	合格证，交货单	40	30	2000 + 50	2.9 ×2		

注：1. 制品：热挤压壁厚 $\phi40mm \times 30mm \times 5.0mm$，GB/T 4437—2000；2. 合金状态 2A11-T4，GB/T 3190—1998，GB/T 4437—2000；3. 坯料：空心铸锭 $\phi133mm \times 33mm \times \phi250mm$；4. 成品率：每吨成品的坯料消耗定额为 1520kg，管材成品率为 65.8%。

1.7.3 管材冷挤压技术

1.7.3.1 管材冷挤压的特点

管材冷挤压时，工模具需要承受比热挤压大得多的压力。由于剧烈的体积变形，变形热往往会使模具的温度达到 250 ~ 300℃。与热挤压一样，管材冷挤压也可分为正向、反向和正反联合挤压。

铝及铝合金管材冷挤压的优点是：可大大提高挤压速度，生产效率比热挤压高 5 ~ 10 倍；尺寸精度高，可与冷轧和冷拉管相比；表面粗糙度可小于 $0.8\mu m$；成品率可达 70% ~ 85%；投资少，设备少，生产周期短，可减少很多繁杂的中间工序。用冷挤压法生产管材的主要问题有：变形抗力高，对模具材质、结构及加工制造等提出了更高要求；模具使用寿命短；必须选择良好的润滑剂和润滑方法；对毛坯的要求较高。

用冷挤压法可生产不同用途、多种类型和规格的铝及铝合金管材。目前，已生产的规格范围是：直径 4 ~ 400mm；壁厚最薄达 0.1mm；长度最长为 24mm。

1.7.3.2 管材冷挤压工艺

A 工艺流程

冷挤压管材的典型工艺流程如图 1-25 所示。

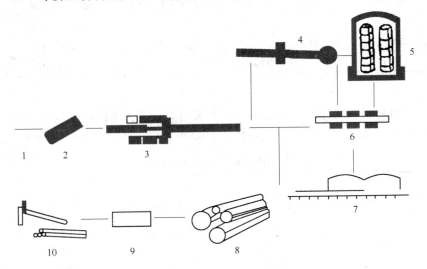

图 1-25 冷挤压管材的工艺流程

1—毛坯制备；2—润滑；3—冷挤压；4—减径（冷拉伸）；5，6—热处理；
7—辊式矫直；8—切成品；9—检验；10—包装交货

B 坯料准备

可用空心铸锭，也可用热挤压中间毛料。铸造坯料应进行均匀化处理以提高其塑性，而挤压坯料应在挤压后或退火后使用。

为获得最高力学性能的挤压制品，纯铝和 5A02 合金应选用铸锭坯料，而淬火、时效后使用的 6A02 合金应选用挤压坯料。为清洗表面和改善润滑条件，坯料最好用碱液蚀洗。为保证管材尺寸的高精度，坯料的几何尺寸精度也应较高。挤压直径小于 $\phi20mm$ 的管材时要求坯料的壁厚差在 0.5mm 以内。

C 挤压温度-挤压速度条件

在冷挤压条件下，金属的强度越高，变形程度越大，挤压速度越快，则金属温升越剧烈。表 1-41 为用冷坯料挤压管材时金属变形区内的最高温度。

表 1-41　冷挤压时金属变形区内的最高温度

金属牌号	品　种	挤压系数	初始挤压速度/mm·s⁻¹	金属最高温度/℃
1×××		11 ~ 23		185 ~ 238
5A02	管　材	11 ~ 23	150	314 ~ 358
2A11		17 ~ 23		373 ~ 378

D　冷挤压的力学条件

当初始挤压速度为 150mm/s，并采用高分子再生醇作润滑剂，冷挤压铝合金管材时所需挤压力如表 1-42 所示。

表 1-42　冷挤压管材所需单位挤压力（比压）

合金牌号	最大单位挤压力/MPa		
	挤压系数 15	挤压系数 22	挤压系数 40
6A02	980.0	999.6	1078.0
5A02	1146.6	1225.0	1303.4
2A11	1215.2	1225.8	1303.4
2A12	1254.4	1283.8	1391.4
7A04	1274.0	1323.0	1440.6

在一般情况下，可用下式计算冷挤压压力 P：

$$P = 2R_{\mathrm{m}}(\ln\lambda + \mathrm{e}^{\frac{2f}{s}}l_{\text{定}})F_{\mathrm{K}}Z \tag{1-39}$$

式中　R_{m}——坯料的抗拉强度，MPa；

　　　$l_{\text{定}}$——定径带长度，mm；

　　　s——管材壁厚，mm；

　　　F_{K}——管材断面积，mm²；

　　　Z——系数，锥形模取 $Z = 0.85$，平面模取 $Z = 1$；

　　　f——摩擦系数。

E　挤压系数的确定

冷挤压管材时，挤压系数的大小在很大程度上取决于合金牌号和坯料状态。在一般情况下，建议采用如下的挤压系数范围：1×××

合金的挤压系数为 40~100；5A02、2A11 合金的挤压系数为 20~50；2A12、7A04、7A09 合金的挤压系数为 15~30。

F 金属流动

冷挤压管材时金属流动的特点与带润滑的热挤压相似，而且润滑效果更好，其塑性变形直接靠近模子，变形和流动速度的不均匀性比热挤压时小很多，金属流动的不均匀性也很小，因此，产生成层、粗晶环、缩尾及其他缺陷的可能性大大减少。

G 润滑

冷挤压管材通常采用润滑挤压，常用的有效润滑剂有：高分子再生醇混合物；双层润滑剂-鲸油和硬脂酸钠水溶液；硬脂酸钠水溶液等。

1.7.4 Conform 管材挤压技术

1.7.4.1 原理及特点

Conform 连续挤压法是 1971 年由英国原子能局（UK-AEA）斯普林菲尔德研究所的 D. Green 发明的，同年申请英国专利，后经过该研究所的先进金属成型技术研究室开发成功的。

Conform 连续挤压法的基本原理如图 1-26 所示。其设备主要由四大部件构成：

（1）轮缘车制有凹形沟槽的挤压轮，由驱动轴带动旋转。

（2）挤压靴，它是固定的，与挤压轮接触的部分为一个弓形的槽封块。该槽封块与挤压轮的包角一般为 90°，起到封闭挤压轮凹形沟槽的作用，构成一个方形的挤压型腔，相当于常规挤压筒。这一方形挤压筒的三面为旋转挤压轮凹槽的槽壁，第四面是固定的槽封块。

（3）固定在挤压型腔出口端的堵头，其作用是把挤压型腔出口端堵住，迫使金属只能从挤压模孔流出。

（4）挤压模，可以安装在堵头上，实行切向挤压，或者安装在靴块上实行径向挤压。多数情况下，挤压模安装在靴块上，由于这里有较大的空间，允许安装较大的挤压模，以便挤压尺寸规格较大的管材。

当从挤压型腔的入口端连续喂入挤压坯料时，在摩擦力的作用

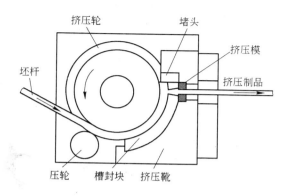

图 1-26   Conform 连续挤压法原理图

下，轮槽牵引着坯料向模孔移动，当夹持长度足够长时，摩擦力的作用足以在模孔附近产生巨大应力，迫使金属从模孔流出。Conform 连续挤压是巧妙地利用了挤压轮凹槽槽壁与坯料之间的摩擦力作为挤压力，只要挤压型腔的入口端能连续地喂入坯料，便可达到连续挤压出无限长制品的目的。

采用 Conform 生产铝合金管材和常规挤压方式相比具有以下特点：

（1）能耗低。Conform 连续挤压过程中，由于摩擦和变形热的共同作用，可使铝材在挤压前无需加热，直接喂入冷料，而使变形区的温度达到铝材的挤压温度，从而挤压出热态制品，大大降低能耗。据估计，比常规挤压可节省约 3/4 的能耗费用。

（2）尺寸精度高。由于挤压力恒定，产品尺寸偏差几乎保持不变，如 ϕ10mm × 1mm 的铝管，外径公差在 ±0.050mm 以内，壁厚公差在 ±0.025mm 以内。

（3）材料利用率高。Conform 连续挤压生产过程中，除了坯料的表面清洗处理、挤压过程的工艺泄漏量以及工具模更换时的残料外，由于无挤压压余，切头切尾量很少，因而材料利用率很高。Conform 连续挤压薄壁软铝合金盘管材时，材料利用率高达 96% 以上。

（4）制品长度大。管材可卷绕起来，可生产任意长度的管材产品，在所需长度内无接头。

（5）模具寿命长。由于连续挤压，启动次数有限，挤压模不会受到频繁启动冲击负载的作用，模具寿命长。

1.7.4.2 产品品种、规格和用途

随着连续挤压技术的不断发展，Conform 连续挤压机可生产的管材品种已由最初的铝光面管扩展到了内螺纹管、汽车空调用口琴管、D 形管、冰箱管等。表 1-43 给出了 Conform 铝管连续挤压主要产品及用途。

表 1-43　Conform 铝管连续挤压主要产品及用途

类　型	材　料	材料规格/mm × mm 或 mm × mm × mm	主要用途
圆管	1050、1060、1100、3033、5052 等铝及铝合金	$\phi(5 \sim 20) \times (0.5 \sim 2.5)$	冰箱冷凝管、汽车空调散热器管、天线管
多孔薄壁管	1050、1060、1100、3003、3104、D97 等铝合金	$(2 \sim 8) \times (16 \sim 48) \times (0.4 \sim 1.0)$，3 ~ 15 孔	汽车空调散热器管、水箱散热器管
D 形管	1050、1060 等工业纯铝	$\phi(6 \sim 8) \times (11 \sim 12) \times 1.0$	冰箱冷凝管、冰柜管

连续挤压方法生产的圆管主要应用于冰箱冷凝管、汽车空调散热器管、天线管等。

多孔薄壁管广泛应用于汽车空调冷凝器，采用铝合金连续挤压制成的多孔薄壁管具有耐蚀、热传导性好、强度适中、热成型性好、冷弯成型性好、承受压力大的诸多优点。多孔管挤压的模孔位置如图 1-27 所示。

D 形管（图 1-28）是一种新兴的散热管，主要应用于冰箱、冰柜的管板式蒸发器中。由于它较普通光面圆管与散热板的贴合接触面大，从而大大改善了散热条件，可实现快速制冷的目的。采用常规挤压方式生产这类管材生产效率低，成品率低，产品的质量不能得到保证，因而制品成本高。采用 Conform 技术生产 D 形管，该技术特

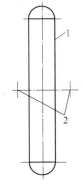

图 1-27　多孔管挤压的模孔布置

1—模孔；2—进料孔中心投影位置

有的金属流动特点使管壁的厚度可以不断减薄；模具和金属的特有受力状态使制品质量、组织结构得以保证、模具寿命得以提高。此外，连续性生产也为进一步降低成本、节省能源提供了条件。

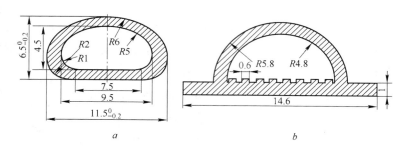

图 1-28　D 形管示意图

a—普通 D 形管；b—带翼内凸 D 形管

1.7.4.3　Conform 管材挤压工艺

Conform 铝管材连续挤压法的一般生产工艺为：坯料表面预处理—放料—矫直—在线清洗—连续挤压—制品冷却—张力导线—卷曲—检验—包装入库。

（1）对铝及铝合金圆杆料的要求：

1）杆料表面要求在生产或储运中所沾油污极少；

2）杆料在生产过程中所沾油污在高温下焦化，留下残迹以及润滑石墨残迹少；

3）内部含有夹杂和气体含量低；

4）表面无严重的宏观裂纹、飞边、轧制花纹、折叠等缺陷。

（2）杆料表面的处理。进入连续挤压变形区的杆料表面干净、干燥，以防止挤压制品出现气泡、气孔和焊合不良等。常用的几种杆料表面处理方法有：碱洗、碱洗 + 钢丝刷、碱洗 + 超声波在线清洗、碱洗 + 钢丝刷 + 超声波在线清洗等。

（3）运转间隙的调整：

1）运转间隙是挤压轮面与槽封块弧面之间的间隙，它是连续挤压生产中一个极为重要的工艺因素，直接影响到连续挤压过程的稳定、运行负荷、挤压轮速度、工具模的使用寿命及产品质量等。运转间隙过大，泄铝量大，挤压轮与槽封块之间的摩擦面增大，温升过高；运转间隙过小，当挤压轮、槽封块热膨胀后，容易导致挤压轮与槽封块之间钢对钢的直接摩擦，损坏轮面、堵头和槽封块，甚至使运行负荷剧增。因此，在生产之前，必须认真调整运转间隙。

2）合理的运转间隙控制以挤压轮面与槽封块弧面之间不出现钢对钢的直接摩擦，泄铝量轻微（1%～5%）为原则。挤压过程中，运转间隙的大小是通过靴体底部和靴体背部的垫片厚度来调节，垫片厚度从 0.1mm 到 1mm 不等。

3）运转间隙的控制范围为 0.8～1.2mm。

4）一般情况下，材料的变形抗力越大，加压制品的挤压比越大，其运行间隙应越小，所以在生产不同合金、不同规格的产品时，应及时调整运转间隙，参见表 1-44。

表 1-44　确保 LJ300 铝材连续挤压过程稳定的主要参数

制品规格/mm×mm 或 mm×mm×mm	主机电流/A	最高挤压轮转速 /r·min⁻¹	轮靴间隙调整 /mm
$\phi 8 \times 1$	160～170	24	δ
$\phi 10 \times 1$	150～160	24	$\delta - 0.10$
11.5×6.5×1	165～175	22	$\delta + 0.15$
5×22×0.8-5 孔	175～185	20	$\delta + 0.20$
5×44×0.8-15 孔	180～190	18	$\delta + 0.30$

注：δ 为靴体调整垫的厚度，它是以连续挤压 $\phi 8mm \times 1mm$ 纯铝管的轮靴间隙为基准。

5）在实际生产过程中，启动后，若运行电流超高，工具发出刺耳的声响，或喂料后有泄铝声响，说明运转间隙或工模具装配不当，应立即停机检查，并根据进料板与轮面的接触情况，减少或增加调整垫片厚度。

6）调整运转间隙还应根据工模具，特别是挤压轮的使用时间长短来决定，轮子使用时间长，表面出现磨损，应适当增加调整垫片厚度。

（4）挤压温度-速度关系。Conform 连续挤压过程中，工模具的预热和挤压温度是喂入金属与挤压轮之间的摩擦和金属塑性变形热的共同作用而产生的。合理控制连续挤压过程的挤压轮速，对于维持挤压温度的恒定，保持产品组织性能与表面质量，提高工模具使用寿命等，都是十分重要的。

1）升温挤压阶段。每次开始挤压时，都必须间断地向挤压轮槽内喂入短料，让挤压轮在低速（7～8r/min）下运转升温，以保证工模具逐渐均匀地达到所需的挤压温度，尤其是挤压模腔的温度必须达到挤压温度。升温挤压阶段，挤压轮速不宜太高，否则，虽然挤压轮槽温度很快达到挤压温度，但挤压模腔的温度并没有达到所要求的挤压温度，反而难以建立稳定挤压阶段。

2）稳定挤压阶段。影响稳定挤压阶段的挤压温度-速度关系的主要因素有：合金性质、制品品种规格、运转间隙、槽封块包角、挤压比和冷却系统冷却强度等。通常稳定挤压过程的主要工艺参数为：轮槽温度为 400～450℃；模口温度为 350～400℃；靴体温度应小于 400℃；挤压轮转速应小于 24r/min；制品流出速度应小于 70m/min；运行电流应小于 300A；运行电压应小于 400V。

1.7.4.4　常见的产品缺陷、产生的原因及处理方法

Conform 连续挤压常见的产品缺陷、产生原因及处理方法如表 1-45 所示。

表 1-45　常见的产品缺陷、产生原因及处理方法

缺陷类型	产 生 原 因	处 理 方 法
表面气泡、穿透性气孔	（1）杆料表面有油污、水分及其他脏物； （2）挤压轮或喂料轮上有水分或油污； （3）冷却水溅到杆料或挤压轮上； （4）杆料组织疏松和含气体	（1）加强杆料清洗； （2）减少冷却水流量； （3）加强熔炼过程精炼、除气措施； （4）加强杆料生产过程控制，防止裂纹及铸造疏松的形成
夹杂	（1）杆料夹渣、表面有脏物； （2）外来夹杂	（1）加强杆料熔铸过程的精炼、挡渣、过滤措施，提高铝锭品位； （2）文明运输和保管

缺陷类型	产 生 原 因	处 理 方 法
表面发黑	(1) 制品表面残留冷却水; (2) 保管、运输不当,使产品沾水或受潮	(1) 降低冷却水流量,增加吹气量,保证制品卷取前有 40~50℃的温度; (2) 改进包装方法及运输条件,禁止成品露天堆放
壁厚不均	(1) 模具偏心; (2) 芯杆与叉架不同心	(1) 更换模具; (2) 重新装配上下模或者更换芯杆
尺寸超差	(1) 模具尺寸精度不够; (2) 浮动臂质量过轻或过重; (3) 挤压速度过快	(1) 更换模具; (2) 调节浮动臂质量; (3) 降低挤压速度
内外表面拉道	(1) 模具及芯杆工作带光洁度不够; (2) 模具工作带及出口粘有坚硬物	(1) 更换模具; (2) 旧模抛光
焊合不良	(1) 杆料表面有油污脏物; (2) 温度低、速度快	(1) 重新清洗杆料; (2) 提高挤压温度,降低挤压速度
表面橘皮	(1) 挤压速度过快; (2) 挤压温度过低; (3) 浮动臂过重	(1) 降低制品出口速度; (2) 提高挤压温度; (3) 减轻浮动臂质量
波浪	(1) 模具和进料板装配不当,运转间隙过大; (2) 供料不均	(1) 重新装配模具;调整运转间隙; (2) 调节进料轮
表面白斑	(1) 变形不够,挤压速度过快,温度过低; (2) 泄料严重	(1) 降低速度,升高温度; (2) 清理靴体堵料
不焊合	(1) 模子内有硬物; (2) 进料不够	(1) 换模; (2) 调节进料轮;清理靴体堵料

2 铝合金管材的轧制技术

管材轧制是生产无缝管材的主要方法之一，根据管坯的变形温度不同，管材轧制中，可分为热轧和冷轧两大类。目前，在铝管生产中，热轧已很少使用，大多数情况下被热挤压的方法取代。冷轧管材是将通过热挤压获得的管材毛坯在常温下进行轧制，从而获得成品管材的加工方法。

冷轧管材应用最广泛和最具代表性的方法是周期式冷轧管法。根据轧机所具有的轧辊、轧槽的结构形式，主要有二辊冷轧管法和多辊冷轧管法。

2.1 周期式冷轧管法

2.1.1 周期式冷轧管法的优、缺点

冷轧与拉拔都是生产高精度、高表面质量和薄壁管材的主要方法，并被广泛地应用于生产中。与拉拔相比较，冷轧管法有利于发挥金属塑性的最佳应力状态，管坯在一套孔型中的变形量可高达90%以上，壁厚压下量与外径减缩率可分别达70%和40%，比用拉拔时在两次退火间的总加工率高4~5倍。这样，在生产低塑性难变形合金的薄壁管材时，就可以大大地减少用拉拔生产时不可避免的，诸如酸洗、退火和制夹头等工序，缩短了生产流程，提高了生产率。冷轧的管材表面质量和精度堪与冷拔的相媲美，一般可以直接交货而无需再经过拉拔。

由于轧制过程所具有的周期性，在生产塑性良好的软合金管材，以及管壁较厚的管材时，冷轧管法的生产率比拉拔的生产率低得多。按每台设备班产量计算，拉拔比冷轧管高3~4倍。冷轧管设备结构复杂，一些零部件易损坏，而且维护和保养费用高。同时，轧辊孔型块加工制造也较复杂，对模具修理水平要求高。另外，还要求有专用

机床，生产费用高。

2.1.2 周期式冷轧管法生产的发展与现状

在工业生产中最先用于冷轧管材的设备是二辊冷轧管机，它于1928 年首先出现在美国，并在 1932 年正式用于工业生产。随着对薄壁管材的品种、规格和数量的需要不断增加，周期式二辊冷轧管机的规格和台数也在日益增多，并且已经形成了系列化。目前最大的周期式冷轧管机可轧出的成品管材外径为 $\phi450mm$。

周期式二辊冷轧管机轧出的管材壁厚最薄为其直径的 1/60～1/100。例如，在最小型号的 LG-30 轧管机上轧出管材的壁厚最薄为0.5mm，个别情况可达 0.2mm。

为了获得例如原子能工业需要的更薄的高精度管材，在 20 世纪50 年代初期苏联研制出了周期式多辊冷轧管机。这种轧机可轧出的管材壁厚为直径的 1/150～1/250，最薄可达 0.025mm。

在冷轧管机上，除了可以生产一般圆断面的管材外，还可以生产异型管和变断面管材。

如前所述，周期式冷轧管机的主要问题是生产率不高，设备结构复杂，易出现故障等。为了提高轧机的生产率，近 30 多年以来采取了如下的一些改进措施。

（1）提高轧管机速度，增加机架每分钟双行程次数。通常的冷轧管机由于工作机架往复直线运动时所产生的巨大惯性力和转矩，限制了轧机运行速度和行程次数的提高。50 年代中期，在轧机上安装了动平衡装置，使机架的每分钟双行程次数提高了一倍。例如，旧式的 LG30 轧管机机架的双行程次数为 120 次/min，采用了动平衡装置后可达 240 次/min。

减轻机架的质量也是提高轧机运行速度的措施之一。例如，对较大型的冷轧管机采用了固定机架，只使轧辊系统作旋转往复运动，可使运动部分的质量减轻 2/3。

（2）实现多线轧制。多线轧制（通常多为 2 线或 3 线）是减少设备投资、占地面积、操作人员和提高轧机生产率的有效途径之一。采用双线轧制比单线轧制可使轧机的生产率提高 0.5～0.8 倍。多线轧制时，要求轧机每条生产线的工具能单独调整。由于总的轧制压力增大，这种多线冷轧管机一般多用来生产变形抗力不太大的小规格管材。对于不能单独调整工具的多线冷轧管机，则只适合于开坯和粗轧。

（3）增大机架行程和孔型工作长度。增大机架行程长度实质上也是为了延长孔型工作段长度，从而可以采用较大的送进量，提高轧机的生产率。在短行程冷轧管机上不能用任意增大送进量的办法来提高生产率，因为这将使被加工金属的分散变形程度和整径系数减小，导致出现废品，降低管材的质量和缩短工具的使用寿命。

可以用马蹄形环形孔型代替通常所采用的半圆形孔型块来增加孔型工作段长度。更为先进的方法是在一个机架里前后安装两对轧辊，这种双排辊冷轧管机可以在不改变机架行程长度的条件下，使孔型工作段长度增长 0.8 ~ 1.0 倍，从而使压下量增加 1 倍，使轧机的生产率提高 0.5 ~ 0.7 倍，而轧机主传动的动力载荷和主电动机功率却比长行程轧机的小 0.50 ~ 0.67。

（4）改进送进回转机构与工作制度。目前普遍采用的，诸如减速机式、马尔泰盘式，以及光电式的送进回转机构已不能满足高速轧管机的要求。国外研制出的凸轮-无级变速器-游动丝杠式送进回转机构可以使小型轧管机的双行程次数达到 260 次/min。

对所有送进回转机构的研究和分析表明，采用现行的间歇式送进回转工作制度难以再进一步提高轧机的速度。因此，目前有一种轧制器件能连续不断送进的送进回转机构，可以实现极为均匀的送进，提高管子的精度和质量，使轧机的速度提高 1 ~ 2 倍，噪声可减少 8dB。

在一次轧制周期中，将通常的一次送进和回转改为两次送进和回转也可以使轧机的生产率提高 10% ~ 17%，管子的精度提高 20% ~ 25%。但是，这种工作制度会导致送进回转机构复杂化和磨损加剧。

（5）增加管坯长度，减少装料停机时间，提高轧机利用系数。在旧式的轧管机上，管坯的长度一般只有 5 ~ 6m，新式轧管机管坯长度已允许增加到 12m，甚至有的达到 24m。但是，这势必增加轧机的机身长度，增加占地面积。因而发展了游动芯棒轧制，从而可以采用成盘的管坯进行冷轧，取消了送杆机构，节省了 30% 的生产面积，减少 25% ~30% 的装料时间，同时还改善了管子的内表面质量，显著降低轴向力。

（6）改进孔型设计。目前在生产中普遍使用的孔型设计方法是 Ю. Ф. 舍瓦金法，以及 ВНИТИ-НТ3 法等。为了进一步强化冷轧管过程，提高管子的精度和改善表面质量，已开始使用了曲面芯棒和按比例压下的孔型设计。这种孔型设计可以保证沿变形区长度上管坯直径与壁厚的变形比值不变。

除上述情况以外，为了提高冷轧管机的生产率，强化轧制过程，提高管子的精度和表面质量，还出现了带螺旋轧槽的冷轧管机，机架做旋转运动的冷轧管机，轧辊具有不同圆周速度的异步轧机，多辊式冷轧管机等。

冷轧管技术的另一发展方向是采用多机架连续冷轧管机。由于彻底地摆脱了周期式的工作制度，实际上速度增加是不受限制的。目前，由于轧制时与管坯一同随动的长芯棒所需的精度、硬度、平直度和表面粗糙度问题已解决，此法已正式用于生产。芯棒随动的连续式冷轧管机需要有很多的机架，为了克服此缺点，又发展了芯棒限动和半限动等连续式冷轧管机。

2.2 周期式二辊轧制法

周期式二辊冷轧管机在 1930 ~ 1932 年最初出现于美国，目前它的机构已经改善得很完善，产品规格范围可以达到外径 φ12 ~ 457mm，壁厚 0.2 ~ 15mm。常见的冷轧管机有前苏联的 ХПТ 冷轧管机和我国制造的 LG 冷轧管机。

2.2.1 轧制原理

二辊冷轧管机是一种周期式轧机，其工作原理如图 2-1 所示。主传动齿轮 1 通过曲柄 2 和连杆机构 3 带动机架 5 作往复运动，轧机机架上装有一对轧辊 6，轧辊通过固定在机座上的齿条 4，主动齿轮 9

和被动齿轮8，将机架的往复运动同时转变为轧辊的周期性转动。

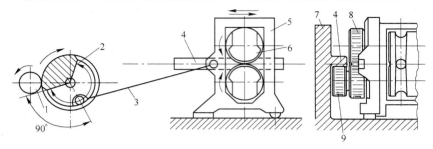

图 2-1 二辊冷轧管机工作原理示意图

1—主传动齿轮；2—曲柄；3—连杆机构；4—齿条；5—工作机架；
6—轧辊；7—固定机座；8—被动齿轮；9—主动齿轮

冷轧管机的主要工具由一个带有一定锥度的芯头和一对带有逐渐变化孔槽的孔型构成。工作机架往复运动的同时，轧辊同时转动。轧制管坯在芯头和孔型的间隙内反复轧制，实现了管坯外径的减小和壁厚的减薄，工作机架在前极限位置时，管坯和芯头要翻转60°～120°转角，以便在反行程时管坯继续轧制，保证管材的质量，见图 2-2。

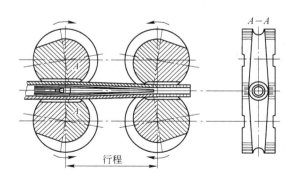

图 2-2 管材轧制示意图

2.2.2 周期式二辊轧制法的优、缺点

（1）二辊冷轧管方法具有如下的优点：

1）道次加工率大，最大加工率可达到80%以上。特别适用于硬合金和冷加工性能低的合金（如5A05、5A06合金等）管材的加工；

2）可以生产长度大的管材，最长可达30m；

3）省略或减少部分合金的退火和中间退火工序，生产效率高，周期短；

4）设备的自动化程度高，可减轻劳动强度；

5）孔型更换简便，尺寸调整方便、快捷；

6）可以生产异型管材和变断面管材。

（2）二辊冷轧管方法的主要缺点有：

1）冷轧管机结构复杂，设备精度要求高，投资和维修费用较大；

2）工具设计、制造比较复杂；

3）软铝合金管材和壁厚较大的管材，不如拉伸法生产效率高；

4）轧制的管材具有较大的椭圆度、波纹、楞子等，管材外径偏差不易控制，因此，经轧制后的管材必须经拉伸减径、整径才能达到成品管材的要求。

5）技术水平要求高，孔型调整不当容易产生飞边、裂纹等缺陷。

2.2.3 轧制过程

管材轧制可分为四个过程：

（1）送料过程。当工作机架在后极限位置时（图2-3a），两个轧辊处在进料段，孔型与管坯没有接触。通过送料机构将管坯向前送入一定的长度m（称为送料量），即管坯 I—I 截面移动到 I_1—I_1 截面位置。截面 II—II 也同时移动到 II_1—II_1 位置。管坯的所有断面都向前移动m。此时，管坯锥体与芯头间产生一定的间隙 Δt。

（2）前轧过程。当工作机架向前移动时，轧辊和孔型同时旋转，孔型滚动压缩管坯，使管坯在由孔型和芯头组成的断面逐渐减小的环行间隙内进行减径和减壁。管材轧制时，管坯首先与芯头表面接触，而后进行轧制。未被轧制的管坯与芯头表面的间隙 Δt 则增大，如图2-3b所示。轧制过程的变形区（又称瞬时变形区）由三部分组成，

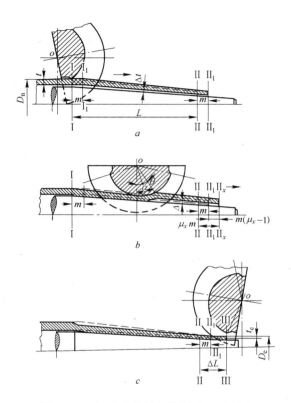

图 2-3   二辊式冷轧管机轧制过程示意图

a—送料过程；b—前轧过程；c—回转过程

见图 2-4，θ 为咬入角区，θ_1 为减径角区，θ_2 为压下角区。在减径角区使管坯直径减小至内表面与芯头接触。压下角区管坯的直径和壁厚同时被压缩，实现管坯直径的减小和壁厚的减薄。在轧制过程中，咬入角 θ，减径角 θ_1 和压下角 θ_2 是变化的。咬入角 $\theta = \theta_1 + \theta_2$。压下角对应的水平投影为 $ABDC$，可近似看作梯形，减径角对应的水平投影为 $CDGFE$。

在整个前轧过程中，管坯的变形过程可分为四段，即减径段、压缩段、精整段和定径段，如图 2-5 所示。

1）减径段：管坯在减径段，只有减径变形，由于管坯和芯头表

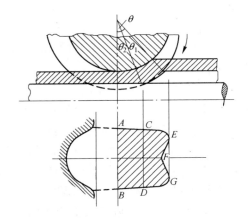

图 2-4　前轧时变形区的水平投影

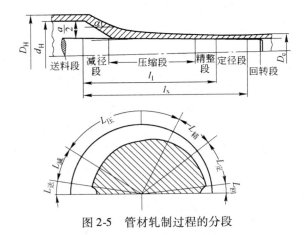

图 2-5　管材轧制过程的分段

面没有接触，壁厚将略有增加，管坯壁厚增加的规律与拉伸减径变形时壁厚增加的规律相同，与合金和尺寸规格等因素有关。

2）压缩段：管坯的变形主要集中在这一阶段。由于孔型在这一阶段的平均锥度较大，因此，管坯在此阶段发生很大的外径减小和壁厚减薄，轧制管材的壁厚已接近成品管材壁厚。

3）精整段：在精整段，管坯的变形量很小，主要目的是消除轧制管材的壁厚不均。此段孔型的锥度与芯头的锥度相等，管坯的壁厚达到成品管材的壁厚和要求的偏差范围。

4）定径段：管坯在这一段的主要变形是外径变化，而没有壁厚减薄。目的是使管材外径一致，消除竹节状缺陷。此段孔型的锥度为零，管坯与芯头已不再接触。

因此，冷轧管材金属的变形主要在前轧过程实现，而在前轧过程，变形主要集中在减径段和压下段。其变形特点是由减径、压扁逐渐转到壁厚被压缩，并在孔型和芯头间发生强制宽展。

（3）回转过程。当轧辊处在轧制行程前极限位置时，如图 2-3c 所示，轧辊孔槽处在回转阶段，孔型与管坯锥体不接触，管坯由回转机构通过芯杆、芯头和卡盘带动翻转 60° ~ 120°。

（4）回轧过程。管坯回转后，随着工作机架的返回运动，对管坯进行回轧，消除前轧时造成的椭圆度、壁厚不均度和管材表面楞子等，以利于下一个周期的轧制。完成一个周期的轧制过程后，所得到的一段管材就是轧制成品管材。

2.2.4　冷轧管的应力状态

2.2.4.1　轧辊及芯头对管坯的压力

管坯在轧制过程，受芯头和孔型的共同压力，在这个压力的作用下，管坯发生了塑性变形。管坯的受力状态见图 2-6。在变形区内，P_o 为管坯压下角区的压力，P_p 为减径角区的压力。P_o 和 P_p 都是垂

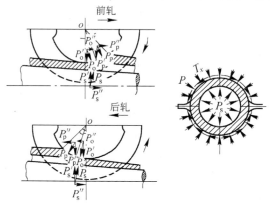

图 2-6　孔型和芯头对管坯的压力

直于管坯轧制锥体的接触表面，并可分解为 P'_o、P''_o 和 P'_p、P''_p。其中 P'_o 和 P'_p 为垂直于轧制中心线的径向分量，P''_o 和 P''_p 为平行于轧制中心线的轴向分量。

芯头在压下角区对管坯的作用力 P_s 同样可分解为 P'_s 和 P''_s。由于 P_s 是 P_o 的反作用力，所以 P''_s 与 P''_o 大小相等，方向相反。同时，减径区的轴向分力 P''_p 又通过管坯与芯头间的摩擦作用到芯头上。因此，无论在前轧，还是在回轧过程，芯头都将受到轴向力的作用。轴向力的大小取决于管坯材质的变形抗力、轧制送料量和孔型尺寸等条件。材质的变形抗力越大，需要的轧制力也越大。送料量的大小和孔型尺寸的设计，又直接决定了咬入角的大小。当芯头所受轴向力很大时，有可能造成连接芯头的芯杆弯曲和断裂。

2.2.4.2　外摩擦力

管材轧制时，孔型在转动过程，由于孔槽上各点的半径不同，轧制过程的线速度也不同，因此对于管坯的摩擦也不同。为了减少孔型对管坯的相对滑动，冷轧管机在设计时，主动齿轮的节圆直径要小于被动齿轮的节圆直径。被动齿轮的节圆直径与轧辊直径相等。图 2-7 为冷轧管时金属的相对速度分布，由图可见，孔槽上与主动齿轮直径相等的各点相对速度为零，而直径大于主动齿轮节圆直径的各点的相对速度为负值，直径小于主动齿轮节圆直径的各点的相对速度为正值。

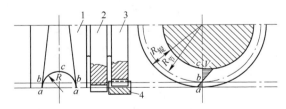

图 2-7　冷轧管时金属的相对速度分布
1—孔型；2—被动齿轮；3—主动齿轮；4—齿条

由于在管材轧制时，金属还存在向前流动的速度，因此，管坯锥体上各部位与孔型孔槽上各部位的相对速度实际上是两个速度的合速度。如图 2-8 所示，v_1 为假设管坯静止，金属没有流动的相对速度，

v_2 为金属向前流动的速度。v_2 在锥体上各点都是相等的，而且无论是前轧，还是回轧，速度的方向都相同。v_1 和 v_2 的合速度即为考虑金属流动的情况下的实际相对速度。$v_合$ 的方向不同，在轧制区分别形成了前滑区和后滑区。

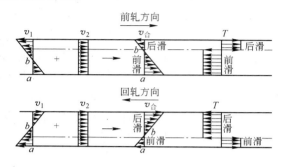

图 2-8　冷轧管时的运动学特性

v_1—假设金属静止，没有流动的相对速度；v_2—轧制金属流动速度；

$v_合$—实际相对速度；T—摩擦力

由图 2-8 可知，前滑区和后滑区对管坯的摩擦力方向相反，两个摩擦力的合力作用于管坯上。由于管坯轧制锥体与芯头是紧连在一起的，最终这个力将通过芯头作用到连接芯头的芯杆上。

为了尽可能减少孔型摩擦的不均匀性，冷轧管机设计中，主动齿轮节圆直径小于被动齿轮的节圆直径，一般情况下，主动齿轮的节圆直径比被动齿轮节圆直径小 5% 左右。最合理的主动齿轮节圆直径应等于孔型孔槽的平均直径。对于大规格的冷轧管机，由于轧机轧制规格范围大，设计中配备有两种规格节圆直径的主动齿轮。生产中应根据不同的孔型规格选择合理的主动齿轮，这样，才能有效地减小孔型孔槽对管坯的滑动摩擦，减少孔槽的不均匀磨损，有利于提高轧制管材的表面质量和孔型的使用寿命。但是，冷轧管机轧辊的更换十分困难，而且装配精度要求很高。在铝加工中，管材是多规格、多品种、小批量生产。企业根据主要的品种规格选定其中一种主动齿轮，便能基本适用生产要求。表 2-1 为常见二辊冷轧管机的主要工艺性能参数。

表 2-1 二辊冷轧管机的主要工艺性能参数

名　称	单位	LG30	LG55	LG80	XIIT75	XIIT32
管坯外径范围	mm	22～46	38～67	57～102	57～102	22～46
管坯壁厚范围	mm	1.35～6	1.75～12	2.5～20	2.5～20	1.35～6
成品管外径范围	mm	16～32	25～55	40～80	40～80	16～32
成品管壁厚范围	mm	0.4～5	0.75～10	0.75～18	0.75～18	0.4～5
断面最大减缩率	%	88	88	88	88	88
外径最大减小量	mm	24	33	33	32	24
壁厚最大减缩率	%	70	70	70	70	70
管坯长度范围	mm	1.5～5	1.5～5	1.5～5	1.5～5	1.5～5
送料量范围	mm	2～14	2～14	2	2～30	2～14
轧辊直径	mm	300	364	434	434	300
轧辊主动齿轮节圆直径	mm	280	336	406 或 378	406 或 378	280
轧辊被动齿轮节圆直径	mm	300	364	434	434	300
工作机架行程长度	mm	453	624	705	705	453
允许最大轧制力	MN	6.5	11.0	17.0	17.0	6.5
轧辊回转角度		185°39′20″	212°59′20″	199° 213°43′	199° 213°43′	185°39′3″

2.2.4.3 应力-应变状态

冷轧管时应力状态主要是三向压缩应力状态。应变状态为两向压缩状态，一向拉伸状态，这种应变状态能够充分地发挥金属的塑性。因此，冷轧管机适用于塑性偏低的合金和壁厚较薄，需要很大的加工率才能使管材尺寸成型的管材生产。这些产品采用轧制方法生产，可以减少中间退火工序，提高一次加工率，缩短生产周期，提高生产效率和管材的表面质量。

2.2.5 二辊式冷轧管机轧制力的计算

2.2.5.1 影响轧制力的主要因素

A 送料量

轧制力与送料量成正比。送料量愈大，轧制过程的压下角愈大，压下区水平投影也愈大，轧制力也就愈大。一般情况下，送料量增加一倍，轧制力增加 0.3 ~ 0.5 倍，参见图 2-9。送料量在 2 ~ 10mm 范围内，轧制力与送料量的关系可用下式近似表示：

$$P_2 = P_1 \sqrt{\frac{m_2}{m_1}} \tag{2-1}$$

式中 P_1，P_2——分别为送料量为 m_1 和 m_2 时的轧制力，MN。

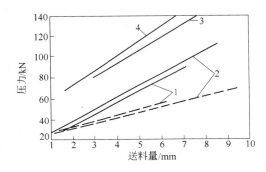

图 2-9   轧制力与送料量的关系

实线—正行程轧制力；虚线—反行程轧制力

1—5A02 合金，毛料 ϕ34mm×4mm，成品 ϕ22.7mm×0.95mm；

2—5A02 合金，毛料 ϕ34mm×3mm，成品 ϕ18mm×1.27mm；

3—2A11 合金，毛料 ϕ42mm×4mm，成品 ϕ30mm×0.79mm；

4—2A11 合金，毛料 ϕ34mm×3mm，成品 ϕ36mm×0.95mm

B   总延伸系数

轧制力与总延伸系数成正比例关系。在管坯尺寸相同的条件下，轧制力与成品管材的壁厚成反比例关系，见图 2-10、图 2-11。一般情况下，管坯壁厚增加 1 倍，轧制过程在正行程时，轧制力增加 0.2 倍，反行程时增加 0.3 倍。反行程时轧制力增加多的原因，主要是材料在正行程时经过了一次轧制，由于加工硬

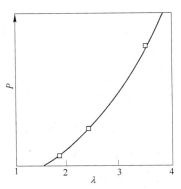

图 2-10   轧制力与延伸系数关系

化，材料的变形抗力有所提高。

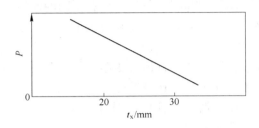

图 2-11　轧制力与成品管壁厚关系

当延伸系数在 2~8 范围内，延伸系数与轧制力的关系可近似地用下式表示：

$$P_2 = CP_1 \sqrt{\frac{\lambda_2}{\lambda_1}} \qquad (2\text{-}2)$$

式中　P_1，P_2——延伸系数分别为 λ_1、λ_2 时的轧制力，MN；
　　　C——系数。

C　材料强度

轧制力与金属材料的强度 σ_b 成正比。在同一工艺条件下，轧制力与材料强度的关系可以用下式表示：

$$P_2 = P_1 \frac{\sigma_b'}{\sigma_b} \qquad (2\text{-}3)$$

式中　P_1，P_2——分别为与材料强度为 σ_b 和 σ_b' 相对应的轧制力，MN。

D　被轧管材直径

轧制不同规格的管材，要选用相应的孔型规格，孔型规格不同，轧制过程压下角的水平投影面积也就不同。在相同工艺条件下，轧制力与轧制管材的直径成正比例关系，轧制力随轧制管材直径的增加而增大。轧制力与管材直径的关系可用下式表示：

$$P_2 = CP_1 \frac{d_2}{d_1} \qquad (2\text{-}4)$$

式中　P_1，P_2——分别为轧制管材直径为 d_1 和 d_2 时的相应轧制力，MN。

E　润滑条件

采用不同的润滑剂和润滑条件,具有不同的润滑效果。如果润滑效果好,轧制过程的压力就小,轧制力也小。

F　工具和设备的技术参数

设备的技术参数、轧辊直径、变形区长度等技术参数决定了工具设计的技术参数。在工具与孔型设计中,芯头锥度、孔型孔槽的平均锥度、孔型开口度等都影响管材轧制时的变形程度和不均匀变形量,其结果必然影响轧制力的大小。

2.2.5.2　管材冷轧过程轧制力的分布

管材冷轧过程中,轧制力在机架行程的不同位置上的大小是不同的。在一个轧制行程中,轧制力在孔型长度上的分布变化见图 2-12。

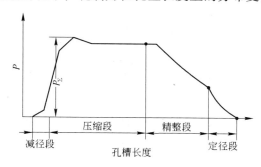

图 2-12　轧制力在孔型长度方向上变化示意图

由图可见,管材轧制过程中轧制力最大发生在压缩段,在这一阶段材料的瞬时加工率最大,金属的变形程度最大,使得压下区水平投影面积最大。在减径段和精整段轧制力较小。

2.2.5.3　轧制力计算

在轧制过程中,金属对轧辊的全压力 P_Σ 为:

$$P_\Sigma = \bar{p}F_\Sigma \qquad (2\text{-}5)$$

式中　$\bar{p}$——金属对轧辊的平均单位压力,MPa;

　　　F_Σ——金属与轧辊接触面的水平投影面积,mm^2。

由式(2-5)可知,只要计算出管材轧制时金属对轧辊的平均单位压力和金属与轧辊接触面的水平投影面积,就可以计算出轧制过程的全压力。

A 平均单位压力的计算

平均单位压力可采用 Ю. Ф. 谢瓦金公式和 Д. И. 比辽捷夫公式进行计算。

（1）按 Ю. Ф. 谢瓦金公式计算。工作机架正行程时的平均单位压力$\bar{p}_{正}$为：

$$\bar{p}_{正} = R_{m}\left[n + f\left(\frac{t_0}{t_x} - 1 \right) \frac{R_0}{R_x} \frac{\sqrt{2R_x \Delta t_z}}{t_x} \right] \qquad (2\text{-}6)$$

工作机架反行程时的平均单位压力$\bar{p}_{反}$为：

$$\bar{p}_{反} = 1.15R_{m} + (2 \sim 2.5)f\left(\frac{t_0}{t_x} - 1 \right) \frac{R_0}{R_x} \frac{\sqrt{2R_x \Delta t_f}}{t_x} \cdot R_{m} \qquad (2\text{-}7)$$

式中　R_m——在该变形程度下被轧金属的抗拉强度，MPa；

　　　n——考虑平均主应力影响系数，一般取 1.02 ~ 1.08；

　　　f——摩擦系数，对铝合金取 0.08 ~ 0.10；

　　　t_0——管坯壁厚，mm；

　　　t_x——计算断面的管材壁厚，mm；

　　　R_0——轧辊主动齿轮半径，mm；

　　　R_x——计算断面孔槽顶部的轧辊半径，mm；

　　　Δt_z——计算断面正行程时的壁厚压下量，mm；

　　　Δt_f——计算断面反行程时的壁厚压下量，mm。

Δt_z 和 Δt_f 可分别由下式确定：

$$\Delta t_z = 0.7\lambda_\Sigma m(\tan\alpha - \tan\beta) \qquad (2\text{-}8)$$

$$\Delta t_f = 0.3\lambda_\Sigma m(\tan\alpha - \tan\beta) \qquad (2\text{-}9)$$

式中　λ_Σ——计算断面的压延系数；

　　　m——送料量，mm；

　　　α——该段孔型母线倾斜角，(°)；

　　　β——芯头母线倾斜角，(°)。

（2）按 Д. И. 比辽捷夫计算公式：

$$\bar{p} = \sigma_b \left(1 + \frac{f \sqrt{2R_0}}{7.9} \times \frac{t_0}{t_x} \right) \tag{2-10}$$

式中　σ_b——在某种硬化程度下金属的强度极限，MPa；

　　　f——摩擦系数。

利用 Ю. Ф. 谢瓦金计算公式，可以精确地计算出平均单位压力，但计算过程复杂，而利用 Д. И. 比辽捷夫计算公式相应比较简单。

B　金属与轧辊接触面水平投影面积的计算

轧制过程轧辊与管坯接触面水平投影面积 F_Σ 可由下式计算：

$$F_\Sigma = 1.41 \eta B_x \sqrt{R_x \Delta t} \tag{2-11}$$

式中　η——系数，一般取 1.26 ~ 1.30；

　　　B_x——计算断面的轧槽宽度，mm；

　　　Δt——计算断面的壁厚压下量，mm，工作机架正行程时取 Δt_z，反行程时取 Δt_f。

在轧制高强度铝合金时，孔型的孔槽在轧制力的作用下，将发生弹性变形。由于孔槽的弹性变形会使孔槽压扁，轧辊与管坯接触面面积将有一定的增加量。考虑这种因素，轧辊与管坯接触面水平投影面积由下式计算：

$$F_\Sigma = 1.41 \eta B_x \sqrt{R_x \Delta t} + 3.9 \times 10^{-4} \sigma_b R_x \left(\frac{\pi}{4} R_0 - \frac{2}{3} R_x \right) \tag{2-12}$$

式中　σ_b——在该变形程度下金属的强度极限，MPa；

　　　R_x——所求断面工作锥半径，mm；

　　　R_0——轧辊半径，mm。

应用式（2-3）、式（2-7）、式（2-12）可以精确地计算冷轧管时的合压力。为了计算简便，可采用下列经验公式：

$$p_\Sigma = \sigma_b \left[1 + \frac{f \sqrt{D_z}}{7.9} \left(\frac{t_0}{t_x} \right) \right] \left(\eta D_x \sqrt{2R_x \Delta t} \right) \tag{2-13}$$

式中　D_z——轧辊直径，mm；

　　　D_x——计算断面孔槽直径，mm。

2.2.6 二辊式冷轧管机轴向力的计算

在冷轧管过程中,工作锥除受轧辊给予的轧制压力外,还在其轴向受到轧辊的作用力,这个力称为轴向力。轴向力的存在,可使两个管坯端头相互切入,造成成品管材内、外表面压坑废品。芯头的前后窜动和芯杆的跳动,还会造成芯杆、芯头的断裂和弯曲,从而产生管材废品及设备与工具故障。

2.2.6.1 轴向力产生的原因

轴向力产生的主要原因是由于冷轧管时轧辊对工作锥的轧制力在水平方向上的投影不为零和轧辊与工作锥之间存在摩擦力。

与一般的轧制不同,冷轧管是一种"强制性"的轧制过程,表现为管材由孔型中出来的速度不决定于轧辊的"自然轧制半径",而是决定于工作机架的运动速度,也就是轧辊主动齿轮的节圆圆周线速度。

所谓轧制半径,就是圆周速度与金属由轧辊中出来的速度相等的轧辊半径。在平辊轧制时,如果不考虑前滑,轧制半径等于轧辊的半径。而在带有孔槽的轧辊上轧制时,孔槽上各点与轧件接触处的半径不相同,靠近孔槽顶部的轧辊半径小,线速度也小,而靠近孔槽开口部的轧辊半径大,线速度也大。这种情况下,轧制半径 $R_{轧}$ 为:

$$R_{轧} = \frac{1}{2}(R_0 + R_{制}) \qquad (2-14)$$

式中 R_0——轧辊半径,mm;

  $R_{制}$——圆制品断面半径,或制品外接圆半径,mm。

在冷轧管时,由于孔型中孔槽的断面是变化的,那么轧制半径也是一个变值,见图 2-13。在轧制开始阶段,轧制半径 $R_{轧}$ 小于轧辊主

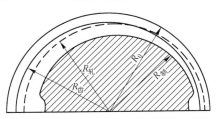

图 2-13 冷轧管机孔槽的轧制半径

动齿轮节圆半径 $R_{齿}$，而在轧制结束阶段，轧制半径又大于主动齿轮节圆半径。

　　管材轧制过程中，在轧制开始阶段，轧制半径 $R_{轧}$ 小于主动齿轮节圆半径 $R_{齿}$，而轧制终了阶段轧制半径大于主动齿轮节圆半径 $R_{齿}$。同时，冷轧管机机架正行程时，管子的尾端是出料端，而前端则为进料端。在工作机架反行程时，尾端则成了进料端而前端成为出料端。因此，工作机架正行程时，轧制的开始阶段，管坯尾部向前移动；轧制的终了阶段，管坯尾部向后移动。冷轧管时，管坯尾端是靠在送料小车的卡盘上，因此管坯向前移动时受拉力，这个拉力通过芯杆最终作用于芯杆小车。而管坯向后移动时受压力，这个压力最终作用于送料小车的卡盘。工作机架反行程时，管坯的前端是自由的出料端，管坯的尾端为固定的进料端，此时，轧制的开始阶段管坯受拉力，而终了阶段管坯受压力。

　　管材轧制时孔槽对管坯工作锥的摩擦力可见本章 2.2.4 节。

2.2.6.2　轴向力的计算

二辊式冷轧管机，轧辊对管坯的轴向力可由下式计算：

（1）工作机架正行程时。

当 $\omega_x < \theta_t$ 时：

$$Q_{正} = 2\eta P_{均} R_x \cdot \sqrt{2R_{顶} \cdot \Delta t_{正}} \cdot (\pi - 2K_\varphi \cdot \varphi_{开}) \cdot \left(f - \sqrt{\frac{\Delta t_{正}}{4.94R_{顶}}} \right) -$$

$$4.32\pi p_{均} f (R_{齿} - R_{顶}) \sqrt{\frac{R_x t_x R_{顶}}{R_{齿}}} \tag{2-15}$$

当 $\omega_x > \theta_t$ 时：

$$Q_{正} = P_{\Sigma正} \left[(\pi - 2K_\varphi \cdot \varphi_{开}) \cdot \left(f - \sqrt{\frac{\Delta t_{正}}{4.94R_{顶}}} \right) - 3.53f \sqrt{\frac{R_{齿} - R_{顶}}{R_x}} \right]$$

$$\tag{2-16}$$

平均轴向力：

$$\overline{Q}_{正} = P_{\Sigma均} \cdot \left[(\pi - 2K_\varphi \varphi_开) \cdot \left(f - \sqrt{\frac{\Delta t_正}{4.94R_顶}} \right) - \right.$$

$$\left. 3.81f(R_齿 - R_顶) \cdot \sqrt{\frac{t_x}{R_x R_齿 \Delta t_正}} \right] \qquad (2\text{-}17)$$

(2) 工作机架反行程时。

$$Q_反 = 2\eta P_{均反} \cdot R_x \cdot \sqrt{2R_顶 \cdot \Delta t_反} \cdot (\pi - 2K_\varphi \varphi_开) \left(f + \sqrt{\frac{\Delta t_反}{4.94R_顶}} \right) - 14P_{均反} +$$

$$(R_0 - R_x \sin\varphi_开) \sqrt{\frac{2\Delta t_反}{R_顶}} \cdot [R_0 - R_齿 - R_x \cdot \sin(K_\varphi \cdot \varphi)] \qquad (2\text{-}18)$$

平均轴向力：

$$\overline{Q}_反 = P_{\Sigma反} \cdot \left\{ (\pi - 2K_\varphi \cdot \varphi_开) \cdot \left(f + \sqrt{\frac{\Delta t_反}{4.94R_顶}} \right) - 5.56f \right.$$

$$\left. \frac{R_0 - R_x \sin\varphi_开}{R_顶} \cdot \left[\frac{R_0 - R_齿}{R_x} - \sin(K_\varphi \cdot \varphi_开) \right] \right\} \qquad (2\text{-}19)$$

式中　　$\varphi_开$——孔槽开口角度，（°）；

　　　　f——摩擦系数；

　　　　K_φ——孔槽开口处的金属参与变形的程度，其值见表2-2；

　　　　θ_t——压下角，（°）；

　　　　ω_x——中性角，（°）；

$P_{\Sigma正}$，$P_{\Sigma反}$——分别为工作机架正、反行程时的平均全压力，MN；

　　　　$P_均$——平均单位压力，MN。

以上 θ_t 可由下式计算：

$$\theta_t = \sqrt{\frac{2\Delta t}{R_顶}} \qquad (2\text{-}20)$$

式中　θ_t——压下角，（°）；

　　　Δt——轧制时的瞬时壁厚压下量，mm；

　　　$R_顶$——孔槽顶部轧辊半径，mm。

ω_x 可由下式计算

$$\omega_x = 1.53 \sqrt{\frac{(R_{齿} - R_x) t_x}{R_{齿} R_{顶}}} \tag{2-21}$$

式中 $R_{齿}$——主动齿轮节圆半径，mm；

        R_x——计算断面的孔槽半径，mm；

        t_x——计算断面处工作锥壁厚，mm。

表 2-2 系数 K_φ 值

送进、回转制度	工作机架正行程			工作机架反行程		
	轧槽始端	轧槽中部	轧槽末端	轧槽始端	轧槽中部	轧槽末端
送进、回转分别完成	0.5	0.25	0	1.0	0.85	0.75
一轧制周期二次回转	0.75	0.50	0.75	0.75	0.60	0.50

2.3 周期式多辊轧制法

2.3.1 多辊管材轧制的原理及特点

三个及三个以上轧辊组成的冷轧管机称为多辊式冷轧管机。多辊轧机分为三辊、四辊和五辊三种。一般直径为 $\phi 8 \sim 60mm$ 的管材用三辊冷轧管机轧制，直径为 $\phi 60 \sim 120mm$ 的管材用四辊、五辊冷轧管机轧制。

2.3.1.1 多辊式冷轧管机的工作原理

图 2-14 为三辊冷轧管机的轧制过程示意图，这种冷轧管机与二辊式冷轧管机一样，具有往复周期轧制的特点。主要的工具为一个圆柱形的芯头 3 和三个轧辊 2，三个∏型滑道 1。轧辊上有断面不变的孔槽，三个轧辊的孔槽组成一个圆形的孔型，与中间的芯头共同构成一个环形的间隙。轧辊在三个具有特殊曲线斜面的滑道上往复滚动。滑道的曲线与二辊冷轧管机孔型展开曲线类似，当孔型在滑道的左端时，滑道曲线的高度最小，三个轧辊离开的距离最大，孔型组成的圆的外径最大，与圆柱形芯头组成的环形的断面也最大。当轧辊由左向右运动时，由于滑道高度逐渐增加，三个孔型组成的圆的外径逐渐减小。管坯在孔型和芯头的压力下发生塑性变形，外径缩小和壁厚减

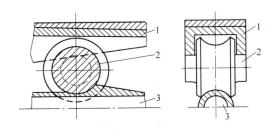

图 2-14 三辊冷轧管机轧制过程示意图

1—滑道；2—轧辊；3—芯头

薄。轧辊前进到最前端后，开始反方向运动，进入到回轧过程。轧辊返回到左端极限位置后，管坯通过回转机构和送料机构，对管坯进行翻转和给出一定的送料量，开始下一个轧制周期。管坯在周期的反复轧制下，获得成品管材的尺寸要求。

2.3.1.2 多辊式冷轧管法的优、缺点

多辊式冷轧管法具有如下优点：

（1）由于多辊冷轧时金属变形均匀，管坯轧制时外径收缩率小，有利于金属的壁厚减薄，因此，多辊轧制适用壁厚特别薄的管材生产。轧制的管材外径与壁厚之比可达 100~250，更适于某些冷加工性能差的合金管材生产。

（2）孔型的孔槽与管坯在轧制过程中没有或很少有相对滑动摩擦，金属变形均匀，因此，轧制管材的壁厚精度较高，表面粗糙度较低。

（3）通过合理的工具配套，可直接生产成品管材。

（4）多辊冷轧机轧辊数量多，轧辊直径小，因此，总的轧制压力较小，轧制功率消耗也较少。

（5）与二辊式冷轧管法相比，工具设计和制造相对简单，设备质量容易保证。

多辊式冷轧管法的主要缺点有：

（1）由于孔型的孔槽为圆柱形，而不是变断面尺寸，轧制送料量较小，因此生产效率偏低。

（2）管坯轧制时减径量小。

为了提高生产效率，可在多辊轧机机架内装配多套轧辊，实现多线轧制法，见图 2-15。

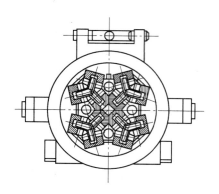

图 2-15　四线三辊冷轧管机示意图

2.3.2　多辊式冷轧管机轧制力的计算

多辊式冷轧管机的特点是芯头为没有锥度的圆柱形，孔型孔槽的半径不变。在轧制过程的开始阶段，孔型间隙较大，孔槽表面不接触管坯表面。随着工作机架的向前移动，孔型在滑块曲线上运动，孔型间隙逐渐变小，孔型孔槽组成的直径逐渐变小，孔槽表面接触管坯并对管坯进行碾轧。多辊轧机的孔型上没有动力转动，靠工作机架带动并通过孔型孔槽与管坯的摩擦力实现转动。因此，孔槽与管坯的单位压力升高将对管坯形成较大的拉应力，其结果使金属的塑性降低。这是多辊冷轧管机的缺点之一。

多辊冷轧管机的全压力计算公式如下：

$$P_\Sigma = K \overline{R}_m \cdot (D_0 + D_1) \sqrt{m \lambda_\Sigma (t_0 - t_1) \frac{R_{辊}}{L_{1d}}} \qquad (2\text{-}22)$$

式中　$\overline{R}_m$——被轧金属的平均抗拉强度，$\overline{R}_m \approx \frac{1}{2}(R_{m0} + R_{m1})$，$R_{m0}$ 和

　　　　R_{m1} 分别为管坯轧制前和轧制后的抗拉强度，MPa；

　　D_0——管坯外径，mm；

　　D_1——轧制管材外径，mm；

$R_辊$——轧辊轧制半径：

$$R_辊 \approx R_颈 \frac{L_1}{L - L_1}$$

$R_颈$——轧辊外径，mm；

t_0，t_1——轧前与轧后管的厚度，mm；

L——摇杆长度，mm；

L_1——摇杆与辊架连杆连接点到摇杆轴的距离，mm；

L_{1d}——压缩段长度，mm：

$$L_{1d} = L_压 \frac{L_1}{L - L_1}$$

$L_压$——滑道压缩段长度，mm；

K——系数，取 1.6 ~ 2.2；

m——送料量，mm；

λ_Σ——总压延系数。

2.4　管材轧制工艺

2.4.1　轧制管坯的准备与质量要求

轧制管坯一般采用热挤压方法生产，也可采用旋压方法生产，由于旋压管材的表面质量和尺寸精度都比较差，必须经过拉伸后，才能满足冷轧管坯的基本要求。

2.4.1.1　轧制管坯规格的确定

A　管坯外径的确定

管材轧制坯料的外径等于冷轧管机孔型的大头尺寸。在对冷轧管机进行工艺设计时，孔型大头的尺寸按以下方法设计。

（1）确定芯头锥度。二辊式冷轧管机的芯头锥度为 $2\tan\alpha$，可根据典型的合金和尺寸规格确定，一般选择范围在 0.005 ~ 0.03 之间。锥度过大，轧制时具有较大的轴向力，易造成芯杆的弯曲和拉断，同时，变形不均匀，孔型开口度加大，轧出的管材出现竹节状压痕。锥度过小，送料时轧制锥体脱离芯头的力也将增加，造成管坯的插头、破裂金属留在管材内壁或芯头上，容易产生金属压入等废品，同时，减小了轧制管材壁厚的调整范围。

（2）确定芯头大头圆柱部分直径。芯头大头圆柱部分直径 D 按下式确定：

$$D = d + L2\tan\alpha \qquad (2-23)$$

式中　　d——芯头定径段端头直径，mm；

　　　　　L——轧管机孔型工作段长度，mm；

　　　$\tan\alpha$——芯头锥度，(°)。

$$d = d_1 + 2\Delta P_1 \qquad (2-24)$$

式中　　d_1——轧制管材内径，mm；

　　　ΔP_1——轧制管材与芯头间间隙，取 0.025mm。

（3）确定管坯的内径尺寸：

$$d_0 = D + 2\Delta P_0 \qquad (2-25)$$

式中　　d_0——管坯内径，mm；

　　　　　D——芯头大头圆柱部分直径，mm；

　　　ΔP_0——芯头大头圆柱部分与管坯间的间隙，一般取 3～5mm。

（4）设定管坯的壁厚。根据工厂生产的典型合金和规格，选择合理的压延系数，计算管坯的壁厚。在轧制铝合金管时，压延系数一般取 2～5，对软铝合金，压延系数可适当加大。为了使管坯毛料在挤压生产中能够方便配置工模具，管坯的壁厚取整数部分。

（5）设定管坯的外径：

$$D_0 = d_0 + 2t_0 \qquad (2-26)$$

式中　　D_0——管坯外径，mm；

　　　　　d_0——管坯内径，mm；

　　　　　t_0——管坯壁厚，mm。

根据设定的管坯外径和轧制管材外径，即可进行孔型设计，孔型的大头尺寸为管坯外径，小头尺寸为轧制管材的外径。由于冷轧后的管材，必须经过拉伸减径或整径后，才能成为成品管材，因此，冷轧管机的孔型规格可按一定的间隔配备一对孔型。间隔过大则增加拉伸减径量，间隔过小，则生产中更换孔型频繁，一般情况下，每间隔 5mm 配备一对孔型。冷轧管机常用孔型规格见表 2-3。

表 2-3 冷轧管机常用孔型规格

LG80		LG55		LG30	
成品外径 /mm	孔型规格 /mm × mm	成品外径 /mm	孔型规格 /mm × mm	成品外径 /mm	孔型规格 /mm × mm
≤55	73 × 56	≤30	43 × 31,45 × 31	≤15	26 × 16,31 × 18
56 ~ 60	78 × 61	31 ~ 35	48 × 36,50 × 36	≤17	31 × 18
61 ~ 65	83 × 66	36 ~ 40	53 × 41,55 × 41	18 ~ 20	33 × 21
66 ~ 70	88 × 71	41 ~ 45	58 × 46,60 × 46	21 ~ 25	38 × 26
71 ~ 75	93 × 76	46 ~ 50	63 × 51,65 × 51	26 ~ 30	43 × 31
76 ~ 80	98 × 81	51 ~ 55	68 × 56,70 × 56		

B 管坯壁厚的确定

对于同一种规格的管材,不同的合金应选择不同的压延系数。对于同一种合金的管材,不同的规格选择不同的冷轧管机,由于不均匀变形程度不同,压延系数也要有所不同。一般情况下,大规格管材和采用大型号孔型,轧制过程不均匀变形程度大,压延系数要选择小一些。而对于小规格管材和采用小型号孔型时,可以选择较大的压延系数。不同机台和合金的压延系数范围可参照表 2-4。

表 2-4 不同合金和机台的压延系数参考值

合 金 机 台	1 × × ×、3A21 6A02、6061、6063	2A12、2A11 5A02、5A03	5A06、5A05 7A04、7A09
LG30	2 ~ 8	2 ~ 5.5	2 ~ 4
LG55	2 ~ 6	2 ~ 5	2 ~ 3.5
LG80	2 ~ 5	1.5 ~ 4	1.5 ~ 3

应当注意,在选择管坯壁厚时,要兼顾管坯挤压工艺的合理性及成品管材的定尺长度和冷轧管机的工艺性能。

C 管坯长度的确定

冷轧时,管坯的长度应根据成品管材的具体要求和管坯的挤压工艺灵活掌握;当轧制长度为不定尺时,管坯长度只需根据设备性能确定;为了便于操作和提高生产效率,尽量取较长的长度。对于定尺长度的管材，管坯长度按下式计算：

$$L_0 = n\frac{L_1}{\lambda} + L \qquad (2-27)$$

式中　L_0——管坯长度，mm；

　　　L_1——压延切断长度，mm；

　　　n——切断根数；

　　　λ——压延系数；

　　　L——工艺余量（200mm）。

2.4.1.2　管坯的质量要求

A　表面要求

管坯的内、外表面应光滑，不得有裂纹、擦伤、起皮、石墨压入等缺陷存在。

B　组织要求

管坯的显微组织不得过烧。低倍组织不得有成层、缩尾、气泡、气孔等。

C　尺寸要求

管坯的外径偏差要控制在 ±0.5mm 内，不圆度不超过直径的 ±3%，端头切斜控制在 2mm 内。弯曲度不大于 1mm/m，全长不大于 4mm。

管坯平均壁厚偏差为 ±0.25mm，管坯的壁厚允许偏差根据压延工艺和成品管材的壁厚精度确定。具体可按下式计算：

$$S_0 = S_1\frac{t_0}{t_1} \qquad (2-28)$$

式中　S_0——管坯允许偏差，mm；

　　　S_1——成品管材允许偏差，mm；

　　　t_0——管坯壁厚，mm；

　　　t_1——成品管材壁厚，mm。

根据 GB 4436—1984 和 GB/T 4436—1995 等的要求，高精级和普通级管材管坯壁厚允许偏差分别见表 2-5 ~ 表 2-11。

表 2-5 GB 4436—1984、GBn 221—1984、GJB 2379—1995 高精级管材管坯壁厚允许偏差

成品壁厚/mm		0.5	0.75	1.0	1.5	2.0	2.5	3.0	3.5	4.0	4.5	5.0
允许偏差/mm		±0.05	±0.08	±0.10	±0.14	±0.18	±0.20	±0.25	±0.25	±0.28	±0.36	±0.40
管坯壁厚/mm	1.5	0.30	0.32	0.30								
	2.0	0.40	0.43	0.40	0.37							
	2.5	0.50	0.53	0.50	0.47	0.45						
	3.0	0.60	0.64	0.60	0.56	0.54	0.48					
	3.5	0.70	0.75	0.70	0.65	0.63	0.56	0.58				
	4.0	0.80	0.85	0.80	0.75	0.72	0.64	0.67	0.57			
	4.5	0.90	0.96	0.90	0.84	0.81	0.72	0.75	0.64	0.63		
	5.0	1.00	1.07	1.00	0.93	0.90	0.80	0.83	0.71	0.70	0.80	
	5.5							0.92	0.79	0.77	0.88	0.88
	6.0							1.00	0.86	0.84	0.96	0.96
	6.5								0.93	0.91	1.04	1.04
	7.0								1.00	0.98	1.12	1.12
	7.5								1.07	1.05	1.20	1.20
	8.0								1.14	1.12	1.28	1.28
	8.5									1.06	1.36	1.36
	9.0									1.18	1.44	1.44
	9.5										1.52	1.52
	10.0										1.60	1.60

表 2-6 GB 4436—1984普通级管材管坯壁厚允许偏差

成品壁厚/mm		0.5	0.75	1.0	1.5	2.0	2.5	3.0	3.5	4.0	4.5	5.0
允许偏差/mm		±0.08	±0.10	±0.12	±0.18	±0.22	±0.25	±0.30	±0.35	±0.40	±0.45	±0.50
管坯壁厚/mm	1.5	0.48	0.40	0.36								
	2.0	0.64	0.53	0.48	0.48							
	2.5	0.80	0.67	0.60	0.60	0.55						
	3.0	0.96	0.80	0.72	0.72	0.66	0.60					
	3.5	1.12	0.93	0.84	0.84	0.77	0.70	0.70				
	4.0	1.28	1.07	0.96	0.96	0.88	0.80	0.80	0.80			
	4.5	1.44	1.20	1.08	1.08	0.99	0.90	0.90	0.90	0.90		
	5.0	1.60	1.33	1.20	1.20	1.10	1.00	1.00	1.00	1.00	1.00	
	5.5						1.10	1.10	1.10	1.10	1.10	1.10
	6.0						1.20	1.20	1.20	1.20	1.20	1.20
	6.5							1.30	1.30	1.30	1.30	1.30
	7.0							1.40	1.40	1.40	1.40	1.40
	7.5								1.50	1.50	1.50	1.50
	8.0									1.60	1.60	1.60
	8.5									1.70	1.70	1.70
	9.0									1.80	1.80	1.80
	9.5											1.90
	10.0											2.00

表2-7 GB/T 4436—1995 高精级管材管坯壁厚允许偏差(高镁合金及不淬火管)

成品壁厚/mm	0.5	0.75	1.0	1.5	2.0	2.5	3.0	3.5	4.0	4.5	5.0
允许偏差①/mm	±0.05	±0.05	±0.08	±0.10	±0.10	±0.15	±0.15	±0.20	±0.20	±0.20	±0.20
管坯壁厚/mm 1.5	0.30	0.20	0.24								
2.0	0.40	0.27	0.32	0.27							
2.5	0.50	0.33	0.40	0.33	0.25						
3.0	0.60	0.40	0.48	0.40	0.30	0.36					
3.5	0.70	0.47	0.56	0.47	0.35	0.42	0.35				
4.0	0.80	0.53	0.64	0.53	0.40	0.48	0.40	0.46			
4.5	0.90	0.60	0.72	0.60	0.45	0.54	0.45	0.51	0.45		
5.0	1.00	0.67	0.80	0.67	0.50	0.60	0.50	0.57	0.50	0.44	
5.5						0.66	0.55	0.63	0.55	0.49	0.44
6.0						0.72	0.60	0.69	0.60	0.53	0.48
6.5								0.74	0.65	0.58	0.52
7.0								0.80	0.70	0.62	0.56
7.5									0.75	0.67	0.60
8.0									0.80	0.71	0.64
8.5									0.85	0.76	0.68
9.0										0.80	0.72
9.5										0.84	0.76
10.0										0.89	0.80

①此壁厚允许偏差为任一壁厚与公称壁厚的允许偏差。

表2-8 GB/T 4436—1995 高精级管材管坯壁厚允许偏差（淬火管）

成品壁厚/mm	0.5	0.75	1.0	1.5	2.0	2.5	3.0	3.5	4.0	4.5	5.0
允许偏差①/mm	±0.08	±0.08	±0.10	±0.15	±0.20	±0.25	±0.30	±0.35	±0.40	±0.45	±0.50
管坯壁厚/mm 1.5	0.48	0.32	0.30								
2.0	0.64	0.43	0.40	0.40							
2.5	0.80	0.53	0.50	0.50	0.50						
3.0	0.96	0.64	0.60	0.60	0.60	0.60					
3.5	1.12	0.75	0.70	0.70	0.70	0.70	0.70				
4.0	1.28	0.85	0.80	0.80	0.80	0.80	0.80	0.80			
4.5	1.44	0.96	0.90	0.90	0.90	0.90	0.90	0.90	0.90		
5.0	1.60	1.06	1.00	1.00	1.00	1.00	1.00	1.00	1.00	1.00	
5.5						1.10	1.10	1.10	1.10	1.10	1.10
6.0						1.20	1.20	1.20	1.20	1.20	1.20
6.5								1.30	1.30	1.30	1.30
7.0								1.40	1.40	1.40	1.40
7.5									1.50	1.50	1.50
8.0									1.60	1.60	1.60
8.5									1.70	1.70	1.70
9.0										1.80	1.80
9.5										1.90	1.90
10.0										2.00	2.00

注：允许偏差不超过公称壁厚的±10%。

①此壁厚允许偏差为任一壁厚与公称壁厚的允许偏差。

表 2-9　GB/T 4436—1995 普通级管材管坯壁厚允许偏差（高镁合金）

成品壁厚/mm		1.0	1.5	2.0	2.5	3.0	3.5	4.0	4.5	5.0
允许偏差[1]/mm		±0.20	±0.20	±0.20	±0.30	±0.30	±0.40	±0.40	±0.50	±0.50
管坯壁厚/mm	1.5	0.60								
	2.0	0.80	0.53							
	2.5	1.00	0.67	0.50						
	3.0	1.20	0.80	0.60	0.72					
	3.5		0.93	0.70	0.84	0.70				
	4.0			0.80	0.96	0.80	0.91			
	4.5			0.90	1.08	0.90	1.03	0.90		
	5.0				1.20	1.00	1.14	1.00	1.11	
	5.5						1.26	1.10	1.22	1.10
	6.0								1.33	1.20
	6.5									1.30

①此壁厚允许偏差为任一壁厚与公称壁厚的允许偏差。

表 2-10　GB/T 4436—1995 普通级管材管坯壁厚允许偏差（不淬火管）

成品壁厚/mm		0.5	0.75	1.0	1.5	2.0	2.5	3.0	3.5	4.0	4.5	5.0
允许偏差[1]/mm		±0.14	±0.14	±0.19	±0.22	±0.22	±0.27	±0.27	±0.40	±0.40	±0.50	±0.50
管坯壁厚/mm	1.5	0.84	0.56	0.57								
	2.0	1.12	0.75	0.76	0.59							
	2.5	1.40	0.93	0.95	0.73	0.55						
	3.0	1.68	1.12	1.14	0.88	0.76	0.65					
	3.5	1.96	1.30	1.33	1.03	0.77	0.77	0.64				
	4.0	2.24	1.49	1.52	1.17	0.88	0.86	0.72	0.91			
	4.5	2.52	1.68	1.71	1.32	0.99	0.97	0.81	1.03	0.90		
	5.0	2.80	1.87	1.90	1.47	1.10	1.08	0.90	1.14	1.00	1.11	
	5.5						1.19	0.99	1.26	1.10	1.22	1.10
	6.0							1.08	1.37	1.20	1.33	1.20
	6.5								1.49	1.30	1.44	1.30
	7.0								1.60	1.40	1.55	1.40
	7.5									1.50	1.66	1.50
	8.0									1.60	1.77	1.60
	8.5										1.88	1.70
	9.0										1.99	1.80
	9.5											1.90
	10.0											2.00

①此壁厚允许偏差为任一壁厚与公称壁厚的允许偏差。

表 2-11 GB/T 4436—1995 普通级管材管坯壁厚允许偏差（淬火管）

成品壁厚/mm		0.5	0.75	1.0	1.5	2.0	2.5	3.0	3.5	4.0	4.5	5.0
允许偏差①/mm		±0.12	±0.12	±0.15	±0.22	±0.30	±0.37	±0.45	±0.52	±0.60	±0.67	±0.75
管坯壁厚/mm	1.5	0.72	0.48	0.45								
	2.0	0.96	0.64	0.60	0.59							
	2.5	1.20	0.80	0.75	0.73	0.75						
	3.0	1.44	0.96	0.90	0.88	0.90	0.89					
	3.5	1.68	1.12	1.05	1.03	1.05	1.04	1.05				
	4.0	1.92	1.28	1.20	1.17	1.20	1.18	1.20	1.19			
	4.5	2.16	1.44	1.35	1.32	1.35	1.33	1.35	1.31	1.35		
	5.0	2.40	1.60	1.50	1.47	1.50	1.48	1.50	1.49	1.50	1.49	
	5.5						1.63	1.65	1.63	1.65	1.64	1.65
	6.0							1.80	1.78	1.80	1.79	1.80
	6.5								1.93	1.95	1.94	1.95
	7.0								2.08	2.10	2.08	2.10
	7.5									2.25	2.23	2.25
	8.0									2.40	2.38	2.40
	8.5										2.53	2.55
	9.0										2.68	2.70
	9.5											2.85
	10.0											3.00

注：允许偏差不超过公称壁厚的 ±15% 。

①此壁厚允许偏差为任一壁厚与公称壁厚的允许偏差。

2.4.1.3 管坯的退火

除 1×××、3A21、5A02、6A02 等软铝合金外，其他合金管坯均应进行压延前的毛料退火。5A02 合金管坯，对 LG55、LG80 冷轧管机的孔型规格，要根据加工率的大小决定是否退火。当压延系数大于 4 时，管坯必须进行退火，以便提高金属的塑性。

A 管坯的退火制度

常见管坯的退火制度见表 2-12，表中保温开始时间从两只热电偶温度都达到金属要求最低温度时开始计算，冷却出炉时必须两只热电偶温度都达到规定温度以下。

表 2-12 常见合金管坯退火制度

管坯分类	合 金	定温/℃	金属温度/℃	保温时间/h	冷 却 方 式
挤压生产管坯	2A11、2A12、2A14	420~470	430~460	3	炉内以冷速不大于 30℃/h，冷却到270℃以下出炉
	7A04、7A09	400~440	400~430	3	炉内以冷速不大于 30℃/h，冷却到150℃以下出炉
	5A02、5A03、5056、5A05	370~420	370~400	2.5	空冷
	5A06	310~340	315~335	1	空冷
二次压延管坯	2A12、2A11、7A04、7A09	340~390	350~370	2.5	炉内以冷速不大于 30℃/h，冷却到340℃以下出炉
	5A03、5A02、5083	370~410	370~390	1.5	空冷
	5056、5A05	370~420	370~400	2.5	空冷
	5A06	310~340	315~335	1	空冷

B 退火要求

为控制金属温度和保证退火质量，在炉内至少要用两只热电偶测量金属温度，热电偶的位置应距制品两端 500~800mm 处。退火时应经常巡视炉子状况，对退火温度应每半小时记录一次。退火炉要定期进行测温，一般每半年测一次，炉内温差不应大于25℃。

C 炉料摆放

炉料应摆放整齐，保证炉料通气顺畅。对不同规格的料，应按照小规格料在上面，大规格料在下面，厚壁料在下面，薄壁料在上面，防止因料的自重而压坏。

2.4.1.4 管坯的刮皮和蚀洗

为了消除管坯表面的轻微擦划伤、磕碰伤等缺陷，对管坯要进行刮皮和蚀洗处理。刮皮是采用专门的刮皮刀沿管坯纵向刮削。刮皮后的管坯要求刀痕光滑，无跳刀等缺陷。

压延管坯须进行蚀洗处理，目的是要消除管坯内、外表面的轻微缺陷和清除管坯表面油污及二次压延料内的铝屑。管坯的蚀洗顺序为：碱洗—热水洗—冷水洗—酸洗—冷水洗—热水洗。

铝制品在碱性物质中，首先破坏表面的氧化膜，铝在碱中与碱反应生成偏铝酸钠。具体的反应方程式为：

$$Al_2O_3 + 2NaOH = 2NaAlO_2 + H_2O$$

$$2Al + 2NaOH + 2H_2O = 2NaAlO_2 + 3H_2$$

蚀洗的工艺参数：

（1）碱洗采用氢氧化钠溶液，浓度为 10% ~ 20%，碱洗时间为 10 ~ 30min；

（2）酸液采用硝酸溶液，浓度为 15% ~ 35%，酸洗时间为 2 ~ 3min；

（3）热水洗的水温为 50℃ 以上，洗涤时间为 1min 以上；

（4）冷水洗的水温为室温，洗涤时间为 1min 以上。

碱洗的时间长短，要根据碱溶液的浓度大小、温度的高低和管坯表面蚀洗质量而定，但一定要防止过腐蚀。在蚀洗中应保证管坯倾斜，使酸碱液能够顺利进入到管坯内。蚀洗后应将水分控干，防止残留碱液造成管坯腐蚀。

2.4.1.5　管坯的内表面润滑

压延前要对管坯内表面进行吹风，保证内孔干净。必要时，还要用棉布袋进行清理，同时用纱锭油进行充分的润滑。

2.4.2　冷轧管工艺

2.4.2.1　冷轧管机的孔型选择

冷轧管机的孔型制造工艺复杂，材料昂贵，同时更换也比较困难。因此，不可能对每一种规格配置一对孔型，只能对一定的尺寸范围采用一对孔型，而管材外径则靠拉伸工艺控制。冷轧管机的孔型选择见表 2-3。

2.4.2.2　芯头的选择

冷轧管机的芯头一般标有大头和工作段头端两个尺寸，可参照式（2-23）和式（2-24）进行选择。为了便于调整轧制管材壁厚，芯头一般每隔 0.25mm 配置一种芯头规格。根据孔型的磨损程度和孔型间隙的调整，有时要选择相邻规格芯头。

2.4.2.3 轧制壁厚的确定

由于冷轧管机生产的半成品管材必须经拉伸减径，而管材拉伸减径时壁厚要有相应的变化，因此，管材的轧制壁厚必须考虑到后道拉伸工序时壁厚的变化。管材拉伸时壁厚的变化与管材的合金、外径与壁厚之比、拉伸减径量、拉伸道次、拉伸模模角大小、倍模等因素有关。因此，不同的工厂选择的压延壁厚也略有不同。一般要在计算和实测的基础上确定最佳的压延壁厚。

由于管材坯料挤压时存在尺寸的不均匀性，压延管材的平均壁厚要控制在 $^{+0.02}_{-0.01}$ mm 范围内。同时，实测壁厚与轧制公称壁厚的偏差按表 2-13 控制。

表 2-13　轧制管材实测壁厚与公称壁厚的允许偏差范围

成品壁厚/mm	0.5	0.75 ~ 1.0	1.5	2.0 ~ 2.5	3.0 ~ 3.5
GJB 2379—95	±0.04	±0.07	±0.12	±0.15	±0.20
GBn 221—84	±0.04	±0.07	±0.12	±0.15	±0.20
GB 6893—86	±0.06	±0.09	±0.15	±0.20	±0.25

2.4.2.4 冷轧管机送料量

冷轧管机的送料由轧机的分配机构完成。通过凸轮驱动摇杆和棘轮，使送料小车前进。送料量的大小，将直接影响到轧机的生产效率、轧制管材的质量和设备与工具的安全和使用寿命。当送料量过大时，轧制管材将出现飞边、棱子、壁厚不均甚至裂纹等严重缺陷。同时，过大的送料量又直接导致轧制力和轴向力的增加，加大了孔型、芯头和设备的过快磨损和破坏。当送料量过小时，轧机的生产效率明显下降。因此，在保证产品质量和设备、工具安全的前提下，尽可能选用大的送料量。

确定冷轧管机的送料量，要考虑轧制管材的合金性质、压延系数、孔型精整段的设计长度等。一般情况下，要保证被轧制管材在精整段经过 1.5 ~ 2.5 个轧制周期。具体通过下式计算：

$$m = \frac{L_精}{k\lambda} \tag{2-29}$$

式中　m——允许的最大送料量，mm；

λ——压延系数；

k——系数，取 $1.5 \sim 2.5$；

$L_{精}$——孔型精整段长度，mm。

　　计算的最大允许送料量，并非在任何情况下都能采用，要根据轧制管材的质量和能使轧机正常运行而定。有时，在轧制时由于轴向力过大造成管材坯料端头相互切入（插头）使轧制过程不能正常进行。最佳的送料量要根据现场的实际情况合理确定和调整。表 2-14 为二辊冷轧管机允许最大送料量。

表 2-14　二辊冷轧管机允许最大送料量

轧制壁厚 /mm	允许最大送料量/mm					
	2A12、2A11、5A03、5A05、5A06、5056、7A04、5083、7A09			1×××、6A02、3A21		
	LG30	LG55	LG80	LG30	LG55	LG80
0.35 ~ 0.70	3.0			3.0		
0.71 ~ 0.80	3.5	4.0		4.5	5.0	
0.81 ~ 0.90	4.5	4.5	4.0	5.0	6.0	6.0
0.91 ~ 1.00	5.0	5.5	5.0	5.5	7.0	7.5
1.01 ~ 1.35	5.5	7.0	6.5	7.0	8.0	8.5
1.36 ~ 1.50	7.0	8.5	8.5	8.0	11.0	11.5
1.51 ~ 2.00	8.0	9.5	10.0	9.0	13.0	13.5
2.01 ~ 2.50	10.0	12.5	13.0	11.0	15.0	16.0
2.50 以上	12.0	14.0	15.0	13.0	16.0	17.0

2.4.2.5　冷轧管的工艺润滑

　　为了有利于金属的塑性变形和对工作锥、工具进行冷却，提高轧制管材表面质量，轧制管材时要进行工艺润滑。要求润滑剂具备良好的润滑效果，对铝不产生腐蚀，对人身无害等条件。目前多采用纱锭油做工艺润滑剂。

　　冷轧管机都配置有专门的工艺润滑机构。润滑油要进行循环过滤，要求清洁，不得有砂粒和铝屑等脏物，并定期进行分析。润滑油的杂质含量要少于3%。

2.4.2.6　管材轧制工艺

　　制定管材轧制工艺时，主要考虑合金和拉伸减径工艺，因为合金和减径工艺对管材的壁厚变化影响较大。在减径工艺相同的情况下，各种合金和规格的管材轧制工艺是有差别的，详见表2-15～表2-28。

表2-15 壁厚0.5～0.75mm管材轧制工艺

成品尺寸 /mm×mm	坯料尺寸 /mm×mm	1×××			3A21、2A11、2A12			5A02、6A02		
		轧制尺寸 /mm×mm	减径系数	压延系数	轧制尺寸 /mm×mm	减径系数	压延系数	轧制尺寸 /mm×mm	减径系数	压延系数
6×0.5	26×2.0	16×0.40	2.27	7.69	16×0.35	1.92	8.76	16×0.35	1.92	8.76
8×0.5	26×2.0	16×0.42	1.75	7.33	16×0.37	1.54	8.29	16×0.37	1.54	8.29
10×0.5	26×2.0	16×0.44	1.44	7.01	16×0.40	1.31	7.69	16×0.40	1.31	7.69
11×0.5	26×2.0	16×0.45	1.33	6.86	16×0.42	1.25	7.31	16×0.42	1.25	7.31
12×0.5	26×2.0	16×0.46	1.24	6.71	16×0.43	1.16	7.18	16×0.43	1.16	7.18
13×0.5	26×2.0	16×0.47	1.16	6.57	16×0.45	1.12	6.87	16×0.45	1.12	6.87
14×0.5	26×2.0	16×0.48	1.10	6.44	16×0.47	1.07	6.57	16×0.47	1.07	6.57
15×0.5	26×2.0	16×0.49	1.05	6.33	16×0.49	1.05	6.33	16×0.49	1.05	6.33
6×0.75	26×2.0	16×0.63	2.46	4.95	16×0.55	2.16	5.65	16×0.55	2.23	5.45
8×0.75	26×2.0	16×0.65	1.84	4.80	16×0.59	1.67	5.28	16×0.59	1.72	5.11
10×0.75	26×2.0	16×0.67	1.48	4.68	16×0.63	1.39	4.96	16×0.63	1.42	4.88
11×0.75	26×2.0	16×0.69	1.38	4.53	16×0.65	1.30	4.80	16×0.65	1.32	4.73
12×0.75	26×2.0	16×0.70	1.26	4.47	16×0.67	1.19	4.67	16×0.67	1.24	4.60
14×0.75	26×2.0	16×0.73	1.13	4.31	16×0.71	1.09	4.42	16×0.71	1.10	4.36
15×0.75	26×2.0	16×0.74	1.05	4.25	16×0.73	1.04	4.30	16×0.7	1.04	4.31

表2-16 1×××合金 ϕ6～16mm 管材轧制工艺

成品尺寸 /mm×mm	坯料尺寸 /mm×mm	轧制尺寸 /mm×mm	减径系数	压延系数	成品尺寸 /mm×mm	坯料尺寸 /mm×mm	轧制尺寸 /mm×mm	减径系数	压延系数
6×1.0	31×4.0	18×0.95	3.25	6.66	14×1.5	31×4.0	18×1.50	1.32	4.36
6×1.5	31×4.0	18×1.46	3.58	4.46	14×2.0	31×4.0	18×2.03	1.35	3.33
8×1.0	31×4.0	18×0.97	2.35	6.53	14×2.5	31×4.0	18×2.60	1.39	2.70
8×1.5	31×4.0	18×1.46	2.48	3.46	15×1.0	31×4.0	18×0.99	1.20	6.40
8×2.0	31×4.0	18×1.96	2.62	3.43	15×1.5	31×4.0	18×1.50	1.22	4.36
10×1.0	31×4.0	18×0.99	1.87	6.40	15×2.0	31×4.0	18×2.03	1.24	3.33
10×1.5	31×4.0	18×1.46	1.90	4.46	15×2.5	31×4.0	18×2.55	1.26	2.74
10×2.0	31×4.0	18×1.98	1.98	3.40	15×3.0	31×4.0	18×3.05	1.28	2.36
12×1.0	31×4.0	18×0.99	1.52	6.40	16×1.0	31×4.0	18×0.99	1.12	6.40
12×1.5	31×4.0	18×1.48	1.55	4.41	16×1.5	31×4.0	18×1.50	1.13	4.36
12×2.0	31×4.0	18×2.00	1.60	3.37	16×2.0	31×4.0	18×2.03	1.15	3.33
12×2.5	31×4.0	18×2.60	1.69	2.70	16×2.5	31×4.0	18×2.48	1.14	2.80
14×1.0	31×4.0	18×0.99	1.29	6.40	16×3.0	31×4.0	18×3.00	1.15	2.40

表 2-17　3A21 合金 φ6 ~ 16mm 管材轧制工艺

成品尺寸 /mm×mm	坯料尺寸 /mm×mm	轧制尺寸 /mm×mm	减径系数	压延系数	成品尺寸 /mm×mm	坯料尺寸 /mm×mm	轧制尺寸 /mm×mm	减径系数	压延系数
6×1.0	31×4.0	18×0.88	3.03	7.15	12×1.5	31×4.0	18×1.44	1.50	4.53
6×1.5	31×4.0	18×1.40	3.40	4.64	14×1.0	31×4.0	18×0.95	1.24	6.66
8×1.0	31×4.0	18×0.90	2.22	7.00	14×1.5	31×4.0	18×1.45	1.28	4.50
8×1.5	31×4.0	18×1.42	2.40	4.58	15×1.0	31×4.0	18×0.96	1.17	6.60
10×1.0	31×4.0	18×0.90	1.71	7.00	15×1.5	31×4.0	18×1.46	1.19	4.46
10×1.5	31×4.0	18×1.42	1.84	4.58	16×1.0	31×4.0	18×0.97	1.10	6.54
12×1.0	31×4.0	18×0.94	1.45	6.73	16×1.5	31×4.0	18×1.47	1.11	4.44

表 2-18　5A02、6A02 合金 φ6 ~ 16mm 管材轧制工艺

成品尺寸 /mm×mm	坯料尺寸 /mm×mm	轧制尺寸 /mm×mm	减径系数	压延系数	成品尺寸 /mm×mm	坯料尺寸 /mm×mm	轧制尺寸 /mm×mm	减径系数	压延系数
6×1.0	31×4.0	18×0.90	3.08	7.01	12×2.0	31×4.0	18×1.96	1.57	3.43
6×1.0①	31×4.0	18×1.03	3.18	6.18	12×2.5	31×4.0	18×2.48	1.62	2.81
6×1.5	31×4.0	18×1.42	3.48	4.59	14×1.0	31×4.0	18×0.97	1.27	6.54
8×1.0	31×4.0	18×0.93	2.27	6.80	14×1.5	31×4.0	18×1.48	1.30	4.42
8×1.0①	31×4.0	18×1.06	2.32	6.01	14×2.0	31×4.0	18×2.00	1.33	3.37
8×1.5	31×4.0	18×1.44	2.44	4.53	14×2.5	31×4.0	18×2.48	1.34	2.81
8×2.0	31×4.0	18×1.94	2.59	3.47	15×1.0	31×4.0	18×0.97	1.18	6.54
10×1.0	31×4.0	18×0.95	1.80	6.66	15×1.5	31×4.0	18×1.48	1.21	4.42
10×1.0①	31×4.0	18×1.08	1.83	5.91	15×2.0	31×4.0	18×2.00	1.23	3.37
10×1.5	31×4.0	18×1.46	1.89	4.47	15×2.5	31×4.0	18×2.50	1.24	2.79
10×1.5①	31×4.0	18×1.51	1.90	4.34	15×3.0	31×4.0	18×3.05	1.27	2.37
10×2.0	31×4.0	18×1.96	1.96	3.43	16×1.0	31×4.0	18×0.97	1.10	6.54
12×1.0	31×4.0	18×0.95	1.47	6.66	16×1.5	31×4.0	18×1.47	1.12	4.44
12×1.0①	31×4.0	18×1.08	1.49	5.91	16×2.0	31×4.0	18×2.00	1.14	3.37
12×1.5	31×4.0	18×1.46	1.53	4.47	16×2.5	31×4.0	18×2.50	1.15	2.79
12×1.5①	31×4.0	18×1.61	1.54	4.0	16×3.0	31×4.0	18×3.00	1.15	2.40

①高压导管轧制工艺。

表 2-19　5A03 合金 ϕ6 ~ 16mm 管材轧制工艺

成品尺寸 /mm×mm	坯料尺寸 /mm×mm	轧制尺寸 /mm×mm	减径系数	压延系数	成品尺寸 /mm×mm	坯料尺寸 /mm×mm	轧制尺寸 /mm×mm	减径系数	压延系数
6×1.0	31×3.0	18×0.86	2.95	5.70	14×1.5	31×3.0	18×1.44	1.27	3.52
6×1.5	31×3.0	18×1.38	3.40	3.86	14×2.0	31×3.0	18×1.95	1.30	2.68
8×1.0	31×3.0	18×0.88	2.15	5.57	14×2.5	31×4.0	18×2.48	1.34	2.81
8×1.5	31×3.0	18×1.39	2.37	3.64	15×1.0	31×3.0	18×0.96	1.15	5.18
8×2.0	31×3.0	18×1.92	1.54	2.72	15×1.5	31×3.0	18×1.45	1.19	3.50
10×1.0	31×3.0	18×0.89	1.69	5.51	15×2.0	31×3.0	18×1.95	1.20	2.68
10×1.5	31×3.0	18×1.40	1.82	3.62	15×2.5	31×4.0	18×2.50	1.24	2.79
10×2.0	31×3.0	18×1.93	1.94	2.71	15×3.0	31×4.0	18×3.05	1.27	2.37
12×1.0	31×3.0	18×0.89	1.38	5.51	16×1.0	31×3.0	18×0.96	1.08	5.18
12×1.5	31×3.0	18×1.40	1.48	3.61	16×1.5	31×3.0	18×1.45	1.10	3.50
12×2.0	31×3.0	18×1.92	1.54	2.72	16×2.0	31×3.0	18×1.95	1.12	2.63
12×2.5	31×4.0	18×2.48	1.62	2.81	16×2.5	31×4.0	18×2.46	1.13	2.83
14×1.0	31×3.0	18×0.94	1.23	5.25	16×3.0	31×4.0	18×3.00	1.15	2.40

表 2-20　2A11、2A12 合金 ϕ6 ~ 16mm 管材轧制工艺

成品尺寸 /mm×mm	坯料尺寸 /mm×mm	轧制尺寸 /mm×mm	减径系数	压延系数	成品尺寸 /mm×mm	坯料尺寸 /mm×mm	轧制尺寸 /mm×mm	减径系数	压延系数
6×1.0	31×3.0	18×0.82	2.82	5.96	14×1.5	31×3.0	18×1.44	1.26	3.53
6×1.5	31×3.0	18×1.35	2.33	3.74	14×2.0	31×3.0	18×1.95	1.30	2.68
8×1.0	31×3.0	18×0.85	2.08	5.76	14×2.5	31×4.0	18×2.48	1.34	2.81
8×1.5	31×3.0	18×1.36	2.32	3.70	15×1.0	31×3.0	18×0.95	1.15	5.18
8×2.0	31×3.0	18×1.90	2.55	2.75	15×1.5	31×3.0	18×1.45	1.18	3.50
10×1.0	31×3.0	18×0.89	1.69	5.50	15×2.0	31×3.0	18×1.95	1.20	2.68
10×1.5	31×3.0	18×1.38	1.80	3.65	15×2.5	31×4.0	18×2.50	1.24	2.79
10×2.0	31×3.0	18×1.92	1.93	2.72	15×3.0	31×4.0	18×3.05	1.27	2.37
12×1.0	31×3.0	18×0.89	1.33	5.50	16×1.0	31×3.0	18×0.96	1.08	5.13
12×1.5	31×3.0	18×1.38	1.46	3.65	16×1.5	31×3.0	18×1.45	1.10	3.50
12×2.0	31×3.0	18×1.92	1.54	2.72	16×2.0	31×3.0	18×1.95	1.12	2.68
12×2.5	31×4.0	18×2.48	1.62	2.81	16×2.5	31×4.0	18×2.46	1.13	2.83
14×1.0	31×3.0	18×0.94	1.23	5.25	16×3.0	31×4.0	18×3.00	1.15	2.40

表 2-21 1×××、5A02、3A21、6A02 合金 φ18~30mm 管材轧制工艺

成品尺寸 /mm×mm	坯料尺寸 /mm×mm	轧制尺寸 /mm×mm	减径系数	压延系数	成品尺寸 /mm×mm	坯料尺寸 /mm×mm	轧制尺寸 /mm×mm	减径系数	压延系数
18×1.0	33×4.0	21×0.96	1.13	6.03	25×1.0	38×4.0	26×1.00	1.04	5.44
18×1.5	33×4.0	21×1.46	1.15	4.07	25×1.5	38×4.0	26×1.50	1.04	3.70
18×2.0	33×4.0	21×1.96	1.16	3.11	25×2.0	38×4.0	26×2.00	1.04	2.83
18×2.5	33×4.0	21×2.46	1.17	2.54	25×2.5	38×5.0	26×2.50	1.04	2.81
18×3.0	33×5.0	21×2.96	1.18	2.62	25×3.0	38×5.0	26×3.00	1.04	2.39
20×1.0	33×4.0	21×0.99	1.04	5.85	26×1.0	43×4.0	31×0.95	1.14	5.46
20×1.5	33×4.0	21×1.49	1.04	3.98	26×1.5	43×4.0	31×1.45	1.16	3.64
20×2.0	33×4.0	21×1.99	1.05	3.06	26×2.0	43×4.0	31×1.95	1.18	2.75
20×2.5	33×4.0	21×2.49	1.05	2.51	26×2.5	43×5.0	31×2.45	1.19	2.72
20×3.0	33×5.0	21×2.99	1.05	2.60	26×3.0	43×5.0	31×2.95	1.20	2.30
22×1.0	38×4.0	26×0.96	1.14	5.66	28×1.0	43×4.0	31×0.97	1.08	5.40
22×1.5	38×4.0	26×1.46	1.16	3.80	28×1.5	43×4.0	31×1.47	1.09	5.35
22×2.0	38×4.0	26×1.96	1.17	2.88	28×2.0	43×4.0	31×1.97	1.10	3.59
22×2.5	38×5.0	26×2.46	1.18	2.85	28×2.5	43×5.0	31×2.47	1.10	2.70
22×3.0	38×5.0	26×2.96	1.20	2.42	28×3.0	43×5.0	31×2.97	1.11	2.28
24×1.0	38×4.0	26×0.96	1.06	5.55	30×1.0	43×4.0	31×1.00	1.03	5.19
24×1.5	38×4.0	26×1.48	1.07	3.75	30×1.5	43×4.0	31×1.50	1.03	3.52
24×2.0	38×4.0	26×1.98	1.08	2.86	30×2.0	43×4.0	31×2.00	1.03	2.68
24×2.5	38×5.0	26×2.48	1.08	2.83	30×2.5	43×5.0	31×2.50	1.03	2.68
24×3.0	38×5.0	26×2.98	1.09	2.41	30×3.0	43×5.0	31×3.00	1.03	2.26

表 2-22 2A11、2A12、5A03、5A05、5A06 合金 φ18~30mm 管材轧制工艺

成品尺寸 /mm×mm	2A11、2A12、5A03 坯料尺寸 /mm×mm	轧制尺寸 /mm×mm	减径系数	压延系数	成品尺寸 /mm×mm	5A05、5A06 坯料尺寸 /mm×mm	轧制尺寸 /mm×mm	减径系数	压延系数
18×1.0	33×3.0	21×0.95	1.12	4.73	18×1.0	33×3.0	21×0.93	1.10	4.82
18×1.5	33×4.0	21×1.45	1.14	4.08	18×1.5	33×3.0	21×1.43	1.13	3.00
18×2.0	33×4.0	21×1.95	1.16	3.13	18×2.0	33×3.0	21×1.93	1.14	2.29
18×2.5	33×4.0	21×2.45	1.17	2.55	18×2.5	33×4.0	21×2.43	1.16	2.58
18×3.0	33×5.0	21×2.95	1.18	2.63	18×3.0	33×4.0	21×2.93	1.17	2.20
20×1.0	33×3.0	21×0.98	1.03	4.59	20×1.0	33×3.0	21×0.98	1.03	4.27
20×1.5	33×4.0	21×1.48	1.04	4.02	20×1.5	33×3.0	21×1.48	1.04	2.90

2A11、2A12、5A03					5A05、5A06				
成品尺寸 /mm×mm	坯料尺寸 /mm×mm	轧制尺寸 /mm×mm	减径 系数	压延 系数	成品尺寸 /mm×mm	坯料尺寸 /mm×mm	轧制尺寸 /mm×mm	减径 系数	压延 系数
20×2.0	33×4.0	21×1.98	1.04	3.07	20×2.0	33×3.0	21×1.98	1.04	2.23
20×2.5	33×4.0	21×2.48	1.05	2.52	20×2.5	33×4.0	21×2.48	1.05	2.52
20×3.0	33×5.0	21×2.98	1.05	2.61	20×3.0	33×4.0	21×2.98	1.05	2.16
22×1.0	38×3.0	26×0.94	1.12	4.46	22×1.0	38×3.0	26×0.92	1.09	4.56
22×1.5	38×4.0	26×1.43	1.14	3.87	22×1.5	38×3.0	26×1.41	1.12	3.04
22×2.0	38×4.0	26×1.93	1.16	2.93	22×2.0	38×3.0	26×1.91	1.14	2.29
22×2.5	38×4.0	26×2.43	1.17	2.38	22×2.5	38×4.0	26×2.41	1.16	2.40
22×3.0	38×5.0	26×2.93	1.18	2.44	22×3.0	38×4.0	26×2.91	1.17	2.03
24×1.0	38×3.0	26×0.98	1.07	4.28	24×1.0	38×3.0	26×0.96	1.04	4.37
24×1.5	38×4.0	26×1.47	1.07	3.78	24×1.5	38×3.0	26×1.45	1.05	2.95
24×2.0	38×4.0	26×1.97	1.08	2.87	24×2.0	38×3.0	26×1.95	1.06	2.24
24×2.5	38×4.0	26×2.47	1.08	2.34	24×2.5	38×4.0	26×2.45	1.07	2.36
24×3.0	38×5.0	26×2.97	1.08	2.41	24×3.0	38×4.0	26×2.95	1.08	2.00
25×1.0	38×3.0	26×1.00	1.04	4.20	25×1.0	38×3.0	26×0.98	1.02	4.28
25×1.5	38×4.0	26×1.48	1.03	3.74	25×1.5	38×4.0	26×1.48	1.03	2.90
25×2.0	38×4.0	26×1.98	1.03	2.85	25×2.0	38×4.0	26×1.98	1.03	2.20
25×2.5	38×4.0	26×2.48	1.03	2.33	25×2.5	38×4.0	26×2.48	1.03	2.33
25×3.0	38×5.0	26×2.98	1.04	2.40	25×3.0	38×4.0	26×2.98	1.04	1.98
26×1.0	43×3.0	31×0.92	1.11	4.34	26×1.0	43×3.0	31×0.90	1.08	4.44
26×1.5	43×4.0	31×1.42	1.14	3.72	26×1.5	43×4.0	31×1.40	1.12	2.90
26×2.0	43×4.0	31×1.92	1.16	2.79	26×2.0	43×4.0	31×1.90	1.15	2.18
26×2.5	43×4.0	31×2.42	1.17	2.25	26×2.5	43×4.0	31×2.40	1.17	2.28
26×3.0	43×5.0	31×2.92	1.19	2.32	26×3.0	43×4.0	31×2.90	1.18	1.92
28×1.0	43×3.0	31×0.95	1.06	4.20	28×1.0	43×3.0	31×0.94	1.04	4.26
28×1.5	43×4.0	31×1.45	1.08	3.64	28×1.5	43×4.0	31×1.44	1.07	2.82
28×2.0	43×4.0	31×1.95	1.09	2.75	28×2.0	43×3.0	31×1.93	1.07	2.14
28×2.5	43×4.0	31×2.45	1.10	2.23	28×2.5	43×4.0	31×2.43	1.08	2.25
28×3.0	43×5.0	31×2.95	1.10	2.30	28×3.0	43×4.0	31×2.93	1.09	1.90
30×1.0	43×3.0	31×1.00	1.03	4.00	30×1.0	43×3.0	31×1.00	1.03	4.00
30×1.5	43×4.0	31×1.50	1.03	3.53	30×1.5	43×4.0	31×1.48	1.02	2.75
30×2.0	43×4.0	31×2.00	1.03	2.68	30×2.0	43×4.0	31×1.98	1.02	2.09
30×2.5	43×4.0	31×2.50	1.03	2.19	30×2.5	43×4.0	31×2.48	1.03	2.23
30×3.0	43×5.0	31×3.00	1.03	2.26	30×3.0	43×4.0	31×2.98	1.03	1.87

表 2-23　1×××、3A21、6A02 合金 ϕ26~55mm 管材轧制工艺

成品尺寸 /mm × mm	坯料尺寸 /mm × mm	轧制尺寸 /mm × mm	减径系数	压延系数	成品尺寸 /mm × mm	坯料尺寸 /mm × mm	轧制尺寸 /mm × mm	减径系数	压延系数
26 × 1.0	45 × 4.0	31 × 0.95	1.14	5.74	42 × 1.0	60 × 4.0	46 × 0.97	1.06	5.13
26 × 1.5	45 × 4.0	31 × 1.45	1.16	3.83	42 × 1.5	60 × 4.0	46 × 1.46	1.07	3.44
26 × 2.0	45 × 4.0	31 × 1.95	1.18	2.90	42 × 2.0	60 × 5.0	46 × 1.96	1.08	3.18
26 × 2.5	45 × 5.0	31 × 2.45	1.19	2.88	42 × 2.5	60 × 5.0	46 × 2.45	1.08	2.58
26 × 3.0	45 × 5.0	31 × 2.95	1.20	2.42	42 × 3.0	60 × 5.0	46 × 2.95	1.08	2.16
28 × 1.0	45 × 4.0	31 × 0.97	1.08	5.62	44 × 1.0	60 × 4.0	46 × 0.98	1.03	5.08
28 × 1.5	45 × 4.0	31 × 1.47	1.09	3.78	44 × 1.5	60 × 4.0	46 × 1.48	1.03	3.40
28 × 2.0	45 × 4.0	31 × 1.97	1.10	2.87	44 × 2.0	60 × 5.0	46 × 1.98	1.04	3.16
28 × 2.5	45 × 5.0	31 × 2.47	1.10	2.84	44 × 2.5	60 × 5.0	46 × 2.48	1.04	2.55
28 × 3.0	45 × 5.0	31 × 2.97	1.11	2.40	44 × 3.0	60 × 5.0	46 × 2.98	1.04	2.15
30 × 1.0	45 × 4.0	31 × 1.00	1.03	5.46	45 × 1.0	60 × 4.0	46 × 1.00	1.02	4.98
30 × 1.5	45 × 4.0	31 × 1.50	1.03	5.70	45 × 1.5	60 × 4.0	46 × 1.50	1.02	3.35
30 × 2.0	45 × 4.0	31 × 2.00	1.03	2.82	45 × 2.0	60 × 5.0	46 × 2.00	1.02	3.12
30 × 2.5	45 × 5.0	31 × 2.50	1.03	2.80	45 × 2.5	60 × 5.0	46 × 2.50	1.02	2.52
30 × 3.0	45 × 5.0	31 × 3.00	1.03	2.38	45 × 3.0	60 × 5.0	46 × 3.00	1.02	2.13
32 × 1.0	50 × 4.0	36 × 0.96	1.08	5.46	46 × 1.0	65 × 4.0	51 × 0.96	1.07	5.08
32 × 1.5	50 × 4.0	36 × 1.46	1.10	3.65	46 × 1.5	65 × 4.0	51 × 1.46	1.08	3.37
32 × 2.0	50 × 4.0	36 × 1.96	1.11	2.76	46 × 2.0	65 × 5.0	51 × 1.96	1.09	3.12
32 × 2.5	50 × 5.0	36 × 2.45	1.11	2.74	46 × 2.5	65 × 5.0	51 × 2.45	1.09	2.52
32 × 3.0	50 × 5.0	36 × 2.95	1.12	2.30	46 × 3.0	65 × 5.0	51 × 2.95	1.10	2.12
34 × 1.0	50 × 4.0	36 × 0.98	1.04	5.36	48 × 1.0	65 × 4.0	51 × 0.98	1.04	4.98
34 × 1.5	50 × 4.0	36 × 1.48	1.04	3.60	48 × 1.5	65 × 4.0	51 × 1.47	1.04	3.35
34 × 2.0	50 × 4.0	36 × 1.98	1.05	2.73	48 × 2.0	65 × 5.0	51 × 1.97	1.05	3.10
34 × 2.5	50 × 5.0	36 × 2.47	1.05	2.71	48 × 2.5	65 × 5.0	51 × 2.46	1.05	2.51
34 × 3.0	50 × 5.0	36 × 2.97	1.05	2.29	48 × 3.0	65 × 5.0	51 × 2.96	1.05	2.11
35 × 1.0	50 × 4.0	36 × 1.00	1.03	5.25	50 × 1.0	65 × 4.0	51 × 1.00	1.02	4.88
35 × 1.5	50 × 4.0	36 × 1.50	1.03	3.55	50 × 1.5	65 × 4.0	51 × 1.50	1.02	3.29
35 × 2.0	50 × 4.0	36 × 2.00	1.03	2.70	50 × 2.0	65 × 5.0	51 × 2.00	1.02	3.06
35 × 2.5	50 × 5.0	36 × 2.50	1.03	2.68	50 × 2.5	65 × 5.0	51 × 2.50	1.02	2.47
35 × 3.0	50 × 5.0	36 × 3.00	1.03	2.27	50 × 3.0	65 × 5.0	51 × 3.00	1.02	2.08
36 × 1.0	55 × 4.0	41 × 0.96	1.10	5.30	52 × 1.0	70 × 4.0	56 × 0.97	1.04	4.95
36 × 1.5	55 × 4.0	41 × 1.46	1.11	3.53	52 × 1.5	70 × 4.0	56 × 1.46	1.05	3.31
36 × 2.0	55 × 4.0	41 × 1.96	1.12	3.26	52 × 2.0	70 × 5.0	56 × 1.96	1.06	3.07
36 × 2.5	55 × 5.0	41 × 2.45	1.12	2.65	52 × 2.5	70 × 5.0	56 × 2.45	1.06	2.48
36 × 3.0	55 × 5.0	41 × 2.95	1.13	2.22	52 × 3.0	70 × 5.0	56 × 2.95	1.06	2.07
38 × 1.0	55 × 4.0	41 × 0.98	1.06	5.20	54 × 1.0	70 × 4.0	56 × 0.98	1.02	4.89
38 × 1.5	55 × 4.0	41 × 1.47	1.06	3.51	54 × 1.5	70 × 4.0	56 × 1.48	1.02	3.27
38 × 2.0	55 × 4.0	41 × 1.97	1.07	3.25	54 × 2.0	70 × 5.0	56 × 1.98	1.03	3.04
38 × 2.5	55 × 5.0	41 × 2.46	1.07	2.64	54 × 2.5	70 × 5.0	56 × 2.47	1.03	2.46
38 × 3.0	55 × 5.0	41 × 2.96	1.07	2.22	54 × 3.0	70 × 5.0	56 × 2.97	1.03	2.06
40 × 1.0	55 × 4.0	41 × 1.00	1.02	5.10	55 × 1.0	70 × 4.0	56 × 1.00	1.02	4.80
40 × 1.5	55 × 4.0	41 × 1.50	1.02	3.44	55 × 1.5	70 × 4.0	56 × 1.50	1.02	3.22
40 × 2.0	55 × 5.0	41 × 2.00	1.02	3.20	55 × 2.0	70 × 5.0	56 × 2.00	1.02	3.01
40 × 2.5	55 × 5.0	41 × 2.50	1.02	2.59	55 × 2.5	70 × 5.0	56 × 2.50	1.02	2.43
40 × 3.0	55 × 5.0	41 × 3.00	1.02	2.19	55 × 3.0	70 × 5.0	56 × 3.00	1.02	2.04

表 2-24　2A12、2A11、5A02、5A03 合金 $\phi26\sim55$mm 管材轧制工艺

成品尺寸/mm×mm	坯料尺寸/mm×mm	轧制尺寸/mm×mm	减径系数	压延系数	成品尺寸/mm×mm	坯料尺寸/mm×mm	轧制尺寸/mm×mm	减径系数	压延系数
26×1.0	45×3.0	31×0.92	1.11	4.56	42×1.0	60×3.0	46×0.94	1.03	4.04
26×1.5	45×4.0	31×1.42	1.14	3.91	42×1.5	60×4.0	46×1.44	1.05	3.49
26×2.0	45×4.0	31×1.92	1.16	2.94	42×2.0	60×4.0	46×1.94	1.07	2.62
26×2.5	45×5.0	31×2.42	1.17	2.89	42×2.5	60×5.0	46×2.43	1.07	2.60
26×3.0	45×5.0	31×2.92	1.18	2.44	42×3.0	60×5.0	46×2.93	1.08	2.18
28×1.0	45×3.0	31×0.95	1.06	4.42	44×1.0	60×3.0	46×0.97	1.02	3.91
28×1.5	45×4.0	31×1.45	1.08	3.83	44×1.5	60×4.0	46×1.47	1.03	3.42
28×2.0	45×4.0	31×1.95	1.09	2.89	44×2.0	60×4.0	46×1.97	1.03	2.58
28×2.5	45×5.0	31×2.45	1.10	2.86	44×2.5	60×5.0	46×2.46	1.03	2.57
28×3.0	45×5.0	31×2.95	1.10	2.42	44×3.0	60×5.0	46×2.96	1.04	2.16
30×1.0	45×3.0	31×1.00	1.03	4.20	45×1.0	60×3.0	46×1.00	1.02	3.80
30×1.5	45×4.0	31×1.50	1.03	3.70	45×1.5	60×4.0	46×1.50	1.02	3.35
30×2.0	45×4.0	31×2.00	1.03	2.82	45×2.0	60×4.0	46×2.00	1.02	2.55
30×2.5	45×5.0	31×2.50	1.03	2.80	45×2.5	60×5.0	46×2.50	1.02	2.52
30×3.0	45×5.0	31×3.00	1.03	2.38	45×3.0	60×5.0	46×3.00	1.03	2.13
32×1.0	50×3.0	36×0.94	1.06	4.28	46×1.0	65×3.0	51×0.93	1.03	4.00
32×1.5	50×4.0	36×1.43	1.08	3.72	46×1.5	65×4.0	51×1.43	1.06	3.45
32×2.0	50×4.0	36×1.93	1.10	2.80	46×2.0	65×4.0	51×1.93	1.08	2.58
32×2.5	50×5.0	36×2.42	1.10	2.77	46×2.5	65×5.0	51×2.43	1.09	2.54
32×3.0	50×5.0	36×2.92	1.11	2.33	46×3.0	65×5.0	51×2.92	1.09	2.14
34×1.0	50×3.0	36×0.98	1.04	4.11	48×1.0	65×3.0	51×0.95	1.01	3.91
34×1.5	50×4.0	36×1.47	1.04	3.62	48×1.5	65×4.0	51×1.45	1.03	3.40
34×2.0	50×4.0	36×1.97	1.05	2.74	48×2.0	65×4.0	51×1.95	1.04	2.55
34×2.5	50×5.0	36×2.46	1.05	2.73	48×2.5	65×5.0	51×2.44	1.04	2.53
34×3.0	50×5.0	36×2.96	1.05	2.30	48×3.0	65×5.0	51×2.94	1.05	2.12
35×1.0	50×3.0	36×1.00	1.03	4.03	50×1.0	65×3.0	51×1.00	1.02	3.72
35×1.5	50×4.0	36×1.50	1.03	3.55	50×1.5	65×4.0	51×1.50	1.02	3.55
35×2.0	50×4.0	36×2.00	1.03	2.70	50×2.0	65×4.0	51×2.00	1.02	2.49
35×2.5	50×5.0	36×2.50	1.03	2.68	50×2.5	65×5.0	51×2.50	1.02	2.47
35×3.0	50×5.0	36×3.00	1.03	2.27	50×3.0	65×5.0	51×3.00	1.02	2.08
36×1.0	55×3.0	41×0.92	1.05	4.23	52×1.0	70×3.0	56×0.94	1.01	3.89
36×1.5	55×4.0	41×1.42	1.09	3.63	52×1.5	70×4.0	56×1.44	1.03	3.36
36×2.0	55×4.0	41×1.92	1.10	2.72	52×2.0	70×4.0	56×1.94	1.04	2.52
36×2.5	55×5.0	41×2.41	1.11	2.69	52×2.5	70×5.0	56×2.43	1.05	2.49
36×3.0	55×5.0	41×2.91	1.12	2.25	52×3.0	70×5.0	56×1.93	1.06	2.09
38×1.0	55×3.0	41×0.95	1.03	4.10	54×1.0	70×3.0	56×0.97	1.01	3.77
38×1.5	55×4.0	41×1.45	1.05	3.56	54×1.5	70×4.0	56×1.47	1.02	3.29
38×2.0	55×4.0	41×1.95	1.06	2.68	54×2.0	70×4.0	56×1.97	1.02	2.48
38×2.5	55×5.0	41×2.44	1.06	2.66	54×2.5	70×5.0	56×2.46	1.02	2.47
38×3.0	55×5.0	41×2.94	1.06	2.23	54×3.0	70×5.0	56×2.96	1.03	2.08
40×1.0	55×3.0	41×1.00	1.02	3.90	55×1.0	70×3.0	56×1.00	1.02	3.66
40×1.5	55×4.0	41×1.50	1.02	3.44	55×1.5	70×4.0	56×1.50	1.02	3.22
40×2.0	55×4.0	41×2.00	1.02	2.61	55×2.0	70×4.0	56×2.00	1.02	2.45
40×2.5	55×5.0	41×2.50	1.02	2.59	55×2.5	70×5.0	56×2.50	1.02	2.43
40×3.0	55×5.0	41×3.00	1.02	2.19	55×3.0	70×5.0	56×3.00	1.02	2.04

表 2-25　5A05、5A06 合金 φ26~55mm 管材轧制工艺

成品尺寸 /mm×mm	坯料尺寸 /mm×mm	轧制尺寸 /mm×mm	减径系数	压延系数	成品尺寸 /mm×mm	坯料尺寸 /mm×mm	轧制尺寸 /mm×mm	减径系数	压延系数
26×1.0	45×3.0	31×0.90	1.08	4.67	42×1.0	60×3.0	46×0.92	1.01	4.14
26×1.5	45×3.0	31×1.40	1.12	3.05	42×1.5	60×3.0	46×1.42	1.04	2.70
26×2.0	45×3.0	31×1.90	1.15	2.29	42×2.0	60×3.0	46×1.91	1.05	2.04
26×2.5	45×4.0	31×2.40	1.17	2.40	42×2.5	60×4.0	46×2.40	1.06	2.15
26×3.0	45×4.0	31×2.90	1.18	2.02	42×3.0	60×4.0	46×2.90	1.07	1.80
28×1.0	45×3.0	31×0.94	1.04	4.46	44×1.0	60×3.0	46×0.96	1.01	3.95
28×1.5	45×3.0	31×1.44	1.07	2.96	44×1.5	60×3.0	46×1.46	1.02	2.63
28×2.0	45×3.0	31×1.93	1.07	2.25	44×2.0	60×3.0	46×1.96	1.03	1.98
28×2.5	45×4.0	31×2.43	1.08	2.37	44×2.5	60×4.0	46×2.45	1.03	2.05
28×3.0	45×4.0	31×2.93	1.09	2.00	44×3.0	60×4.0	46×2.95	1.03	1.76
30×1.0	45×3.0	31×1.00	1.03	4.20	45×1.0	60×3.0	46×1.00	1.02	3.80
30×1.5	45×3.0	31×1.48	1.02	2.88	45×1.5	60×3.0	46×1.48	1.01	2.60
30×2.0	45×3.0	31×1.98	1.02	2.19	45×2.0	60×3.0	46×1.98	1.01	1.96
30×2.5	45×4.0	31×2.48	1.03	2.32	45×2.5	60×4.0	46×2.48	1.01	2.08
30×3.0	45×4.0	31×2.98	1.03	1.96	45×3.0	60×4.0	46×2.98	1.02	1.75
32×1.0	50×3.0	36×0.92	1.04	4.38	46×1.0	65×3.0	51×0.91	1.02	4.08
32×1.5	50×3.0	36×1.42	1.07	2.88	46×1.5	65×3.0	51×1.40	1.04	2.68
32×2.0	50×3.0	36×1.91	1.08	2.17	46×2.0	65×3.0	51×1.90	1.06	1.99
32×2.5	50×4.0	36×2.40	1.09	2.29	46×2.5	65×4.0	51×2.39	1.07	2.10
32×3.0	50×4.0	36×2.90	1.10	1.92	46×3.0	65×4.0	51×2.89	1.08	1.75
34×1.0	50×3.0	36×0.96	1.02	4.20	48×1.0	65×3.0	51×0.95	1.01	3.91
34×1.5	50×3.0	36×1.46	1.03	2.80	48×1.5	65×3.0	51×1.44	1.02	2.61
34×2.0	50×3.0	36×1.96	1.04	2.12	48×2.0	65×3.0	51×1.93	1.03	1.97
34×2.5	50×4.0	36×2.45	1.04	2.24	48×2.5	65×3.0	51×2.42	1.03	2.08
34×3.0	50×4.0	36×2.95	1.05	1.89	48×3.0	65×4.0	51×2.92	1.04	1.74
35×1.0	50×3.0	36×1.00	1.03	4.03	50×1.0	65×3.0	51×1.00	1.02	3.72
35×1.5	50×3.0	36×1.48	1.02	2.76	50×1.5	65×3.0	51×1.48	1.01	2.54
35×2.0	50×3.0	36×1.98	1.02	2.09	50×2.0	65×3.0	51×1.98	1.01	1.97
35×2.5	50×4.0	36×2.48	1.02	2.21	50×2.5	65×4.0	51×2.48	1.01	2.03
35×3.0	50×4.0	36×2.98	1.02	1.87	50×3.0	65×4.0	51×2.98	1.01	1.70
36×1.0	55×3.0	41×0.90	1.03	4.34	52×1.0	70×3.0	56×0.94	1.01	3.89
36×1.5	55×3.0	41×1.40	1.07	2.82	52×1.5	70×3.0	56×1.43	1.03	2.58
36×2.0	55×3.0	41×1.89	1.08	2.12	52×2.0	70×3.0	56×1.91	1.03	1.95
36×2.5	55×4.0	41×2.39	1.10	2.22	52×2.5	70×4.0	56×2.40	1.04	2.05
36×3.0	55×4.0	41×2.89	1.11	1.86	52×3.0	70×4.0	56×2.90	1.05	1.72
38×1.0	55×3.0	41×0.94	1.02	4.15	54×1.0	70×3.0	56×0.97	1.01	3.77
38×1.5	55×3.0	41×1.44	1.04	2.74	54×1.5	70×3.0	56×1.46	1.01	2.52
38×2.0	55×3.0	41×1.93	1.04	2.07	54×2.0	70×3.0	56×1.96	1.02	1.90
38×2.5	55×4.0	41×2.43	1.05	2.18	54×2.5	70×4.0	56×2.45	1.02	2.01
38×3.0	55×4.0	41×2.93	1.06	1.83	54×3.0	70×4.0	56×2.95	1.02	1.69
40×1.0	55×3.0	41×1.00	1.02	3.90	55×1.0	70×3.0	56×1.00	1.02	3.66
40×1.5	55×3.0	41×1.48	1.01	2.67	55×1.5	70×3.0	56×1.50	1.02	2.46
40×2.0	55×3.0	41×1.98	1.01	2.02	55×2.0	70×3.0	56×1.98	1.01	1.88
40×2.5	55×4.0	41×2.48	1.02	2.14	55×2.5	70×4.0	56×2.48	1.01	1.99
40×3.0	55×4.0	41×2.98	1.02	1.80	55×3.0	70×4.0	56×2.98	1.01	1.67

表 2-26　1×××、3A21、6A02 合金 φ52～80mm 管材轧制工艺

成品尺寸 /mm×mm	坯料尺寸 /mm×mm	轧制尺寸 /mm×mm	减径 系数	压延 系数	成品尺寸 /mm×mm	坯料尺寸 /mm×mm	轧制尺寸 /mm×mm	减径 系数	压延 系数
52×1.0	73×4.0	56×0.97	1.04	5.17	68×1.0	88×4.0	71×0.98	1.02	4.89
52×1.5	73×5.0	56×1.46	1.05	4.26	68×1.5	88×4.0	71×1.48	1.03	3.27
52×2.0	73×5.0	56×1.96	1.06	3.21	68×2.0	88×5.0	71×1.98	1.03	3.04
52×2.5	73×5.0	56×2.45	1.06	2.59	68×2.5	88×5.0	71×2.47	1.03	2.45
52×3.0	73×5.0	56×2.95	1.06	2.17	68×3.0	88×5.0	71×2.97	1.03	2.05
55×1.0	73×4.0	56×1.00	1.02	5.02	70×1.0	88×4.0	71×1.00	1.01	4.80
55×1.5	73×5.0	56×1.50	1.02	4.16	70×1.5	88×4.0	71×1.50	1.01	3.22
55×2.0	73×5.0	56×2.00	1.02	3.15	70×2.0	88×5.0	71×2.00	1.01	3.00
55×2.5	73×5.0	56×2.50	1.02	2.54	70×2.5	88×5.0	71×2.50	1.01	2.42
55×3.0	73×5.0	56×3.00	1.02	2.14	70×3.0	88×5.0	71×3.00	1.01	2.03
58×1.0	78×4.0	61×0.98	1.03	5.03	72×1.0	93×4.0	76×0.98	1.03	4.84
58×1.5	78×5.0	61×1.48	1.04	4.14	72×1.5	93×4.0	76×1.48	1.04	3.23
58×2.0	78×5.0	61×1.98	1.04	3.12	72×2.0	93×5.0	76×1.98	1.04	3.00
58×2.5	78×5.0	61×2.47	1.04	2.52	72×2.5	93×5.0	76×2.47	1.04	2.42
58×3.0	78×5.0	61×2.97	1.04	2.12	72×3.0	93×5.0	76×2.97	1.04	2.03
60×1.0	78×4.0	61×1.00	1.01	4.93	75×1.0	93×4.0	76×1.00	1.01	4.75
60×1.5	78×5.0	61×1.50	1.01	4.10	75×1.5	93×4.0	76×1.50	1.01	3.18
60×2.0	78×5.0	61×2.00	1.01	3.09	75×2.0	93×5.0	76×2.00	1.01	2.97
60×2.5	78×5.0	61×2.50	1.01	2.49	75×2.5	93×5.0	76×2.50	1.01	2.39
60×3.0	78×5.0	61×3.00	1.01	2.10	75×3.0	93×5.0	76×3.00	1.01	2.01
62×1.0	83×4.0	66×0.98	1.04	4.95	78×1.0	98×4.0	81×0.98	1.02	4.79
62×1.5	83×4.0	66×1.47	1.04	3.33	78×1.5	98×4.0	81×1.48	1.02	3.19
62×2.0	83×5.0	66×1.97	1.05	3.09	78×2.0	98×5.0	81×1.98	1.03	2.97
62×2.5	83×5.0	66×2.46	1.05	2.49	78×2.5	98×5.0	81×2.47	1.03	2.40
62×3.0	83×5.0	66×2.96	1.05	2.09	78×3.0	98×5.0	81×2.97	1.03	2.01
65×1.0	83×4.0	66×1.00	1.01	4.86	80×1.0	98×4.0	81×1.00	1.01	4.70
65×1.5	83×4.0	66×1.50	1.01	3.26	80×1.5	98×4.0	81×1.50	1.01	3.15
65×2.0	83×5.0	66×2.00	1.01	3.05	80×2.0	98×5.0	81×2.00	1.01	2.94
65×2.5	83×5.0	66×2.50	1.01	2.45	80×2.5	98×5.0	81×2.50	1.01	2.37
65×3.0	83×5.0	66×3.00	1.01	2.06	80×3.0	98×5.0	81×3.00	1.01	1.99

表 2-27 2A12、2A11、5A02、5A03 合金 φ52~80mm 管材轧制工艺

成品尺寸/mm×mm	坯料尺寸/mm×mm	轧制尺寸/mm×mm	减径系数	压延系数	成品尺寸/mm×mm	坯料尺寸/mm×mm	轧制尺寸/mm×mm	减径系数	压延系数
52×1.0	73×3.0	56×0.94	1.01	4.06	68×1.0	88×3.0	71×0.97	1.01	3.75
52×1.5	73×4.0	56×1.44	1.04	3.51	①	88×4.0	71×0.97	1.01	4.94
①	73×5.0	56×1.44	1.04	4.33	68×1.5	88×5.0	71×1.47	1.02	3.29
52×2.0	73×5.0	56×1.94	1.04	3.24	68×2.0	88×5.0	71×1.97	1.03	3.03
52×2.5	73×5.0	56×2.43	1.05	2.61	68×2.5	88×5.0	71×2.46	1.03	2.46
52×3.0	73×5.0	56×2.93	1.06	2.19	68×3.0	88×5.0	71×2.96	1.03	2.06
55×1.0	73×3.0	56×1.00	1.02	3.82	70×1.0	88×3.0	71×1.00	1.01	3.64
55×1.5	73×4.0	56×1.50	1.02	3.37	①	88×4.0	71×1.00	1.01	4.80
①	73×5.0	56×1.50	1.02	4.16	70×1.5	88×4.0	71×1.50	1.01	3.22
55×2.0	73×5.0	56×2.00	1.02	3.15	70×2.0	88×5.0	71×2.00	1.01	3.00
55×2.5	73×5.0	56×2.50	1.02	2.54	70×2.5	88×5.0	71×2.50	1.01	2.42
55×3.0	73×5.0	56×3.00	1.02	2.14	70×3.0	88×5.0	71×3.0	1.01	2.03
58×1.0	78×3.0	61×0.96	1.01	3.90	72×1.0	93×3.0	76×0.96	1.01	3.74
58×1.5	78×4.0	61×1.46	1.02	3.40	①	93×4.0	76×0.96	1.01	4.94
①	78×5.0	61×1.46	1.02	4.20	72×1.5	93×4.0	76×1.46	1.03	3.27
58×2.0	78×5.0	61×1.96	1.03	3.15	72×2.0	93×4.0	76×1.96	1.03	2.45
58×2.5	78×5.0	61×2.45	1.03	2.54	72×2.5	93×5.0	76×2.45	1.03	2.44
58×3.0	78×5.0	61×2.95	1.04	2.13	72×3.0	93×5.0	76×2.95	1.04	2.04
60×1.0	78×3.0	61×1.00	1.01	3.75	75×1.0	93×3.0	76×1.00	1.01	3.60
60×1.5	78×4.0	61×1.50	1.01	3.31	①	93×4.0	76×1.00	1.01	4.75
①	78×5.0	61×1.50	1.01	4.08	75×1.5	93×5.0	76×1.50	1.01	3.18
60×2.0	78×5.0	61×2.00	1.01	3.09	75×2.0	93×5.0	76×2.00	1.01	2.40
60×2.5	78×5.0	61×2.50	1.01	2.49	75×2.5	93×5.0	76×2.50	1.01	2.39
60×3.0	78×5.0	61×3.00	1.01	2.10	75×3.0	93×5.0	76×3.00	1.01	2.01
62×1.0	83×3.0	66×0.95	1.01	3.88	78×1.0	98×3.0	81×0.98	1.02	3.63
62×1.5	83×4.0	66×1.45	1.03	3.37	①	98×4.0	81×0.98	1.02	4.79
①	83×5.0	66×1.45	1.03	4.17	78×1.5	98×4.0	81×1.48	1.02	3.19
62×2.0	83×5.0	66×1.95	1.04	3.12	78×2.0	98×4.0	81×1.98	1.03	2.40
62×2.5	83×5.0	66×2.44	1.04	2.51	78×2.5	98×5.0	81×2.47	1.03	2.40
62×3.0	83×5.0	66×2.94	1.05	2.10	78×3.0	98×5.0	81×2.97	1.03	2.01
65×1.0	83×3.0	66×1.00	1.01	3.69	80×1.0	98×3.0	81×1.00	1.01	3.56
65×1.5	83×4.0	66×1.50	1.01	3.26	①	98×4.0	81×1.00	1.01	4.70
①	83×5.0	66×1.50	1.01	4.02	80×1.5	98×4.0	81×1.50	1.01	3.15
65×2.0	83×5.0	66×2.00	1.01	3.05	80×2.0	98×5.0	81×2.00	1.01	2.38
65×2.5	83×5.0	66×2.50	1.01	2.45	80×2.5	98×5.0	81×2.50	1.01	2.37
65×3.0	83×5.0	66×3.00	1.01	2.06	80×3.0	98×5.0	81×3.00	1.01	1.99

①适用于 5A02 合金，管坯需退火。

表2-28　5A05、5A06合金 ϕ52~80mm 管材轧制工艺

成品尺寸 /mm×mm	坯料尺寸 /mm×mm	轧制尺寸 /mm×mm	减径 系数	压延 系数	成品尺寸 /mm×mm	坯料尺寸 /mm×mm	轧制尺寸 /mm×mm	减径 系数	压延 系数
52×1.0	71×2.5①	56×0.94	1.01	3.34	62×3.0	83×4.0	66×2.92	1.04	1.72
52×1.5	73×3.0	56×1.43	1.03	2.69	65×1.0	81×2.5①	66×1.00	1.01	3.02
52×2.0	73×3.0	56×1.91	1.03	2.03	65×1.5	83×3.0	66×1.50	1.01	2.48
52×2.5	73×4.0	56×2.40	1.04	2.15	65×2.0	83×3.0	66×2.00	1.01	1.87
52×3.0	73×4.0	56×2.90	1.05	1.79	65×2.5	83×4.0	66×2.50	1.01	1.99
55×1.0	71×2.5①	56×1.00	1.02	3.11	65×3.0	83×4.0	66×3.00	1.01	1.67
55×1.5	73×3.0	56×1.50	1.02	2.57	68×2.0	88×3.0	71×1.95	1.01	1.90
55×2.0	73×3.0	56×1.98	1.01	1.96	68×2.5	88×4.0	71×2.44	1.02	2.01
55×2.5	73×4.0	56×2.48	1.01	2.08	68×3.0	88×4.0	71×2.94	1.02	1.68
55×3.0	73×4.0	56×2.98	1.02	1.75	70×2.0	88×3.0	71×2.00	1.01	1.85
58×1.0	76×2.5①	61×0.96	1.01	3.19	70×2.5	88×4.0	71×2.50	1.01	1.96
58×1.5	78×3.0	61×1.45	1.01	2.61	70×3.0	88×4.0	71×3.00	1.01	1.65
58×2.0	78×3.0	61×1.94	1.02	1.96	72×2.0	93×3.0	76×1.94	1.01	1.88
58×2.5	78×4.0	61×2.43	1.02	2.08	72×2.5	93×4.0	76×2.43	1.03	1.99
58×3.0	78×4.0	61×2.93	1.03	1.74	72×3.0	93×4.0	76×2.93	1.03	1.66
60×1.0	76×2.5①	61×1.00	1.01	3.06	75×2.0	93×3.0	76×2.00	1.01	1.82
60×1.5	78×3.0	61×1.50	1.01	2.52	75×2.5	93×4.0	76×2.50	1.01	1.94
60×2.0	78×3.0	61×2.00	1.01	1.90	75×3.0	93×4.0	76×3.00	1.01	1.62
60×2.5	78×4.0	61×2.50	1.01	2.02	78×2.0	98×3.0	81×1.96	1.03	1.84
60×3.0	78×4.0	61×3.00	1.01	1.70	78×2.5	98×4.0	81×2.45	1.02	1.95
62×1.0	81×2.5①	66×0.94	1.01	3.21	78×3.0	98×4.0	81×2.95	1.02	1.63
62×1.5	83×3.0	66×1.43	1.02	2.43	80×2.0	98×3.0	81×2.00	1.01	1.80
62×2.0	83×3.0	66×1.93	1.03	1.94	80×2.5	98×4.0	81×2.50	1.01	1.91
62×2.5	83×4.0	66×2.42	1.03	2.06	80×3.0	98×4.0	81×3.00	1.01	1.61

①采用二次压延工艺。

2.4.2.7　异型管材的轧制工艺

二辊冷轧管机除生产圆管和与拉伸成型工艺结合生产等壁厚的型管外，还可以生产异型无缝管材，见图 2-16（1）~（4）、变断面及锥形无缝管材，见图 2-16（5）~（12）。

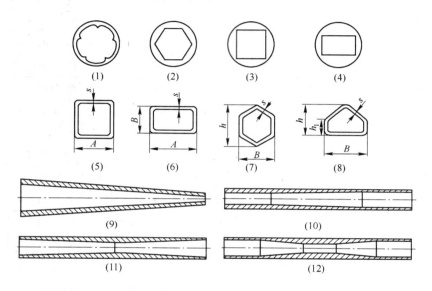

图 2-16　异型无缝管材、变断面及锥形无缝铝管材

A　普通等壁厚型管

普通等壁厚型管是由冷轧管机轧制出等壁厚的圆管，再通过拉伸成型而获得。一旦型管尺寸确定以后，轧制圆管的尺寸按如下方法确定。

圆管的外径：参见图 2-16（6），成型前圆管的周长为：

$$S_0 = K[2(a + b - 8t) + 4\pi t] \qquad (2\text{-}30)$$

成型前圆管的外径为：

$$D_0 = \frac{S_0}{\pi}$$

其中，K 为系数，一般取 1.02 ~ 1.04。当 K 值过小时，成型中型管的角部严重地充不满，而当 K 值过大时，成型的管材表面凹下严重。

系数的大小还与合金性质和成品规格有关。一般情况下，壁厚薄而规格大的型管，K 值取下限，而壁厚大、规格小的管材，则 K 值可取上限。

圆管的壁厚：型管拉伸成型时，要将轧制管材拉伸减轻到型管成型前所要求的外径。因此，确定轧制壁厚时，必须考虑到拉伸减轻时管材的壁厚变化。根据拉伸率及合金等因素，准确确定管材的轧制壁厚。

当型管的 $a/b<2$ 时，生产中可直接一次过渡成型。而当 $a/b\geqslant2$ 时，为了保证型管表面平整，要经过一次拉伸过渡，再将过渡后的椭圆管成型为要求的型管。

B　不等壁厚异型管

如图 2-16(1)~(4)所示的不等壁厚的无缝异型管材，可在冷轧管机上直接生产。生产时，需要专门的相似几何形状的芯头。对于壁厚差不大的异型管，可以直接用等壁厚的圆管管坯轧制，而对壁厚差很大的异型管材，则要求用几何形状相似的专用管坯生产。

C　锥形管和变断面管

二辊冷轧管机轧制管材时，工作锥的外径、内径和壁厚都是逐渐变化的。根据这一特征，在二辊冷轧管机上还可以生产锥形管和变断面管，见图 2-16(9)~(12)。目前，在铝合金管材产品中还很少有这样的管材。这种管材生产时，将管材的长度分成若干小段。对每一小段要设计一套专用的孔型和芯头。在冷轧管机上采用专用的孔型、芯头轧制成一段一段的工作锥，从而获得要求的管材。这样的管材轧制时，每轧制完一个工作锥，就要将管坯取出，再选用另一套工具轧制下一个工作锥。这样，就要求每次轧制时，要准确地确定轧制位置。在工艺设计时，工具设计、现场操作等方面都要做到准确无误。

2.4.3　多辊冷轧管机轧制工艺

多辊冷轧管机的轧辊是由多个小轧辊组成，因此，轧制力不能很大。同时，多辊轧机孔型孔槽不是变断面的，芯头是圆柱形的。在轧制过程的开始阶段，孔型间隙比较大。孔型间隙大对管坯的减径十分不利，因此，要求管坯内径与芯头间的间隙要尽可能小，一般以能使芯头顺利通过为原则。这样就可以有效地缩短轧制过程减径段的长度。

多辊轧管机采用非变断面的孔型孔槽，不仅可以有效地控制轧制管材的外径尺寸，而且可以使外径的尺寸均匀。在多辊冷轧管机上可以直接生产成品管材，而不像二辊冷轧管机那样轧制的管材必须经过拉伸整径才能成为成品管材。对中、小型多辊冷轧管机可按以下原则确定轧制工艺。

（1）管坯内径的确定。对 LD15 三辊轧机，管坯内径比芯头直径大 0.5 ~ 1.0mm；对 LD30 三辊轧机，管坯内径比芯头直径大 1.0 ~ 1.5mm。

（2）轧制壁厚的确定。需经过拉伸整径管材的轧制壁厚，可参照表 2-13 ~ 表 2-18 确定。不经过拉伸整径管材的壁厚则按成品管材要求确定。

（3）压延系数。多辊轧机的压延系数，一般取 2.0 ~ 3.5。

（4）多辊轧机的送料量不宜过大。

3 铝合金管、棒、线材的拉拔技术

3.1 概述

将金属坯料从模孔中拉拔出来，以减小它的横截面，使其产生加工硬化的过程称为拉拔，拉拔也称为拉伸。拉拔是棒材、线材及管材的主要生产方法。拉拔过程的示意图如图 3-1 所示。

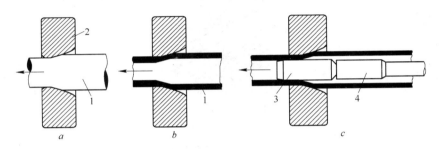

图 3-1 拉拔过程示意图

a—拉拔棒材；b—空拉管材；c—衬拉管材

1—坯料；2—模子；3—芯头；4—芯杆

3.1.1 拉拔的分类

按制品截面形状，拉拔可分为实心材拉拔和空心材拉拔。

3.1.1.1 实心材拉拔

实心材拉拔主要包括棒材及线材的拉拔，如图 3-2 所示。图 3-2a 为整体模拉拔；图 3-2b 为二辊模拉拔；图 3-2c 为四辊模拉拔。

3.1.1.2 空心材拉拔

空心材拉拔主要包括圆管及异型管材的拉拔，对于空心材拉拔有如图 3-3 所示的几种基本方法。

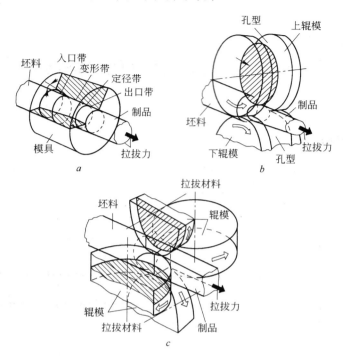

图 3-2   棒材、型材及线材的拉拔示意图

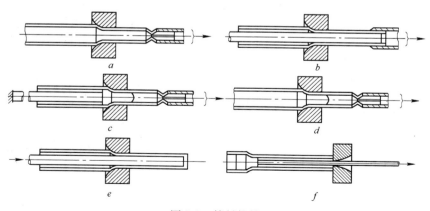

图 3-3   管材拉拔

a—空拉；b—长芯杆拉拔；c—固定芯头拉拔；d—游动芯头拉拔；
e—顶管法；f—扩径拉拔

A　空拉

拉拔时，管坯内部不放芯头，即无芯头拉拔，主要以减小管坯的外径为目的，包括减径、整径和异型管成型拉伸，如图3-3a所示。

减径的目的就是把与成品壁厚相近而直径大于成品的管材，用空拉的方法减缩其直径以达到接近成品的要求。

整径则是拉伸工序的最后一道次拉伸，通过整径，使管材外径尺寸完全符合技术标准要求。

异型管成型拉伸是指用圆形的管材料，通过过渡模和成型模，使其形成所需的三角形、矩形、椭圆形等异型管。

拉拔后的管材壁厚一般会略有变化，壁厚增加或者减小，根据外径与壁厚的比值来确定其增厚还是减薄。经多次空拉的管材，内表面粗糙，严重时会产生裂纹，如拉伸壁厚较薄的管材，内表面容易产生皱折。空拉法适用于小直径管材、异型管材、盘管拉拔以及减径量很小的减径与整径拉拔。

B　长芯杆拉拔

将管坯自由地套在表面抛光的芯杆上，使芯杆与管坯一起拉过模孔，以实现减径和减壁，此法称为长芯杆拉拔。芯杆的长度应略大于拉拔后管材的长度。拉拔一道次之后，需要用脱管法或滚轧法取出芯杆。长芯杆拉拔如图3-3b所示。

长芯杆拉拔的特点是道次加工率较大，可达63%；可拉伸壁厚很薄的管材（如$\phi(30 \sim 50)mm \times (0.2 \sim 0.3)mm$）；当采用带锥度的芯棒，可拉伸变壁厚的管材；但由于需要准备许多不同直径的长芯杆和增加脱管工序，增加了工具费用及劳动强度，通常在生产中很少采用，它适用于薄壁管材以及塑性较差的金属管材的生产。

C　固定芯头拉拔

固定芯头拉拔也称为短芯头拉伸，拉拔时将芯杆尾端固定，将芯头固定在芯杆上，管坯通过模孔实现减径和减壁，如图3-3c所示。固定芯头拉拔过程是一种复合拉伸变形，开始变形时，属于空拉阶段，管材直径减小，壁厚变化不大。当管材内表面与芯头接触时，变为减径和减壁阶段，这时的主应力图和主变形图都是两向压缩、一向拉伸或伸长，也就是金属仅沿轴向流动，因此，管材直径减小、壁厚变薄、长度增长。

固定芯头拉拔时，只需更换拉伸芯头，工具费用较少，更换容易，其管材内表面质量比空拉的要好，此法在管材生产中应用最广泛，但拉拔细管比较困难，而且不能生产长管。

D　游动芯头拉拔

游动芯头拉拔是在拉伸过程中芯头不固定，而是处于自由平衡状态，通过芯头与模孔之间形成的环形来达到减壁、减径目的，如图3-3d所示。游动芯头拉拔是管材拉拔较为先进的一种方法，非常适用于小规格长管和盘管生产，其拉拔速度快，生产效率高，最大速度可达720m/min；对于提高拉拔生产率、成品率和管材内表面质量极为有利。与固定芯头拉拔相比，拉伸力能降低3% ~ 25%。游动芯头拉拔适合于软合金、小规格管材生产。但由于其对工艺条件和技术要求较高，装芯头和碾头较慢，故不可能完全取代固定芯头拉拔。

E　顶管法

顶管法又称艾尔哈特法。将芯杆套入带底的管坯中，操作时管坯连同芯杆一同由模孔中顶出，从而对管坯进行加工，如图3-3e所示。此法适合于生产 $\phi300 \sim 400mm$ 以上的大直径管材。

F　扩径拉拔

扩径拉拔的管坯通过压入扩径后，直径增大，壁厚和长度减小。扩径拉拔法适用于直径大、壁厚较厚和长度与直径的比值小于10的管材的生产，以免在扩径时产生失稳。这种方法主要是受设备能力限制，不能用于生产大直径的管材，如图3-3f所示。

3.1.2　冷拉拔法的特点

冷拉拔法的特点如下：

（1）拉拔制品尺寸精确，表面光洁。

（2）拉拔法适于连续高速生产断面小的长制品，可生产数千米长的制品。

（3）拉拔法使用的设备和工具简单、投资少、占地面积小、生产紧凑、维护方便、有利于生产多种规格的制品。

（4）冷拉拔时，由于冷作硬化，可以大大提高制品的强度，但影响拉伸道次的加工量。

（5）冷拉拔时速度快，但道次变形量和两次退火间的总变形量小，生产中需要多次拉拔和退火，尤其是生产硬铝合金和小规格制品时，效率低、周期长，容易产生表面划伤。

（6）冷拉拔时金属受到较大的拉力和摩擦力的作用，能量消耗较大。

3.2 变形条件及应力分析

3.2.1 拉拔时的变形指数

拉拔时坯料发生变形，原始形状和尺寸将改变。不过，金属塑性加工过程中变形体的体积实际上是不变的。

以 F_Q、L_Q 表示拉拔前金属坯料的断面积及长度，F_H、L_H 表示拉拔后金属制品的断面积及长度。根据体积不变条件，可以得到主要变形指数和它们之间的关系式。

（1）延伸系数 λ：表示拉拔一道次后金属材料的长度增加倍数或拉拔前后横断面的面积之比，即

$$\lambda = L_H/L_Q = F_Q/F_H \tag{3-1}$$

（2）加工率（断面减缩率）ε：表示拉拔一道次后金属材料横断面积缩小值与其原始值之比，即

$$\varepsilon = (F_Q - F_H)/F_Q \tag{3-2}$$

ε 通常以百分数表示。

（3）相对伸长率 μ：表示拉拔一道次后金属材料长度增量与原始长度之比，即

$$\mu = (L_H - L_Q)/L_Q \tag{3-3}$$

μ 通常也以百分数表示。

（4）积分（对数）延伸系数 i：这一指数等于拉拔前后金属材料横断面积之比的自然对数，即

$$i = \ln(F_Q/F_H) = \ln\lambda \tag{3-4}$$

拉拔时的变形指数之间的相互关系：

$$\lambda = 1/(1 - \varepsilon) = 1 + \mu = e^{i} \qquad (3\text{-}5)$$

（5）断面收缩率 ψ：制品拉伸后的断面积与拉伸前的断面积之比，即

$$\psi = F_Q/F_H \qquad (3\text{-}6)$$

各变形指数之间的关系如表 3-1 所示。

表 3-1　变形指数之间的关系

变形指数	指标符号	用直径 D_Q、D_H 表示	用截面积 F_Q、F_H 表示	用长度 L_Q、L_H 表示	用伸长系数 λ 表示	用加工率 ε 表示	用伸长率 μ 表示	用断面收缩系数 ψ 表示
延伸系数	λ	D_Q^2/D_H^2	F_Q/F_H	L_H/L_Q	λ	$1/(1-\varepsilon)$	$1+\mu$	$1/\psi$
加工率	ε	$(D_Q^2-D_H^2)/D_Q^2$	$(F_Q-F_H)/F_Q$	$(L_H-L_Q)/L_H$	$(\lambda-1)/\lambda$	ε	$\mu(1+\mu)$	$1-\psi$
伸长率	μ	$(D_Q^2-D_H^2)/D_H^2$	$(F_Q-F_H)/F_H$	$(L_H-L_Q)/L_Q$	$\lambda-1$	$\varepsilon/(1-\varepsilon)$	μ	$(1-\psi)/\psi$
断面收缩系数	ψ	D_H^2/D_Q^2	F_H/F_Q	L_Q/L_H	$1/\lambda$	$1-\varepsilon$	$1/(1-\mu)$	ψ

3.2.2　实现拉拔的基本条件

与挤压、轧制、锻造等加工过程不同，拉拔过程是借助于在被加工的金属前端施以拉力实现的，此拉力为拉拔力。拉拔力与被拉金属出模口处的横断面积之比称为单位拉拔力，即拉拔应力，实际上拉拔应力就是变形末端的纵向应力。

拉拔应力应小于金属出模口的屈服强度。如果拉拔应力过大，超过金属出模口的屈服强度，则可引起制品出现细颈，甚至拉断。因此，拉拔时一定要遵守下列条件

$$\sigma_1 = \frac{P_1}{F_1} < \sigma_s \qquad (3\text{-}7)$$

式中　　σ_1 ——作用在被拉金属出模口横断面上的拉拔应力，MPa；

P_1——拉拔力，N；

F_1——金属出模口横断面面积，mm^2；

σ_s——金属出模口后的变形抗力，MPa。

对于铝合金来说，由于变形抗力 σ_s 不明显，确定困难，加之在加工硬化后与其抗拉强度 R_m 相近，故亦可表示为 $\sigma_1 < R_m$。

被拉金属出模口的抗拉强度 R_m 与拉拔应力 σ_1 之比称为安全系数 K，即

$$K = \frac{R_m}{\sigma_1} \tag{3-8}$$

所以，实现拉拔过程的基本条件为 $K > 1$，安全系数与被拉金属的直径、状态（退火或硬化）以及变形条件（温度、速度、反拉应力等）有关。一般 K 在 1.40 ~ 2.00 之间，如果 $K < 1.40$，则由于加工率过大，可能出现断头、拉断；当 $K > 2.00$ 时，则表示此加工率不够大，未能充分利用金属的塑性。制品直径越小，壁厚越薄，K 值应越大。这是因为随着制品直径的减小，壁厚的变薄，被拉金属对表面微裂纹和其他缺陷以及设备的振动，还有速度的突变等因素的敏感性增加，因而 K 值响应增加。

安全系数 K 与制品品种、直径的关系见表 3-2。

表 3-2 拉拔时的安全系数

拉拔制品的品种与规格 / 安全系数	厚壁管材、棒材	薄壁管材	不同直径的线材/mm				
			> 1.0	1.0 ~ 0.4	0.4 ~ 0.1	0.10 ~ 0.05	0.050 ~ 0.015
K	> 1.35 ~ 1.4	1.0	≥ 1.4	≥ 1.5	≥ 1.6	≥ 1.8	≥ 2.0

游动芯头成盘拉拔与直线拉拔有重要区别。管材在卷筒上弯曲过程，承受负荷的不仅是横断面，还有纵断面。每道次拉拔的最大加工率受管材横断面和纵断面允许应力值的限制。与此同时，在卷筒反作用力的作用下，管材横断面形状可能产生畸变，由圆形变成近似椭圆。

从管材与卷筒接触处开始，在管材横断面上产生拉拔应力与弯曲应力的叠加，即使弯曲管材的不同断面及同一断面的不同处，应力均

不同。在管材与卷筒开始接触处，断面外层边缘的拉应力达到极大值。此时实现拉拔过程的基本条件发生变化，即

$$K = \frac{R_{\mathrm{m}}}{\sigma_1 + \sigma_{\mathrm{w}}}$$ (3-9)

式中　σ_{w}——最大弯曲应力，MPa。

因此，盘管拉拔的道次加工率必须小于直线拉拔的道次加工率，弯曲应力 σ_{w} 随卷筒直径的减小而增大。

用经验公式可计算卷筒的最小直径：

$$D \geqslant 100 \frac{d}{s}$$ (3-10)

式中　d——拉拔后管材外径，mm；
　　　s——拉拔后壁厚，mm。

3.2.3 拉拔时的应力与变形

3.2.3.1 圆棒拉拔时的应力与变形

A 应力与变形状态

拉拔时，变形区中的金属所受的外力有：拉拔力 P、模壁给予的正压力 N 和摩擦力 T，如图 3-4 所示。

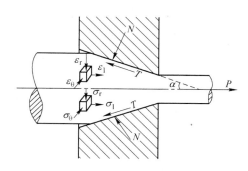

图 3-4 拉拔时的受力与变形状态

拉拔力 P 作用在被拉棒材的前端，它在变形区引起主拉应力 σ_1。

正压力与摩擦力作用在棒材表面上，它们是由于棒材在拉拔力作用下，通过模孔时，模壁阻碍金属运动形成的。正压力的方向垂直于

模壁，摩擦力的方向平行于模壁，且与金属的运动方向相反。摩擦力的数值可由库仑摩擦定律求出。

金属在拉拔力、正压力和摩擦力的作用下，变形区的金属基本上处于两向压应力（σ_r、σ_θ）和一向拉应力（σ_1）的应力状态。由于被拉金属是实心圆形棒材，应力呈轴对称应力状态，即 $\sigma_r = \sigma_\theta$。变形区中金属所处的变形状态为两向压缩（ε_r、ε_θ）和一向拉伸（ε_1）。

B 金属在变形区内的流动特点

为了研究金属在锥形模孔内的变形与流动规律，通常采用网格法。图 3-5 所示为采用网格法获得的在锥形模孔内的圆断面实心棒材子午面上的坐标网格变化情况示意图。通过对坐标网格在拉拔前后的变化情况分析，得出如下规律：

（1）纵向上的网格变化。拉拔前在轴线上的正方形格子 A，经拉拔后变成矩形，内切圆变成椭圆，其长轴和拉拔方向一致。由此可得出，金属轴线上的变形是沿轴向延伸，在径向和周向上被压缩。

拉拔前在周边层的正方形格子 B，经拉拔后变成平行四边形，在纵向上被拉长，径向上被压缩，方格的直角变成锐角和钝角。其内切圆变成斜椭圆，它的长轴线与拉拔轴线相交成 β 角，这个角度由入口端向出口端逐渐减小。由图可见，在周边上的格子除了受到轴向拉长、径向和周向压缩外，还发生了剪切变形 γ。产生剪切变形的原因是由于金属在变形区中受到正压力 N 与摩擦力 T 的作用，而在其合

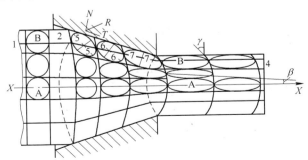

图 3-5 拉拔圆棒时断面坐标网格的变化

力 R 方向上产生剪切变形，沿轴向被拉长，椭圆形的长轴（5—5、6—6、7—7 等）不与 1—2 线重合，而是与模孔中心线（X—X）构成不同的角度，这些角度由入口端到出口端逐渐减小。

（2）横向上的网格变化。在拉拔前，网格横线是直线，自进入变形区开始变成凸向拉拔方向的弧形线，表明平的横断面变成凸向拉拔方向的球形面。由图可见，这些弧形的曲率由入口端到出口端逐渐增大，到出口端后保持不再变化。这说明在拉拔过程中周边层的金属流动速度小于中心层的，并且随模角、摩擦系数增大，这种不均匀流动更加明显。拉拔后往往在棒材后端面出现的凹坑，就是由于周边层与中心层金属流动速度差造成的结果。

由网格还可以看出，在同一横断面上椭圆长轴与拉拔轴线相交成 β 角，并由中心层向周边层逐渐增大，这说明在同一横断面上剪切变形不同，周边层的变形大于中心层。

综上所述，圆形实心材拉拔时，周边层的实际变形要大于中心层，这是因为在周边层除了延伸变形之外，还包括弯曲变形和剪切变形。

观察网格的变形可证明上述结论，见图 3-6。

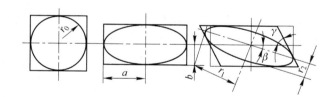

图 3-6　拉拔时方网格的变化

对正向性 A 方格来说，由于它位于轴线上，不发生剪切变形，所以延伸变形是它的最大主变形，即

$$\varepsilon_{1A} = \ln \frac{a}{r_0} \tag{3-11}$$

压缩变形为

$$\varepsilon_{LB} = \ln \frac{b}{r_0} \qquad (3\text{-}12)$$

式中 a——变形后格子中正椭圆的长半轴；

b——变形后格子中正椭圆的短半轴；

r_0——变形前格子的内切圆的半径。

对于正方形 B 格子来说，有剪切变形，其延伸变形为

$$\varepsilon_{1B} = \ln \frac{r_{1B}}{r_0} \qquad (3\text{-}13)$$

压缩变形为

$$\varepsilon_{2B} = \ln \frac{r_{2B}}{r_0} \qquad (3\text{-}14)$$

式中 r_{1B}——变形后 B 格子中斜椭圆的长半轴；

r_{2B}——变形后 B 格子中斜椭圆的短半轴。

同样，对于相应断面上的 n 格子（介于 A、B 格子中间）来说，延伸变形为

$$\varepsilon_{1n} = \ln \frac{r_{1n}}{r_0} \qquad (3\text{-}15)$$

压缩变形为

$$\varepsilon_{2n} = \ln \frac{r_{2n}}{r_0} \qquad (3\text{-}16)$$

式中 r_{1n}——变形后 n 格子中斜椭圆的长半轴；

r_{2n}——变形后 n 格子中斜椭圆的短半轴。

由实测得出，各层中椭圆的长、短轴变化情况是

$$r_{1B} > r_{1n} > a$$

$$r_{2B} < r_{2n} < b$$

对上述关系都取主变形，则有

$$\ln \frac{r_{1B}}{r_0} > \ln \frac{r_{1n}}{r_0} > \ln \frac{a}{r_0} \qquad (3\text{-}17)$$

这说明拉拔后边部格子延伸变形最大，中心线上的格子延伸变形

最小，其他各层相应格子的延伸变形介于二者之间，而且由周边向中心依次递减。

（3）变形区的形状。根据棒材拉拔时的滑移线理论可知，假定模子是刚体，通常按速度场把棒材变形区分为三个：Ⅰ区和Ⅲ区为非塑性变形区或称弹性变形区；Ⅱ区为塑性变形区，如图 3-7 所示。Ⅰ区与Ⅱ区的分界面为球面 F_1，而Ⅱ区与Ⅲ区分界面为球面 F_2。一般情况下，F_1 与 F_2 为两个同心球面，其半径分别为 r_1 和 r_2，原点为模子锥角顶点 O。因此，塑性变形区的形状为：模子锥面（锥角为 2α）和两个球面 F_1、F_2 所围成的部分。

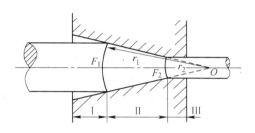

图 3-7 棒材拉拔时变形区的形状

另外，根据网格法试验也可证明，试样网格纵向线在进、出模孔发生两次弯曲，把它们各折点连起来就会形成两个同心球面；或者把网格开始变形和终了变形部分分别连接起来，也会形成两个球面。多数研究者认为，两个球面和模锥面围成的部分为塑性变形区。

根据固体变形理论，所谓的塑性变形皆在弹性变形之后，并且伴有弹性变形，而在塑性变形之后必然有弹性恢复，即弹性变形。因此，当金属进入塑性变形区之前肯定有弹性变形，在Ⅰ区内存在部分弹性变形区，若拉拔时存在后张力，那么Ⅰ区变为弹性变形区。当金属从塑性变形区出来之后，在定径区会观察到弹性后效作用，表现为断面尺寸有少许的增大和网格的横线曲率有少许减小。因此，在正常情况下定径区也是弹性变形区。在弹性变形区中，由于受拉拔条件的作用，可能出现以下几种异常情况：

1）非接触直径增大。当无反拉力或反拉力较小时，在拉模入口

处可以看到环形沟槽，这说明在该区出
现了非接触直径增大的弹性变形区（图
3-8）。

在非接触直径增大区内，金属表面层
受轴向和径向压应力。同时，仅发生轴向
压缩变形，而径向和周向为拉伸变形。

坯料非接触直径增大的结果，使本
道次实际的压缩率增加，入口端的模壁
压力和摩擦阻力增大，由此引起拉模入
口端易过早磨损和出现环形沟槽。同时，
随着摩擦力和模角增大及道次压缩率减

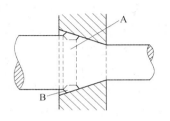

图 3-8　坯料的非接触直径增大
A—非接触直径增大区；
B—轴向应力和径向应力为
压应力，而周向应力
为拉应力区

小，金属的倒流量增多，从而拉模入口端环形沟槽的深度加深，导致
使用寿命明显降低。同时，由沟槽中剥落下来的屑片还能使棒或线材
表面出现划痕。

2）接触直径减小。在带反拉力拉拔的过程中，会使拉模的入口
端坯料直径在进入变形区以前发生直径变细，而且随着反拉力的增
大，非接触直径减小的程度增加，因此，可以减小或消除非接触直径
增大的弹性变形区。这样，该道次实际的道次压缩率将减小。

3）出口直径增大或缩小。在拉拔的过程中，坯料和拉模在力的
作用下都将产生一定的弹性变形。因此，当拉拔力去除后，棒或线材
的直径将大于拉模定径带的直径。一般随着线材断面尺寸和模角增
大，拉拔速度和变形程度提高，以及坯料弹性模数和拉模定径带长度
的减小，棒或线材直径增大的程度增加。

但是，当摩擦力和道次压缩率较大，而拉拔速度又较高时，则变
形热效应增加，从而棒或线材的出口直径会小于拉模定径带的直径，
简称缩径。

4）纵向扭曲。当棒材或线材沿长度方向存在不均匀变形时，则
在拉拔后，沿其长度方向上会引起不均匀的尺寸缩短，从而导致纵向
弯曲、扭拧或打结，会危害操作者的安全。

5）断裂。当坯料内部或表面有缺陷或加工硬化程度较高或拉拔
力过大等使安全系数过低时，会在拉模出口弹性区内引起脆断。

塑性变形区的形状与拉拔过程的条件和被拉拔金属的性质有关，如果被拉拔的金属材料或者拉拔过程的条件发生变化，那么变形区的形状也随之变化。

在塑性变形区中，中心层与表面层金属变形是不均匀的：

1）中心层。金属主要产生压缩和延伸变形，而且流动速度最快，这是因为中心层的金属受变形条件的影响比表面层小些。

2）表面层。表面层的金属除了发生压缩和延伸变形外，还产生剪切和附加弯曲变形。它们主要是由压缩应力、附加剪切应力和弯曲应力的综合作用引起的。

附加剪切变形程度随着与中心层距离的减小而减弱。另外，随着与中心层距离的增加，金属的流动速度逐渐减慢，在坯料表面达到最小值，这是由于表面层金属所受的摩擦阻力最大的原因，而且在摩擦力很大时，表面层可能变成黏着区，这样，就使原来平齐的坯料尾端变成凹形。

在拉拔过程结束后，棒或线材经过长久存放或使用过程中，随着残余应力的消失会逐渐改变自身的形状和尺寸，称为自然变形。

自然变形量的大小随不均匀变形程度的增加，即残余应力的增大而相应加大。这种自然变形是不利的，因而要求拉拔过程中要减小不均匀变形程度。

（4）变形区内的应力分布规律。根据用赛璐珞板拉伸时做的光弹性实验，变形区内的应力分布如图 3-9 所示。

1）应力沿轴向的分布规律。轴向应力 σ_1 由变形区入口端向出口端逐渐增大，即 $\sigma_{1r} < \sigma_{1ch}$，周向应力 σ_θ 及径向应力 σ_r 则从变形区入口端到出口端逐渐减小，即 $|\sigma_{\theta r}| > |\sigma_{\theta ch}|$，$|\sigma_{rr}| > |\sigma_{rch}|$。

对轴向应力 σ_1 的此种分布规

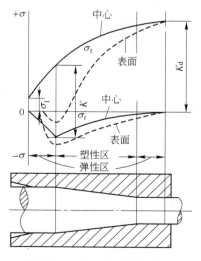

图 3-9　变形区内的应力分布

律可以作如下解释。在稳定拉拔过程中，变形区内的任一横断面在向模孔出口端移动时面积逐渐减小，而此断面与变形区入口端球面间的变形体积不断增大。为了实现塑性变形，通过此断面作用于变形体的 σ_1 亦必须逐渐增大。径向应力 σ_r 和周向应力 σ_θ 在变形区内的分布情况可由以下两方面得到证明。

①根据塑性方程式，可得

$$\sigma_1 - (-\sigma_r) = K_{zh}$$
$$\sigma_1 + \sigma_r = K_{zh} \qquad (3-18)$$

由于变形区内的任一断面的金属变形抗力可以认为是常数，而且在整个变形区内由于变形程度一般不大，金属硬化并不剧烈。这样，由式（3-18）可以看出，随着 σ_1 向出口端增大，σ_r 与 σ_θ 必然逐渐减小。

②在拉拔生产中观察模子的磨损情况发现，当道次加工率大时，模子出口处的磨损比道次加工率小时要轻。

这是因为道次加工率大，在模子出口处的拉应力 σ_1 也大，而径向应力 σ_r 则小，从而产生的摩擦力和磨损就小。

另外，还发现模子入口处一般磨损比较快，过早地出现环形槽沟，这也可以证明此处的 σ_r 值是较大的。

综上所述，可将 σ_1 与 σ_r 在变形区内的分布以及二者间的关系表示在图 3-10 中。

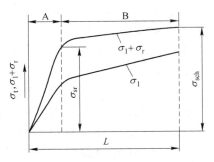

图 3-10　变形区内各断面上 σ_1 与 σ_r 间关系

L—变形区全长；A—弹性区；B—塑性区；σ_{sr}—变形前
金属屈服强度；σ_{sch}—变形区金属屈服强度

2）应力沿径向分布规律。径向应力 σ_r 与周向应力 σ_θ 由表面向中心逐渐减小，即 $|\sigma_{rw}|>|\sigma_{rn}|$ 和 $|\sigma_{\theta w}|>|\sigma_{\theta n}|$，而轴向应力分布情况则相反，中心处的轴向应力 σ_l 大，表面的小，即 $\sigma_{1n}>\sigma_{1w}$。

σ_r 及 σ_θ 由表面向中心层逐渐减小可作如下解释：在变形区，金属的每个环形的外表面上作用着径向应力 σ_{rw}，在内表面上作用着径向应力 σ_{rn}，而径向应力总是使外表面减小。距中心层愈远表面积愈大，因而所需的力就愈大，如图 3-11 所示。

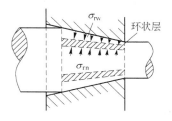

图 3-11 作用于塑性变形区环内、外表面上的径向应力

轴向应力 σ_l 在横断面上的分布规律同样亦可由前述的塑性方程式得到解释。

另外，拉拔的棒材内部有时出现周期性中心裂纹也证明 σ_l 在断面上的分布规律。

3.2.3.2 管材拉拔时的应力与变形

拉拔管材与拉拔棒材最主要的区别是前者失去轴对称变形的条件，这就决定了它的应力与变形状态同拉拔实心圆棒时的不同，其变形不均匀性、附加剪切变形和应力也有所增加。

A 空拉

空拉时，管内虽然未放置芯头，但其壁厚在变形区内实际上常常是变化的，由于受不同因素的影响，管子的壁厚最终可以变薄、变厚或保持不变。掌握空拉时的管子壁厚变化规律和计算，是正确制订拉拔工艺规程以及选择管坯尺寸所必需的。

a 空拉时的应力分布

空拉时的变形力学图如图 3-12 所示，主应力图仍为两向为压应力、一向为拉应力的应力状态，主变形图则根据壁厚增加或减小，可以是两向压缩、一向延伸或一向压缩、两向延伸的变形状态。

空拉时，主应力 σ_l、σ_r 与 σ_θ 在变形区轴向上的分布规律与圆棒拉拔时的相似，但在径向上的分布规律则有较大差别，其不同点是径向应力 σ_r 的分布规律是由外表面向中心逐渐减小，到达管子内表面时为零。这是因为管子内壁无任何支撑物以建立起反作用力之故，管

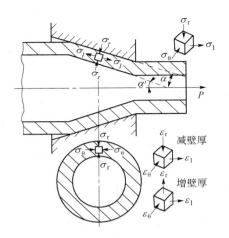

图 3-12　空拉管材时的应力与变形

子内壁上为两向应力状态。周向应力 σ_θ 的分布规律则是由管子外表面向内表面逐渐增大，即 $|\sigma_{\theta w}| < |\sigma_{\theta n}|$。因此，空拉管时，最大主应力是 σ_l，最小主应力是 σ_θ，σ_r 居中（指应力的代数值）。

b　空拉时变形区内的变形特点

空拉时变形区的变形状态是三维变形，即轴向延伸、周向压缩、径向延伸或压缩。由此可见，空拉时变形特点就在于分析径向变形规律，亦即在拉拔过程中壁厚的变化规律。

在塑性变形区内引起管壁厚变化的应力是 σ_l 与 σ_θ，它们的作用正好相反，在轴向拉应力 σ_l 的作用下，可使壁厚变薄，而在周向压应力 σ_θ 的作用下，可使壁厚增厚。那么在拉拔时，σ_l 与 σ_θ 同时作用的情况下，壁厚的变化就要根据 σ_l 与 σ_θ 哪一个应力起主导作用来决定壁厚的减薄与增厚。

根据金属塑性加工力学理论，应力状态可以分解为球应力分量和偏差应力分量，将空拉管材时的应力状态分解，有如下三种管壁变化情况，如图 3-13 所示。

由上述分解可以看出，某一点的径向变形是延伸还是压缩或为零，主要取决于

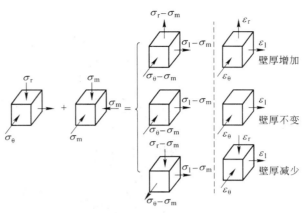

图 3-13   空拉管材时的应力状态分解

$$\sigma_r - \sigma_m \left(\sigma_m = \frac{\sigma_1 + \sigma_r + \sigma_\theta}{3} \right) \tag{3-19}$$

的代数值如何。

当 $\sigma_r - \sigma_m > 0$，亦即 $\sigma_r > \frac{1}{2}(\sigma_1 + \sigma_\theta)$ 时，则 ε_r 为正，管壁增厚。

当 $\sigma_r - \sigma_m = 0$，亦即 $\sigma_r = \frac{1}{2}(\sigma_1 + \sigma_\theta)$ 时，则 ε_r 为零，管壁厚度不变。

当 $\sigma_r - \sigma_m < 0$，亦即 $\sigma_r < \frac{1}{2}(\sigma_1 + \sigma_\theta)$ 时，则 ε_r 为负，管壁变薄。

空拉时，管壁厚度沿变形区长度方向上也有不同的变化，由于轴向应力 σ_1 由模子入口端向出口端逐渐增大，而周向应力 σ_θ 逐渐减小，则 σ_θ / σ_1 比值也是由入口端向出口端不断减小，因此管壁厚度在变形区内的变化由模子入口处壁厚开始增加，达最大值后开始减薄，到模子出口处减薄最大，如图 3-14 所示。管子最终壁厚取决于增壁与减壁幅度的大小。

c   影响空拉时壁厚变化的因素

影响空拉时的壁厚变化因素很多，其中首要的因素是管坯的相对

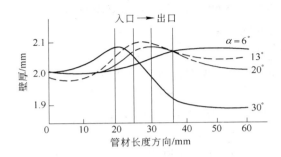

图 3-14　空拉 LD2 管材时变形区的壁厚变化情况

（试验条件：管坯外径 φ20.0mm；壁厚 2.0mm；拉后外径 φ15.0mm）

壁厚 s_0/D_0（s_0 为壁厚；D_0 为外径）及相对拉拔应力 $\sigma_1/\beta\bar{\sigma}_s$（$\sigma_1$ 为拉拔应力；$\beta = 1.155$；$\bar{\sigma}_s$ 为平均变形抗力），前者为几何参数，后者为物理参数，凡是影响拉拔应力变化的因素，包括道次变形量、材质、拉拔道次、拉拔速度、润滑条件以及模子参数等工艺条件都是通过后者起作用的。

（1）相对壁厚的影响。对外径相同的管坯，增加壁厚将使金属向中心流动的阻力增大，从而使管壁增厚量减小。对壁厚相同的管坯，增加外径值，由于减小了"曲拱"效应而使金属向中心流动的阻力减小，从而使管坯经空拉后壁厚增加的趋势加强。当"曲拱"效应很大，即 s_0/D_0 值很大时，则在变形区入口处壁厚不增加，在同样情况下，沿变形区全长壁厚减薄。s_0/D_0 值大小对壁厚的影响尚不能准确地确定，它与变形条件和金属性质有关，因此 s_0/D_0 对壁厚的影响需要通过实践确定。

过去人们一直认为：当 $s_0/D_0 = 0.17 \sim 0.2$ 时，管坯经空拉壁厚不变，此值称为临界值；若 $s_0/D_0 > 0.17 \sim 0.2$ 时，管壁减薄；当 $s_0/D_0 < 0.17 \sim 0.2$ 时，管壁增厚。近些年来，国内的研究者对影响空拉管壁闭环因素的研究做了大量的工作，研究结果表明：影响空拉壁厚变化的因素应是管坯的径厚比以及相对拉拔应力，在生产条件下考虑联合影响所得到的临界系数 $D_0/s_0 = 3.6 \sim 7.6$，比沿用的 $D_0/s_0 = 5 \sim 6$（即 $s_0/D_0 > 0.17 \sim 0.2$）的范围宽。

（2）材质与状态的影响。这一因素影响变形抗力、摩擦系数以及金属变形时的硬化速率等。

（3）道次加工率与加工道次的影响。道次加工率增大时，相对拉应力值增加，这使增壁空拉过程的增壁幅度减小，减壁空拉过程的减壁幅度增大。此外，当 $\varepsilon > 40\%$ 时，尽管 $D_0/s_0 = 7.6$，也能出现减壁现象，这是由于相对拉拔应力增大之故。因此，这一因素的影响是复杂的。

对于增壁空拉过程，多道次空拉时的增壁量大于单道次的增壁量。

对于减壁空拉过程，多道次空拉时的减壁量较单道次空拉时的减壁量小。

（4）润滑条件、模子几何参数及拉拔速度的影响。润滑条件的恶化、模角、定径带长度以及拉速增大均使相对拉拔应力增加。因此，导致增壁空拉过程的增壁量减小，而使减壁过程的减壁量加大。

在实际生产中，由挤压或斜轧穿孔法生产的管坯壁厚总是不均匀的，严重的偏心将导致最终成品管壁厚超差而报废。在对不均匀壁厚管坯拉拔时，空拉能起自动纠正管坯偏心的作用，且空拉道次越多，效果就越显著。从表 3-3 可以看出衬拉与空拉时纠正管子偏心的效果。

表 3-3　H96 管衬拉与空拉时的管壁厚度变化

道次	外径 /mm	衬　拉			空　拉		
		壁厚 /mm	偏　心		壁厚 /mm	偏　心	
			偏心值 /mm	与标准壁厚偏差/%		偏心值 /mm	与标准壁厚偏差/%
坯料	13.89	0.24 ~ 0.37	0.13	42.7	0.24 ~ 0.37	0.13	42.7
1	12.76	0.19 ~ 0.24	0.05	23.2	0.31 ~ 0.37	0.06	17.6
2	11.84	0.18 ~ 0.23	0.05	24.4	0.33 ~ 0.38	0.05	14.1
3	10.06	0.17 ~ 0.22	0.05	25.6	0.35 ~ 0.37	0.02	5.6
4	9.02	0.15 ~ 0.19	0.04	23.5	0.37 ~ 0.38	0.01	2.7
5	8	0.14 ~ 0.175	0.035	22.3	0.395 ~ 0.4	0.005	1.2

对空拉能纠正管子偏心的原因可以作如下的解释：偏心管坯空拉时，假定在同一圆周上径向压应力 σ_1 均匀分布，则在不同的壁厚处产生的周向压应力 σ_θ 将会不同，厚壁处的 σ_θ 小于薄壁处的 σ_θ。因此，薄壁处要先发生塑性变形，即周向压缩，径向延伸，使管壁增厚，轴向延伸；而厚壁处还处于弹性变形状态，那么在薄壁处，将有轴向附加压应力的作用，厚壁处受附加拉应力作用，促使厚壁处进入塑性变形状态，增大轴向延伸，显然在薄壁处减少了轴向延伸，增加了径向延伸，即增加了壁厚。因此，σ_θ 值越大，壁厚增加的也越大，薄壁处在 σ_θ 作用下逐渐增厚，使整个断面上的管壁趋于均匀一致。

应指出的是，拉拔偏心严重的管坯时，不但不能纠正偏心，而且由于在壁薄处周向压应力 σ_θ 作用过大，会使管壁失稳而向内凹陷或出现皱折。特别是当管坯 $s_0/D_0 \leqslant 0.04$ 时，更要特别注意凹陷的发生。由图 3-15 可知，出现皱折不仅与 s_0/D_0 比值有关，而且与变形程度也有密切关系，该图中 I 区就是出现皱折的危险区，称为不稳定区。

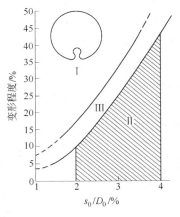

图 3-15　管坯 s_0/D_0 与临界
变形量间的关系
I —不稳定区；II —稳定区；
III —过渡区

另外，衬拉纠正偏心的效果与人们一般所想象的相反，没有空拉时的效果显著。因为在衬拉时径向压力 N 使 σ_r 值变大，妨碍了壁厚的调整，而衬拉之所以也能在一定程度上纠正偏心，主要是由于衬拉时的空拉段的作用。

B　衬拉

以下对各种衬拉方法的应力与变形做如下分析。

a　固定短芯头拉拔

固定芯头拉拔也称短芯头拉伸，其目的是减薄壁厚和减小外径，提高管材的力学性能和表面质量。拉拔时，芯头穿进管材内孔，与拉伸模内孔形成一个封闭环形，金属通过环形间隙，从而获得与此环形间隙尺寸大小相同的成品管材。在拉拔过程中，由于管子内部的芯头固定不动，接触摩擦面积比空拉和拉棒材时的都大，故道次加工率较小。此外，此法难以拉制较长的管子。这主要是由于长芯杆在自重作用下易产生弯曲，芯杆在模孔中难以固定在正确的位置上。同时，长芯杆在拉拔时弹性伸长量较大，易引起"跳车"而在管子上产生"竹节"的缺陷。

固定短芯头拉拔时，管子的应力与变形如图 3-16 所示，图中 Ⅰ 区为空拉段，Ⅱ 区为减壁段。在 Ⅰ 区内管子应力和变形特点与管子空拉时一样。而在 Ⅱ 区内，管子内径不变，壁厚与外径减小，管子的应力和变形状态同实心棒材拉拔时的应力与变形状态一样。在定径段，管子一般只发生弹性变形。固定短芯头拉拔管子具有如下特点：

（1）芯头表面与管子内表面产生摩擦，其摩擦力的方向与拉拔方向相反，因而使轴向应力 σ_1 增加，拉拔力增大。

（2）管子内部有芯头支撑，因而其内壁上的径向应力 σ_1 不等于零。由于管子内层与外层的径向应力差值小，所以变形比较均匀。

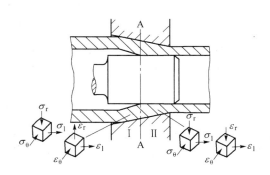

图 3-16   固定短芯头拉拔时的应力与变形

b   长芯杆拉拔

长芯杆拉拔是把管材套在长芯杆上，使其与管材一起拉过模孔。芯杆的直径等于制品的内径，芯杆的长度一定要大于成品管材的长度。长芯杆拉拔管子时的应力和变形状态与固定短芯头拉拔时的基本相同，如图 3-17 所示，变形区分为三个部分，即空拉段 I 、减壁段 II 及定径段 III 。

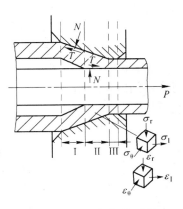

　　管子变形时沿芯杆表面向后延伸滑动，故芯杆作用于管内表面上的摩擦力方向与拉拔方向一致。在此情况下，摩擦力不但不阻碍拉拔过程，反而有助于减小拉拔应力，继而在其他条件相同的情况下，拉拔力下降。与固定短芯头拉拔相比，变形区内的拉应力减少 30% ~ 35% ，拉拔力相应地减少 15% ~ 20% ，所以长芯杆拉拔时允许采用较大的延伸系数，并且随着

图 3-17　长芯杆拉拔时的
应力与变形

管内壁与芯杆间摩擦系数增加而增大。通常道次延伸系数为 2.2 ，最大可达 2.95 。

　　c　游动芯头拉拔

　　在拉拔时，芯头不固定，依靠其自身的形状和芯头与管子接触面间力平衡使之保持在变形区中。在链式拉拔机上有时也用芯杆与游动芯头连接，但芯头不与芯杆刚性连接，使用芯杆的目的在于向管内导入芯头、润滑与便于操作。

　　（1）芯头在变形区内的稳定条件。游动芯头在变形区内的稳定位置取决于芯头上作用力的轴向平衡。当芯头处于稳定位置时，其力的平衡方程式为

$$\Sigma N_1 \sin\alpha_1 - \Sigma T_1 \cos\alpha_1 - \Sigma T_2 = 0$$

$$\Sigma N_1 (\sin\alpha_1 - f\cos\alpha_1) = \Sigma T_2 \qquad (3-20)$$

由于 $\Sigma N_1 > 0$ 和 $\Sigma T_2 > 0$

故
$$\sin\alpha_1 - f\cos\alpha_1 > 0$$

$$\tan\alpha_1 > \tan\beta$$

$$\alpha_1 > \beta \qquad (3-21)$$

式中 α_1——芯头轴线与锥面间的夹角，也称为芯头的锥角，(°)；

f——芯头与管坯间的摩擦系数；

β——芯头与管坯间的摩擦角，(°)。

上式的 $\alpha_1 > \beta$，即游动芯头锥面与轴线之间的夹角必须大于芯头与管坯间的摩擦角，它是芯头稳定在变形区内的条件之一。若不符合此条件，芯头将被深深地拉入模孔，造成断管或被拉出模孔。

为了实现游动芯头拉拔，还应满足 $\alpha_1 \leqslant \alpha$，即游动芯头的锥角 α_1 小于或等于拉伸模的模角 α，它是芯头稳定在变形区内的条件之二，若不符合此条件，在拉拔开始时，芯头上尚未建立起与 ΣT_2 方向相反的推力之前，使芯头向模子出口方向移动，挤压管子造成拉断。

另外，游动芯头轴向移动的几何范围，有一定的限度。芯头向前移动超出前极限位置，其圆锥段可能切断管子；芯头后退超出后极限位置，则将使其游动芯头拉拔过程失去稳定性。轴向上的力的变化将使芯头在变形区内往复移动，使管子内表面出现明暗交替的环纹。

（2）游动芯头拉拔时管子变形过程。游动芯头拉拔管子在变形区的变形过程与一般衬拉不同，变形区可分5部分，如图3-18所示。

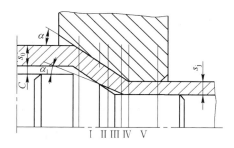

图 3-18   游动芯头拉拔时的变形区

Ⅰ 为空拉区，在此区管子内表面不与芯头接触。在管子与芯头的间隙 C 以及其他条件相同情况下，游动芯头拉拔时的空拉区长度比固定短芯头的长，故管坯增厚量也较大。空拉区的长度可以近似地用

下式确定

$$L_1 = \frac{C}{\tan\alpha - \tan\alpha_1} \tag{3-22}$$

此区的受力情况及变形特点与空拉管相同。

Ⅱ为减径区，管坯在该区进行较大的减径，同时也有减壁，减壁量大致等于空拉区的壁厚增量。因此可以近似地认为该区终了处，断面处管子壁厚与拉拔前的管子壁厚相同。

Ⅲ为第二次空拉区，管子由于拉应力方向的改变而稍微离开芯头表面。

Ⅳ为减壁区，主要实现壁厚减薄变形。

Ⅴ为定径区，管子只产生弹性变形。

在拉拔过程中，由于外界条件变化，芯头的位置以及变形区各部分的长度和位置也将改变，甚至有的区可能消失。例如，芯头在后极限位置时，Ⅴ区增长，Ⅲ、Ⅳ区消失。芯头在前极限位置时，Ⅲ区增长，Ⅴ区消失。芯头向前移动超出前极限位置，其圆锥段可能切断管材；芯头后退超出后极限位置不可能实现游动芯头拉拔。

（3）芯头轴向移动几何范围的确定。芯头在前、后极限位置之间的移动量，称为芯头轴向移动几何范围，以 I_j 表示，如图 3-19 所示。

芯头在前极限位置时，$OE = s$；芯头在后极限位置时，$BC = s_0$，如图 3-19a 虚线所示。

$$I_j = \frac{s_0}{\sin\alpha} - \left(\frac{s}{\tan\alpha} + s\tan\frac{\alpha_1}{2} \right)$$

$$= s\frac{\frac{s_0}{s} - \cos\alpha}{\sin\alpha} - s\tan\frac{\alpha_1}{2} \tag{3-23}$$

或 $$I_j = \frac{s_0\cos\frac{\alpha_1}{2} - s\cos\left(\alpha - \frac{\alpha_1}{2}\right)}{\sin\alpha\cos\frac{\alpha_1}{2}} \tag{3-24}$$

如果拉拔压缩带与工作带交接处有一过渡圆弧 r，如图 3-19b 所

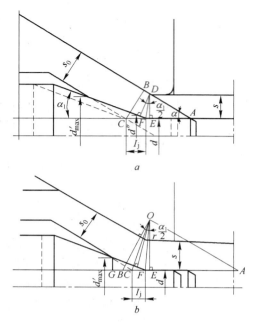

图 3-19 芯头轴向移动几何范围
a—拉模无过渡圆弧；b—拉模有过渡圆弧

示，则

$$I_j = \frac{(s_0 + r)\cos\frac{\alpha_1}{2} - (s + r)\cos\left(\alpha - \frac{\alpha_1}{2}\right)}{\sin\alpha\cos\frac{\alpha_1}{2}} \quad (3\text{-}25)$$

芯头在前极限位置时，管材与芯头圆锥段开始接触的芯头直径为

$$d'_{max} = 2\left[(s + r)\tan\frac{\alpha_1}{2} + \frac{s - s_0}{\tan(\alpha - \alpha_1)}\right]\sin\alpha_1 + d \quad (3\text{-}26)$$

管材与芯头圆锥面最终接触处的芯头直径为

$$d'' = 2(s + r)\tan\frac{\alpha_1}{2}\sin\alpha_1 + d \quad (3\text{-}27)$$

芯头轴向移动几何范围是表示游动芯头拉管过程稳定性的基本指数，也就是指芯头在前、后极限位置之间轴向移动的正常拉管范围。

该范围愈大，则愈容易实现稳定的拉管过程。

（4）芯头在变形区内实际位置的确定。在稳定的拉拔过程中，芯头将在前、后极限位置之间往返移动，当芯头在变形区内处于稳定位置时，它与前极限位置之间的距离可以根据管材与芯头锥面实际接触长度确定，如图3-20所示。

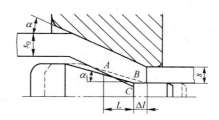

图3-20　芯头在变形区内实际位置的确定

$$\Delta l = \frac{(s_0 - s\cos\alpha)\cos\alpha_1 - l\sin(\alpha - \alpha_1)}{\sin\alpha\cos\alpha_1} \quad (3\text{-}28)$$

式中　Δl——芯头与前极限位置之间的距离，mm；

　　　l——管材与芯头圆锥面实际接触长度的水平投影长度，mm。

（5）影响芯头在变形区位置的主要因素。芯头在变形区内的实际位置，取决于芯头上作用力的平衡条件，则

$$N_2 f \pi dl = N_1 \pi \left(\frac{d' + d}{2}\right)\left(\frac{d' - d}{2\sin\alpha_1}\right)\cos\alpha\sin\alpha_1$$

$$- N_1 f \pi \left(\frac{d' + d}{2}\right)\left(\frac{d' - d}{2\sin\alpha_1}\right)\cos\alpha_1$$

$$d' = \sqrt{d\left(d + \frac{N_2}{N_1}l\frac{4f\tan\alpha_1}{\tan\alpha_1 - f}\right)} \quad (3\text{-}29)$$

式中　l——芯头前端定径圆柱段长度，mm；

　　　$\dfrac{N_2}{N_1}$——芯头在变形区内的正压力之比，近似取 $\dfrac{N_2}{N_1} \approx 23$；

　　　d'——管坯内表面开始与芯头接触处的芯头直径，mm。

根据式（3-25）分析影响芯头在变形区位置的因素：

1）拉拔时，随着摩擦系数减小及芯头锥角增大（必须符合 $\alpha_1 < \alpha$），芯头愈接近后极限位置，拉拔力减小。

2）极限情况下，$f=0$，$d'=d$，但是实际上 $f \neq 0$，因此，$d'>d$。若 $\tan\alpha_1 = f$，拉拔无法进行。

d 扩径

扩径是一种用小直径的管坯生产大直径管材的方法。扩径方法有两种：压入扩径与拉拔扩径，如图3-21所示。

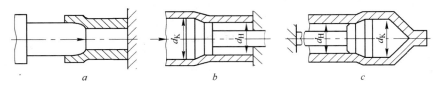

图3-21　扩径制管材的方法
a，b—压入扩径；c—拉拔扩径

（1）压入扩径法。它适合于大而短的厚壁管坯，若管坯过长，在扩径时容易产生失稳。通常管坯长度与直径之比不大于10。为了在扩径后容易地由管坯中取出芯杆，它应有不大的锥度，在3000mm长度上斜度为 1.5～2mm。

压入扩径有两种方法：一种是从固定芯头的芯杆后部施加压力，进行扩径成型，如图3-21a所示；另一种方法是采用带有芯头的芯杆固定到拉拔机小车的钳口中，把它拉过装在托架上的管子内部，进行扩径成型，如图3-21b所示。一般情况下，压入扩径是在液压拉拔机上进行。

压入扩径时，变形区金属的应力状态是纵向、径向两个压应力（σ_1、σ_r）和一个周向拉应力（σ_θ）（图3-22）。这时，径向应力在管材

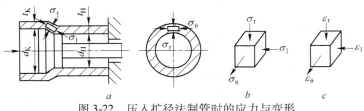

图3-22　压入扩径法制管时的应力与变形
a—变形区；b—应力图；c—变形图

内表面上具有最大值，在管材外表面上减小到零。

用压入法扩径时，管材直径增大，同时管壁减薄，管长缩短。因此，在这一过程中发生一个伸长变形（ε_θ）和两个缩短变形（ε_r、ε_1）。

（2）拉拔扩径法。它适合于小断面的薄壁长管扩径生产，可在普通链式拉伸机上进行。扩径时首先在管端支承数个楔形切口，把得到的楔形端向四周掰开形成漏斗，以便把芯头插入；然后把掰开的管端压成束，形成夹头，将此夹头夹入拉拔小车的夹钳中进行拉拔。此法不受管子的直径和长度的限制。

拉拔扩径时金属应力状态为两个拉应力（σ_θ、σ_1）和一个压应力（σ_r）（图 3-23），压应力由管材内表面上的最大值减小到外表面上的零。这一过程中管壁厚度和管材长度，与压入扩径法一样也减小，因此，应力状态虽然改变了，变形状态却不改变，其特征仍是一个伸长变形（ε_θ）和两个缩短变形（ε_r、ε_1）。但是，拉拔扩径时管壁减薄比压入扩径时大，而长度减短没有压入扩径时显著。如果拉拔扩径时管材直径增大量不超过 10%，芯头圆锥部分母线倾角为 6°～9°，管材长度减小量很小。

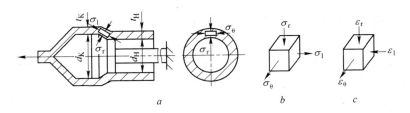

图 3-23　拉拔扩径法制管时的应力与变形
a—变形区；b—应力图；c—变形图

扩径后的管壁厚度可按下式计算

$$t_K = \sqrt{\frac{d_K^2 + 4(d_H + t_H)t_H}{2}} - d_K \tag{3-30}$$

式中　d_H，d_K——扩径前、后的管材内径，mm；

t_H，t_K——扩径前、后的管材壁厚，mm。

两种扩径方法轴向变形的大
小与管子直径的增量、变形区长
度、摩擦系数以及芯头锥部母线
对管子轴线的倾角等有关。

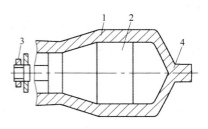

　　扩径法制管时，不管是压入
法还是拉拔法，工具都是固定在
芯杆上的圆柱-圆锥形钢芯头、硬
质合金芯头或复合芯头（图
3-24）。

图 3-24　扩径制管用芯头
1—管材；2—芯头；3—螺栓
固定件；4—管子前端

　　在大多数情况下，有色金属
及合金进行冷拉即可。如果拉拔的金属塑性不足或变形抗力大，则坯
料在拉拔前要预热，可采用电阻炉或感应加热。

3.3　拉拔工艺

3.3.1　线材拉拔工艺

3.3.1.1　线材毛料的准备

A　尺寸偏差

挤压线材毛料的尺寸偏差及长度要求如表 3-4 所示。

表 3-4　线材毛料尺寸偏差及长度

线毛料直径/mm	允许偏差/mm	单根毛料长度（不小于）/m
10.5	+ 0.2 − 0.5	15
12.0	+ 0.2 − 0.5	12

　　注：每批毛料中允许有 30% 的短尺，但其长度不小于 10m。

　　中间毛料的尺寸偏差如表 3-5 所示。

表 3-5　中间毛料尺寸偏差

直径/mm	0.8 ~ 5.0	5.1 ~ 7.5	7.5 以上
允许偏差/mm	± 0.05	± 0.08	± 0.10

B 焊接

当挤压线材毛料的长度有限时，如要将几根毛料焊接在一起进行拉伸，一般采用氩弧焊焊接铝合金线材，才能保证质量。

C 碾头

为了实现线材的拉伸变形，需将线材毛料的一端制成小于模孔直径的夹头，以便顺利穿模，进行拉伸。

制作夹头的方法有压力加工法，如碾压；有机械加工法，如车削、铣制；还有化学腐蚀法等；对于铝及铝合金圆形线材而言，常用碾压法。

碾头时，按照碾头机轧槽大小逐渐碾压。每碾一次，线坯要旋转60°~90°。制成的夹头为圆滑的锥形，不应有飞边、折叠、压扁等缺陷。碾头长度为100~150mm。

D 退火

a 线材毛料退火

在挤压过程中，由于热挤压时金属流动不均匀，在金属内部产生残余应力降低了金属的塑性，影响冷拉伸，尤其是可热处理强化合金，易于产生淬火效应。所以，硬铝合金线材毛料在拉伸前应进行退火，以消除残余应力和淬火效应，提高塑性。

b 中间毛料退火

铝合金线材冷变形到一定程度，冷作硬化增加，塑性下降，无法进行下一道次拉伸，这时需要退火，这种退火称为中间退火。线材毛料退火及中间毛料退火工艺制度见表3-6。

表3-6 线材毛料退火及中间毛料退火工艺制度

热处理种类	合 金	加热温度/℃	保温时间/min	冷却方式
线材毛料退火、中间毛料退火	L1 ~ L5、1070A、1060、1050A、1035、1200、8A06、3A21、4A01、5A02、5052	370~410	90	出炉冷却
	5A03、5A05、5B05、5A06、5356、5083、5183、5A33	390~430	120	

热处理种类	合 金	加热温度/℃	保温时间/min	冷却方式
线材毛料退火、中间毛料退火	2A04、2B11、2A12、2B12、2A16、2B16、2A10（直径≥8.0mm）	370~390	90	保温后，以每小时不大于30℃冷却，冷至270℃以下出炉
	2A01、2A10（直径＜8.0mm）	370~410	120	出炉冷却
	7A03、7A04、7A19	350~380	120	保温后，以每小时不大于50℃冷却，冷至170℃以下出炉

3.3.1.2 拉伸配模

A 配模原则

配模原则如下：

（1）在保证线材尺寸偏差、表面质量及力学性能符合技术规范的前提下，尽量减少拉伸道次。

（2）在不发生拉断和拉细的前提下，充分利用金属塑性，提高道次加工率。

（3）尽量减少模子的磨损和动力消耗。

（4）确保设备正常运行。

B 加工率的确定

在设备能力和金属塑性允许且符合配模原则的情况下，应尽量采用较大的加工率。加工率太小，可能发生线材局部性能不合格和出现淬火后的粗大晶粒。加工率过大，将出现断线次数增加，以及产生拉伸跳环、挤线和擦伤等缺陷。道次加工率与两次退火间的加工率按表3-7执行。

表3-7 每道次及两次退火间的加工率

合 金	道次加工率/%	两次退火间加工率/%
纯铝、3A21、5052、5A02、5A03、4A01	15~50	不 限
2A01、2B11、2B12、2A10、2A12、5183、5A05、5A06、5B05、5356、5A33	10~40	＜80
2A04、2A16、6061、6063、7A03、7A04、7A19、7075	10~35	＜75

除焊条线之外，凡要求产品力学性能的线材，成品最终变形量按表 3-8 控制。

表 3-8 线材最终变形量

线材种类及合金	最终冷变形量/%	线材种类及合金	最终冷变形量/%
2A10 合金铆钉线材	≥50	其他合金铆钉线材	≥40
2A04 合金铆钉线材	≥60	1050A 导线	85 ~ 95
7×××合金铆钉线材	55 ~ 75	所有焊条线	不 限

注：成品线材直径为 8.0mm 及以上者例外。

C 拉伸配模计算

铝合金线材的拉伸大多数是一次拉伸和多次积蓄式无滑动拉伸。一次拉伸配模比较简单，主要考虑安全系数和退火间道次加工率的合理分配。多次积蓄式无滑动拉伸的过程也如一次拉伸机一样，线材通过每个模子之后缠绕在卷筒上，并且不产生线圈与卷筒的相对滑动，但要保证卷筒上有一定的圈数，以防止因延伸系数和卷筒转数不同而发生各卷筒之间秒流量不适应，因此，多次拉伸的配模也比较简单。

（1）当各道次的延伸系数相当时，即 $\lambda_{n-1} = \lambda_n = \lambda_{n+1} = \lambda_c$ 条件下，所需拉伸道次按下式确定。

$$K = \frac{\lg\lambda_{\Sigma_0^K}}{\lg\lambda_c} \tag{3-31}$$

式中 $\lambda_{\Sigma_0^K}$——由 D_0 到 D_K 时的总延伸系数；

λ_c——平均延伸系数；

K——所需拉伸道次。

当 $\lambda_n - 1 = \lambda_n = \lambda_n + 1$ 时，各道次拉伸配模直径可由图 3-25 确定。图中实线为 7.2mm 毛料，经过 13 个道次拉到 1.0mm 时各道次模子直径：$d_1 = 6.19$，$d_2 = 5.31$，$d_3 = 4.57$，$d_4 = 3.92$，$d_5 = 3.37$，$d_6 = 2.90$，$d_7 = 2.49$，$d_8 = 2.13$，$d_9 = 1.83$，$d_{10} = 1.57$，$d_{11} = 1.95$，$d_{12} = 1.1$，$d_{13} = 1.00$。

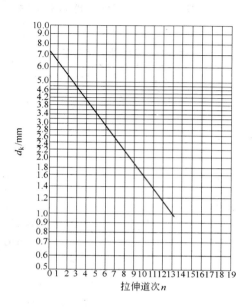

图 3-25　拉伸配模计算图

（2）道次延伸系数递减时，即 $\lambda_{n-1} > \lambda_n > \lambda_{n+1}$ 时，拉伸配模按下式计算。

$$K = \frac{\lambda_{\Sigma_0^K}}{C' - a' \lg \lambda_{\Sigma_0^K}} \qquad (3\text{-}32)$$

式中　K——所需拉伸道次；

　　　$\lambda_{\Sigma_0^K}$——总延伸系数；

　　C'，a'——相关系数，见表 3-9。

表 3-9　道次延伸系数递减时 C'、a' 值

拉线级别	拉线种类	被拉线材直径/mm	a'	C'
1	特粗	16.00 ~ 4.50	0.03	0.18
2	粗	4.49 ~ 1.00	0.03	0.16
3	中	0.99 ~ 0.40	0.02	0.12

拉线级别	拉线种类	被拉线材直径/mm	a'	C'
4	特细	0.39~0.20	0.01	0.11
5	细	0.19~0.10	0.01	0.10

各道次延伸系数递减时，各道次的配模直径可由图 3-26 查出。如图中已知，$d_0 = 1.00$，$d_k = 1.00$，经过 13 道次拉伸，查得 $d_0 = 7.20$，$d_1 = 5.87$，$d_2 = 4.84$，$d_3 = 4.03$，$d_4 = 3.99$，$d_5 = 2.88$，$d_6 = 2.46$，$d_7 = 2.12$，$d_8 = 1.85$，$d_9 = 1.61$，$d_{10} = 1.42$，$d_{11} = 1.26$，$d_{12} = 1.12$，$d_{13} = 1.00$。

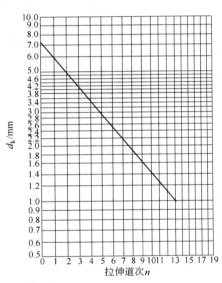

图 3-26　道次延伸系数递减时各道次的配模直径

D　拉伸配模工艺实例

表 3-10 ~ 表 3-17 是铝及铝合金线材的拉伸工艺实例，它适用于单次拉线机或两次拉线机，道次变形量较大，对线材毛料和模子的要求较高。毛料是挤压生产的，每根质量不大，除纯铝以外均不采用焊接线材毛料。如果使用焊接线材毛料，第一、第二道次加工率应适当减少。

表 3-10 1050 导线的拉伸配模

成品直径/mm	成品总加工率/%	毛料直径/mm	各道次的模子直径/mm											
			1	2	3	4	5	6	7	8	9	10	11	12
5.0	77	12.0	9.5	6.5	5.0									
4.5	82	12.0	9.5	7.0	5.0	4.5								
4.0	85.5	12.0	9.5	7.0	5.0	4.5	4.0							
3.5	88.8	10.5	8.0	6.0	4.8	4.0	3.5							
3.0	91.8	10.5	8.0	6.0	4.7	3.6	3.0							
2.5	94.3	10.5	8.0	6.0	4.7	3.7	3.0	2.5						
2.0	96.7	10.5	8.0	6.0	4.7	3.7	3.0	2.4	2.0					
1.5	98.5	10.5	8.0	6.0	4.7	3.7	3.0	2.4	2.0	1.7	1.5			
1.0	99.9	10.5	8.0	6.0	4.8	3.8	3.0	2.4	2.0	1.4	1.2	1.0		
0.8	99.4	10.5	8.0	6.0	4.7	3.7	3.0	2.4	2.0	1.4	1.2	1.0	0.9	0.8

表 3-11 各种工业纯铝线的拉伸配模

成品直径/mm	成品总加工率/%	毛料直径/mm	各道次的模子直径/mm											
			1	2	3	4	5	6	7	8	9	10	11	12
9.0	44	12.0	10.0	9.0										
8.0	56	12.0	10.0	8.0										
7.5	49	10.5	8.0	7.5										
7.0	55	10.5	8.0	7.4	7.0									
6.5	62	10.5	8.0	7.4	6.5									
6.0	68	10.5	8.0	6.5	6.0									
5.5	73	10.5	8.0	6.0	5.5									
5.0	77	10.5	8.0	6.0	5.0									
4.5	82	10.5	8.0	6.0	4.5									
4.0	85.5	10.5	8.0	6.0	4.7	4.0								
3.5	88.8	10.5	8.0	6.0	4.8	4.0	3.5							
3.0	91.8	10.5	8.0	6.0	4.7	3.6	3.0							
2.5	94.3	10.5	8.0	6.0	4.7	3.7	3.0	2.5						
2.0	96.7	10.5	8.0	6.0	4.7	3.7	3.0	2.4	2.0					
1.5	98.5	10.5	8.0	6.0	4.7	3.7	3.0	2.4	2.0	1.7	1.5			
1.0	98.9	10.5	8.0	6.0	4.8	3.8	3.0	2.4	2.0	1.4	1.2	1.0		
0.8	99.4	10.5	8.0	6.0	4.7	3.7	3.0	2.4	2.0	1.4	1.2	1.0	0.9	0.8

表 3-12 5A03 合金焊条线材拉伸配模

成品直径 /mm	毛料直径 /mm	各道次的模子直径/mm								
		1	2	3	4	5	6	7	8	9
10.0	12.0	10.0								
9.0	12.0①	10.4①	9.5	9.0						
8.0	12.0①	10.5①	8.3	8.0						
8.0	10.5	8.5	8.0							
7.5	10.5①	9.3	7.5							
7.0	10.5①	9.2①	7.0							
6.5	10.5①	8.5①	7.0	6.5						
6.0	10.5①	8.0①	6.5	6.0						
5.5	10.5①	8.0①	6.0	5.5						
5.0	10.5①	8.0①	5.7	5.0						
4.5	10.5①	8.1①	5.8	4.5						
4.0	10.5①	8.0①	5.7①	4.0						
3.5	10.5①	8.1①	5.8①	4.2	3.5					
3.0	10.5①	8.1①	5.8①	4.0①	3.0					
2.5	10.5①	8.0①	5.8①	4.0①	3.0	2.5				
2.0	10.5①	8.0①	5.7①	4.0①	2.8①	2.0				
1.5	10.5①	8.0①	5.7①	4.0①	2.8①	2.0①	1.5			
1.0	10.5①	8.0①	5.7①	4.0①	3.0①	2.4①	1.9①	1.4①	1.0①	
0.8	10.5①	8.0①	5.7①	4.0①	2.8①	2.0①	1.6①	1.2①	1.0①	0.8

①退火处理。

表 3-13　5A05、5B05、5A06 合金线材的拉伸配模

成品直径/mm	成品加工率/%	毛料直径/mm	各道次的模子直径/mm								
			1	2	3	4	5	6	7	8	9
10.0	31	12.0①	10.0								
9.0	44	12.0①	10.5	9.0							
8.0	42	10.5①	8.0								
7.5	49	10.5①	9.7	7.5							
7.0	56	10.5①	8.0	7.0							
6.5	40	10.5①	8.4①	6.5							
6.0	43	10.5①	8.0①	6.0							
5.5	44	10.5①	8.0①	6.5	5.5						
5.0	40	10.5①	8.0①	6.4	5.0						
4.5	41	10.5①	8.0①	5.8①	4.5						
4.0	51	10.5①	8.0①	5.7①	4.0						
3.5	40	10.5①	8.0①	5.7①	4.5①	3.5					
3.0	44	10.5①	8.0①	5.7①	4.0①	3.0					
2.5	46	10.5①	8.0①	5.7①	4.0①	3.4①	2.5				
2.0	49	10.5①	8.0①	5.7①	4.0①	2.8①	2.2	2.0			
1.6	47	10.5①	8.0①	5.7①	4.0①	2.8①	2.2①	1.8	1.6		
0.8	55	10.5①	8.0①	5.7①	4.0①	2.8①	2.2①	1.8①	1.6	1.2①	0.8

①退火处理。

表 3-14　4A01 合金焊条线材拉伸配模

成品直径/mm	毛料直径/mm	各道次的模子直径/mm							
		1	2	3	4	5	6	7	8
10.0	12.0	10.0							
9.0	10.5	9.0							
8.0	10.5	8.0							
7.5	10.5	8.2①	7.5						
7.0	10.5	8.0①	7.0						
6.5	10.5	8.2①	6.5						
6.0	10.5	8.0①	6.0						
5.5	10.5	8.0①	6.2	5.5					
5.0	10.5	8.0①	6.0	5.0					
4.5	10.5	8.1①	5.8①	4.5					
4.0	10.5	8.0①	5.7①	4.0					
3.5	10.5	8.0①	5.8①	4.2	3.5				
3.0	10.5	8.0①	5.7①	4.0①	3.0				
2.5	10.5	8.0①	5.7①	4.0①	3.0	2.5			
2.0	10.5	8.0①	5.7①	4.0①	3.0①	2.4	2.0		
1.5	10.5	8.0①	5.7①	4.0①	3.0①	2.4①	2.0	1.5	
0.8	10.5	8.0①	5.7①	4.0①	3.0①	2.4①	1.9	1.4①	0.8

①退火处理。

表 3-15 3A21 合金线材的拉伸配模

成品直径/mm	毛料直径/mm	各道次的模子直径/mm											
		1	2	3	4	5	6	7	8	9	10	11	12
10.0	12.0	10.0											
9.0	12.0	10.5	9.0										
8.0	10.5	8.5	8.0										
7.5	10.5	8.5	7.5										
7.0	10.5	8.0	7.0										
6.5	10.5	8.0	7.0	6.5									
6.0	10.5	8.0	6.0										
5.5	10.5	8.0	6.0	5.5									
5.0	10.5	8.0	6.0	5.0									
4.5	10.5	8.0	6.0	4.5									
4.0	10.5	8.0	6.0	4.7	4.0								
3.5	10.5	8.0	6.0	4.8	4.0	3.5							
3.0	10.5	8.0	6.0	4.7	3.5	3.0							
2.5	10.5	8.0	6.0	4.7	3.7	3.0	2.5						
2.0	10.5	8.0	6.0	4.7	3.7	3.0	2.4	2.0					
1.6	10.5	8.0	6.0	4.7	3.7	3.0	2.4	1.9	1.6				
0.8	10.5	8.0	6.0①	4.8	3.8	3.0	2.4	1.7	1.4	1.2	1.0	0.9	0.8

①退火处理。

表 3-16 2A01、2A10 合金铆钉线材拉伸配模

成品直径/mm	成品加工率/%	毛料直径/mm	各道次的模子直径/mm							
			1	2	3	4	5	6	7	8
10.0		12.0	10.0							
9.0	44	12.0①	9.5	9.0						
8.0	42	10.5①	8.6	8.0						
7.5	49	10.5①	8.0	7.5						
7.0	56	10.5①	8.0	7.4	7.0					
6.5	50	10.5①	9.2①	7.1	6.5					
6.0	51	10.5①	8.6①	6.4	6.0					
5.5	53	10.5①	8.0①	6.0	5.5					
5.0	61	10.5①	8.0①	5.7	5.0					
4.5	51	10.5①	8.2①	6.4①	4.5					
4.0	51	10.5①	8.1①	5.7①	4.0					
3.5	62	10.5①	8.1①	5.7①	4.0	3.5				
3.0	51	10.5①	8.0①	5.7①	4.3	3.0				
2.5	61	10.5①	8.0①	5.7①	4.0①	3.0	2.5			
2.0	56	10.5①	8.0①	5.7①	4.0①	3.0①	2.5	2.0		
1.6	71	10.5①	8.0①	5.7①	4.0①	3.0①	2.5	2.0	1.8	1.6

①退火处理。

表 3-17　2B11、2B12 合金铆钉线材拉伸配模

成品直径 /mm	成品 加工率/%	毛料直径 /mm	各道次的模子直径/mm						
			1	2	3	4	5	6	7
10.0		12.0	10.0						
9.0	44	12.0①	9.5	9.0					
8.0	42	10.5①	8.4	8.0					
7.5	49	10.5①	9.1	7.5					
7.0	56	10.5①	8.0	7.4	7.0				
6.5	42	10.5①	8.5①	7.0	6.5				
6.0	46	10.5①	8.2①	6.4	6.0				
5.5	55	10.5①	8.2①	6.0	5.5				
5.0	61	10.5①	8.0①	5.7	5.0				
4.5	42	10.5①	8.1①	5.9①	4.5				
4.0	51	10.5①	8.0①	5.7①	4.0				
3.5	62	10.5①	8.0①	5.7①	4.0	3.5			
3.0	44	10.5①	8.0①	5.7①	4.0①	3.0			
2.5	61	10.5①	8.0①	5.7①	4.0①	3.0	2.5		
2.0	41	10.5①	8.0①	5.7①	4.0①	3.0	2.6①	2.0	
1.6	59	10.5①	8.0①	5.7①	4.0①	3.0	2.5①	1.8	1.6

①退火处理。

E　拉伸中注意事项

（1）拉伸前要根据加工工艺要求，选择尺寸合适的模子，并仔细检查模子工作表面情况，拉伸一捆后，应停车检查表面质量和尺寸，符合相应技术标准要求后方可生产。

（2）要经常检查各类设备因素对线材表面质量的影响。

（3）线材毛料进入拉伸前，要充分润滑。

（4）要保证模盒纵向中心线与卷筒圆周相切。

（5）要经常检查线材表面质量及尺寸偏差。

（6）如发现毛料表面缺陷影响线材表面质量时，要认真及时清理。

（7）退火后的毛料应及时分开，防止拉伸时料与料相互粘连而划伤表面。

3.3.2 管材拉伸工艺

3.3.2.1 管坯的准备

铝及铝合金拉伸用的管坯，一般由热挤压或冷轧方法获得。管坯质量应符合有关规定。拉伸之前应进行以下准备工作。

A 切断

根据工艺要求将管坯切断成规定长度。用于带芯头拉伸的管坯，须保证有一端无椭圆，以便顺利装入芯头。对于工艺中需重新打头的管坯应切掉夹头。

B 退火

带芯头拉伸的管坯，除纯铝之外，所有铝合金都必须进行坯料退火。

对于空拉减径或整径的管坯，凡能承受空拉塑性变形的软铝合金和变形量不大的硬铝合金，可不进行退火处理。只有当 $\lambda > 1.5$ 时，硬铝合金坯料需进行退火，其中 2A11、2A12 和 5A03 合金采用低温退火；5A05 和 5A06 等高镁合金管坯在减径前进行退火。当 $\lambda \leqslant 1.5$ 时，还应根据拉伸后的表面质量，选择是否对管坯退火。铝合金管材退火制度见表 3-18。

表 3-18 铝合金管材退火制度

拉伸方式	合　金	金属温度 /℃	保温时间 /h	冷却方式
带芯头拉伸	2A11、2A12、2A14、2017、2024	430~460	3.0	冷却速度不大于 30℃/h，冷却到 270℃以下出炉
	5A02、5052、3A21	470~500	1.5	空　冷
	5A03、5A05、5A06、5056、5083	450~470	1.5	
	1070A、1060、1050A、1035、1200、8A06、6A02、6061、6063、6082	410~440	2.5	

拉伸方式	合　金	金属温度/℃	保温时间/h	冷却方式
减径	2A11、2A12、2A14、2017、2024	430～450	1.5	冷却速度不大于30℃/h,冷却到270℃以下出炉
	5A02、5A03、5A05、5A06、5052、5056、5083			空　冷
型管成型	2A11、2A12、2A14、2017、2024、5052、5A05、5056、5083	430～450	2.5	硬铝合金冷却速度不大于30℃/h,冷却到270℃以下出炉;其他合金空冷

C　制作夹头

为了使管坯能够顺利穿入模孔实现拉伸,管坯可通过锻打或碾制的方法制作夹头。软铝合金的管坯及经过热处理后的硬铝合金管坯可以在冷状态下进行打头。未经热处理的硬铝合金管坯,在打头之前必须在打头加热炉内加热后趁热打头。

打头加热制度如表3-19所示,管坯打头长度列于表3-20。

表3-19　管材打头加热制度

合　金	加热温度/℃	加热时间/min		
		3mm 以下	3～5mm	5mm 以上
2A11、2A12、5A03、5A05、5A06、5083	220～400 250～420	20	30	40

表3-20　管坯打头长度

管坯种类	管坯外径/mm	打头长度/mm	管坯种类	管坯外径/mm	打头长度/mm
空拉管坯	D<60	150～200	衬拉管坯	D<100	200～250
	60≤D<140	200～250		100≤D<160	250～350
	D≥140	250～350		D≥160	350～400

淬火后需打头的管材,必须在淬火出炉后2h之内于冷状态下完成。

对于小直径管材(φ18mm以下)最好在旋锻碾头机上碾头。直径较大的管材在空气锤上打头或在液压锻头机上打头。液压锻头机工作时无噪声、无冲击，是较先进的环保型打头设备。

打过头的管材，如果在以后的加工中还需进行中间退火或其他热处理时，在打头的同时要在夹头的根部钻一个孔，以便在热处理时，保证热空气的流通。

旋压碾头机和液压锻头机上制成的夹头形如瓶口状，有利于拉伸变形的稳定性。要求夹头各部位光滑过渡，特别是肩头处的金属不应高出直径，以防止产生擦划伤。空气锤上锻打的夹头断面如图 3-27所示。

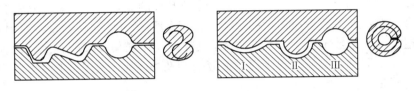

图 3-27　锤砧及夹头断面

D　刮皮

带芯头拉伸的管材在第一次和最后一次拉伸之前，应对管坯外表面上存在的划道、毛刺、起皮、磕碰伤等局部缺陷进行刮皮修伤，以便消除表面缺陷，保证拉制管材的外观质量。刮皮一般在打头之后进行。空拉的管材正常情况下无需刮皮，但对表面较严重的划伤、磕碰伤等缺陷应及时刮皮修理，避免因变形量较小而无法消除。

E　内外表面润滑

带芯头拉伸的管坯，在拉伸前必须充分润滑内表面。铝合金拉伸润滑剂多采用38号或72号汽缸油，通过油泵将润滑油经给油嘴喷涂到管材内表面上。为了改善油的流动性，允许加入少量机油或把油加热到100℃左右，但拉伸时一定要等到润滑油冷却至室温后进行。

所有的拉伸方法都必须润滑管材外表面和拉伸模。润滑油应纯净，无水分、机械杂质或金属屑。润滑油在循环使用中应进行过滤并定期更换。

3.3.2.2　拉伸配模

A　无芯头拉伸（空拉）配模

空拉圆管的配模，应注意以下 3 个原则：

（1）拉伸的稳定性。对于壁厚较薄的管材，即 $t/D \leqslant 0.04$ 时，必须使道次减径量不大于临界变形量 $\varepsilon_{d临}$，否则会出现拉伸失稳现象，管材表面出现纵向凹下。

（2）合理的延伸系数。空拉时的延伸系数应根据管材的工艺及状态来确定。对于纯铝、5052、6063、6061、3A21、5A02 等软铝合金，可以在轧制后不经过退火而进行空拉减径，总延伸系数不应大于1.5，超过 1.5 时需要退火。冷轧后经退火的 2A11、2A12 等硬铝合金，总延伸系数可达 2.5 ~ 3.0。对于 5A05、5A06 等高镁合金管材，退火延伸系数不大于 1.5。对于通过冷作硬化提高强度的合金，应加大冷变形量，如纯铝的冷变形量应控制在 50% 以上，3A21 合金的冷变形量应控制在 25% 以上。

为了提高最终成品管材的尺寸精度，减小弯曲度，最后一道次空拉选用整径模空拉方式。其延伸系数较小，一般整径量为 0.5 ~ 1mm，小直径管材选下限，大直径管材选上限。当直径大于 $\phi120mm$ 时，由于整径量太小，容易产生空拉或脱钩，所以整径量可适当增大，根据管材直径大小，一般为 2 ~ 4mm。

（3）合理的壁厚变化。空拉时管材壁厚的变化趋势在 3.2.3.2 节中已经定性分析过，它既与合金特点有关，也与空拉时的工艺有关。因此，尽管成品壁厚相同的管材，所要求的管坯轧制壁厚也不相同。这里推荐三种常用的配模方法，供设计工艺和生产参考。

1）公式计算法。不同的变形程度和壁厚变化的配模计算公式（适用于小直径管材）如下。

当模角 $\alpha = 12°$，道次变形量 $\varepsilon_d = 10\%$ 时，管毛料壁厚计算公式为：

$$t_0 = \frac{t_1}{1 + 0.191 \dfrac{D_0 - D_1}{D_0 + D_1} \left[4.5 - 11.5 \left(\dfrac{t_1}{D_0} - \dfrac{t_1}{D_1} \right) \right]} \tag{3-33}$$

当模角 $\alpha = 12°$，道次变形量 $\varepsilon_d = 20\%$ 时，管毛料壁厚计算公式为：

$$t_0 = \frac{t_1}{1 + 0.09 \frac{D_0 - D_1}{D_0 + D_1}\left[8.0 - 22.8\left(\frac{t_1}{D_0} - \frac{t_1}{D_1}\right)\right]} \quad (3\text{-}34)$$

当模角 $\alpha = 12°$，道次变形量 $\varepsilon_d = 30\%$ 时，管毛料壁厚计算公式为：

$$t_0 = \frac{t_1}{1 + 0.056 \frac{D_0 - D_1}{D_0 + D_1}\left[12.2 - 37\left(\frac{t_1}{D_0} - \frac{t_1}{D_1}\right)\right]} \quad (3\text{-}35)$$

式中　t_0——管坯壁厚，mm；

$\quad\quad t_1$——成品管壁厚，mm；

$\quad\quad D_0$——管坯直径，mm；

$\quad\quad D_1$——成品管直径，mm。

2）图算法。图 3-28 所示的是空拉时壁厚与管径变形量的关系。由图可以很快找到不同变形量时壁厚增减的情况。

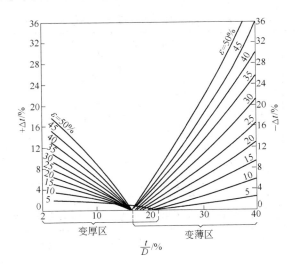

图 3-28　空拉时管壁厚变化与管径变形量的关系图

(模角 $\alpha = 12°$)

以上两种方法最大的缺点是没有把合金与状态这些因素考虑

进去，所以得出的结果不精确，只能作参考。一般情况下，各生产工厂根据本单位多年生产经验，摸索出一套行之有效的配模工艺。

3）经验配模法。表 3-21 列出了不同合金、状态空拉减径 1mm，$t/D < 0.20$ 时，管材壁厚的增加值。表 3-22 所示的是空拉时管材毛坯的壁厚与成品壁厚的关系值。表 3-23 所示的是成品直径为 φ12mm 以下的管材空拉减径工艺。表 3-24 所示的是壁厚 0.5 ~ 0.75mm 小直径管材空拉减径工艺。

表 3-21   空拉减径 1mm 时管材壁厚增加值   （mm）

合　金	毛坯不退火	毛坯退火	合　金	毛坯不退火	毛坯退火
6063、6A02	0.0222	0.0222	纯铝	0.0132	0.0131
5052、5A02	0.0163	0.0195	2024、2A12、2A11	0.0203	0.0205
3004、3A21	0.02 ~ 0.03	—			

表 3-22   空拉时管材毛坯的壁厚与成品壁厚的关系值

成品管外径 /mm × mm	不同合金的毛坯尺寸/mm × mm				
	1070A	3A21	6A02	5A03	2A12
6 × 0.5	16 × 0.40	16 × 0.35	16 × 0.35		16 × 0.35
6 × 1.0	18 × 0.95	18 × 0.88	18 × 0.88	18 × 0.86	18 × 0.82
10 × 0.5	16 × 0.44	16 × 0.40	16 × 0.40		16 × 0.40
10 × 1.5	18 × 1.47	18 × 1.42	18 × 1.42	18 × 1.39	18 × 1.40
12 × 2.5	18 × 2.6	18 × 2.48	18 × 2.48	18 × 2.48	18 × 2.48

表 3-23   壁厚 1.0 ~ 2.5mm 小直径管材空拉减径工艺

成品管外径 /mm	合　金	成品管壁厚 /mm	各道次配模直径/mm			
			1	2	3	4
6	2A11、2A12、5A02、5A03	1.0 ~ 1.5	17/12.5	9.5	7.2	6.0
	纯铝、3A21、6063		15.5/11.5	8.0	6.0	

成品管外径/mm	合金	成品管壁厚/mm	各道次配模直径/mm			
			1	2	3	4
8	2A11、2A12、5A02、5A03、3A21	2.0	17/14	11.5	9.5	8.0
	纯铝	2.0	17/12.5	9.5	8.0	
	2A11、2A12、5A02、5A03	1.0~1.5				
	3A21	1.5				
	纯铝	1.0~1.5	15.5/11.5	8.0		
	3A21	1.0				
10	2A11、2A12、5A02、5A03、3003	2.0	17/14	11.5	10.0	
	2A11、2A12、5A02、5A03、3003	1.0~1.5	17/12.5	10.0		
	纯铝	1.0~1.5	15.5/10.0			
	纯铝	1.0				
12	2A11、2A12、5A02、5A03	1.0~2.5	17/14.0	12.0		
	纯铝、3A21	2.0~2.5				
	纯铝、3A21	1.0~1.5	15.5/12.0			

注：管坯外径为 φ18mm。表中带"/"者为倍模拉伸。

表 3-24　壁厚 0.5~0.75mm 小直径管材空拉减径工艺

成品管直径/mm	各道次配模直径/mm				
	1	2	3	4	5
6	15.5/15.0	12.5/11.5	10.5/9.5	7.5	6.0
8	15.5/15.0	12.5/11.5	10.5/9.5	8.0	
10	15.5/15.0	12.5/11.5	10.0		
12	15.5/15.0	13.0/12.0			
14	15.5/14.0				
15	15.5/15.0				

注：管坯直径 φ16mm。表中带"/"者为倍模拉伸。

B 短芯头拉伸配模

铝合金管材短芯头拉伸配模计算，主要是确定壁厚减薄量和外径收缩量，并最后确定总变形量及管坯规格，其基本原则如下：

（1）适当安排壁厚减薄量。短芯头拉伸铝合金管材时，由于合金的塑性不同，其变形量的大小也不尽相同。塑性较好的纯铝、3A21、6063、6A02 等合金，在满足实现拉伸过程的条件下，应给予较大的变形量以提高生产效率。对于变形较困难的高镁合金，则应适当控制变形量，除满足实现拉伸过程，还要保证制品的表面质量。当拉伸变形量增大时，因金属变形热和摩擦热会迅速提高金属与工具的温度，导致润滑效果恶化，造成芯头粘金属，划伤管材表面。

根据实践经验，按拉伸由难到易程度的顺序为：5A06、5A05、5083、7001、2A12、5A03、2A11、5A02、3A21、6A02、6061、6063、纯铝。

表 3-25 是各种合金短芯头拉伸时，两次退火间各道次壁厚减缩比（t_0/t_1）。按每道次壁厚的绝对减少量分配拉伸道次时，可以参照表 3-26 中的经验值。

表 3-25 短芯头拉伸时，两次退火间各道次的 t_0/t_1 值

合 金	两次退火间各道次的 t_0/t_1 最大值			
	1	2	3	4
纯铝、3A21、6063、6A02	1.3	1.3	1.2	空 拉
	1.4	1.4	空 拉	
2A11、2A12、5A02、5052	1.3	1.1	空 拉	
5A03	1.3	空 拉		
5A05、5A06	1.15	空 拉		

注：1. 高镁合金最好用锥形芯头。每道次减壁量不大于 0.22mm；

2. 空拉整径量为 0.5~1.0mm；

3. 2A11、2A12、5A02 等合金管材，在两次退火间只安排一次短芯头拉伸，如果需进行第二次短芯头拉伸时，壁厚减缩比一般不大于 1.1。

表 3-26　铝合金管材短芯头拉伸道次壁厚减薄量经验值

合金	成品壁厚/mm	毛坯壁厚/mm	道次减壁量/mm			
			1	2	3	4
1035、1050、1060、8A06、3A21、6A02、6063	1.0	2.0	0.4	0.3	0.3	①
	1.5	2.5	0.6	0.4	①	
	2.0	3.5	1.0	0.5	①	
	2.5	4.0	0.8	0.7	①	
	3.0	4.0	1.0	①		
	3.5	5.0	1.0	0.5	①	
	4.0	5.5	1.5	①		
	4.5	6.0	1.5	①		
	5.0	6.0	1.5	①		
5A02、2A11	1.0	2.0	0.4②	0.3②	0.3	①
	1.5	2.5	0.5②	0.5②	①	
	2.0	3.0	0.6②	0.4	①	
	2.5	3.5	0.6②	0.4	①	
	3.0	4.0	1.0②	①		
	3.5	4.5	1.0②	①		
	4.0	5.0	1.0②	①		
	4.5	5.0	1.0②	①		
	5.0	6.0	1.0②	①		
5A03、2A12	1.0	2.0	0.4②	0.3②	0.3	①
	1.5	2.0	0.3②	0.2	①	
	2.0	3.0	0.6②	0.4②	①	
	2.5	3.5	0.6②	0.4②	①	
	3.0	4.0	0.7②	0.3	①	
	3.5	4.5	0.7②	0.3	①	
	4.0	5.0	0.7②	0.3	①	
	4.5	5.5	0.7②	0.3	①	
	5.0	6.0	0.7②	0.3	①	

续表3-26

合金	成品壁厚/mm	毛坯壁厚/mm	道次减壁量/mm			
			1	2	3	4
5A05、5A06	3.0	3.0	0.2②	0.15②	0.15	①
	3.5	4.0	0.2②	0.15②	0.15	①
	4.0	4.5	0.2②	0.15②	0.15	①
	4.5	5.0	0.2②	0.15②	0.15	①
	5.0	5.0	0.2②	0.15②	0.15	①

注：1. 3A21、6A02合金毛坯，在第一道次拉伸之前必须进行退火；
2. 小直径管材壁厚减壁量要尽量小，大直径管材壁厚减壁量可适当大些。
①该道次是整径拉伸，整径量为0.5~1.0mm；大直径管材的整径量可达到2~4mm；
②在该道次拉伸之前，必须进行毛坯退火。

（2）毛料壁厚的确定。短芯头拉伸管毛料壁厚的确定，首先要求工艺流程是最合理的，其次是保证成品管材符合技术标准的要求。

由于拉伸管毛料多为热挤压制品，表面质量较差，因此在拉伸前须刮皮修理。为了在拉伸过程中能消除刮刀痕迹和较浅的缺陷，从毛料到成品的壁厚减薄量不得小于0.5~1mm。因各种合金的冷变形程度不同，其减壁量一般为：高镁合金减壁0.5mm，硬铝合金减壁1.0mm，软铝合金减壁1.5mm。

对于软状态、半软状态以及淬火制品，其最终性能由热处理方法来控制，而冷作硬化管材必须用控制拉伸变形量来保证其性能指标。现行国家标准中，冷作硬化的拉伸管有1060、1050、1A30、8A06、5A02、3A21等几种合金。组织生产时，各种合金的最终冷作量（最末一次退火后的总变形量）应符合表3-27的规定。

表3-27 冷作硬化状态管材冷变形量

合金牌号	冷作变形量	
	t_0/t_1	$\delta/\%$
1060、1050	≥1.35	≥25
1A30、8A06	≥2.0	≥55
5A02	≥1.25	≥25
3A21	≥1.35	≥25

（3）减径量的控制。为了在管毛料内能顺利地装入芯头，在管毛料内径与芯头之间应留有一定间隙。由于拉伸后的管材内径即为芯头的直径，所以保留的间隙应是拉伸时内径的减径量。带芯头拉伸

时，每道次的内径减径量为3～4mm。当管材的内径大于100mm或弯曲度较大时，第一道拉伸的减径量可选取4mm。对于内径小于25mm，且壁厚大于3mm的管材，为了避免减径量过大而增加内表面的粗糙度，减径量可适当减小。短芯头拉伸时减径量可参照表3-28。

表 3-28　短芯头拉伸时的减径量

管材内径/mm	>150	100～150	30～100	<30
退火后第一道次拉伸，内径减径量/mm	5	4	3	2
后续各道次拉伸，内径减径量/mm	4	3	2～3	1～2

根据拉伸道次和道次减径量，可以求得成品管材所用管毛料的内径，公式如下：

$$d_0 = d_1 + n \cdot \Delta + \Delta_{整} \tag{3-36}$$

式中　d_0——管毛料内径，mm；

d_1——成品管内径，mm；

n——短芯头拉伸道次；

Δ——道次减径量，mm；

$\Delta_{整}$——成品整径量，mm。

（4）拉伸力计算即校对各道次安全系数。对于新的管材规格或新的合金材料，制定短芯头拉伸工艺时，必须进行拉伸力计算即校对各道次安全系数，以便确定在哪一台拉伸机上拉伸。

（5）管毛料长度的确定。管材的长度对拉伸管的质量有直接关系，一般最终拉伸长度不超过6m。当拉伸长度超过6m时，因芯头温度升高而使管材内表面质量下降，尤其是Al-Mg系合金管材内表面质量更难保证；同时，在装料时容易形成封闭内腔，空气排不出来而使装料困难；另外要求拉伸设备长度要长，使设备费用上升。当毛坯长度较短时，拉伸头尾料较多，几何废料上升，生产效率较低。计算管毛料长度L_0公式为：

$$L_0 = \frac{L_1 + L_{余}}{\lambda} + L_{夹} \tag{3-37}$$

式中　L_1——成品管长度，mm；

$L_{余}$——因管毛料和成品管壁厚偏差影响而需留出的余量，对于不定尺管材可取零，对于定尺管材取500～700mm；

λ——延伸系数；

$L_夹$——拉伸夹头长度，mm。管材直径小于 50mm 时，$L_夹$ 为 200mm；管材直径为 50~100mm 时，$L_夹$ 取 250mm；管材直径为 100~160mm 时，$L_夹$ 取 350mm；管材直径大于 160mm 时，$L_夹$ 取 400mm。

C 短芯头拉伸配模举例

计算 2A12 合金，ϕ80mm×3.0mm，定尺长度 4000mm 的管材配模工艺。

（1）确定管毛料壁厚和减壁程序。根据表 3-26 确定毛料壁厚为 4mm，分三道次拉伸，其中两次是短芯头拉伸，一次是空拉整径。拉伸程序如下：

退火毛料第一次拉伸后壁厚为 3.3mm；

第二次拉伸壁厚为 3.0mm；

第三次空拉整径壁厚仍为 3.0mm。

（2）确定毛料尺寸。按照公式（3-36）计算毛料内径，取 Δ = 3mm，$\Delta_整$ = 1mm，可得：

$$d_0 = d_1 + n \cdot \Delta + \Delta_整 = 74 + 2 \times 3 + 1 = 81mm$$

故求得管毛料规格为 ϕ89mm×4mm(外径×壁厚)。

（3）总拉伸系数计算：

$$\lambda = \frac{(D_0 - t_0)t_0}{(D_1 - t_1)t_1} = \frac{(89 - 4) \times 4}{(80 - 3) \times 3} = 1.47$$

（4）计算毛料长度。按公式（3-37）计算管毛料长度：

$$L_0 = \frac{L_1 + L_余}{\lambda} + L_夹 = \frac{4000 + 700}{1.47} + 250 = 3450mm$$

（5）制定拉伸工艺。表 3-29 为拉伸工艺。

表 3-29 2A12 合金，ϕ80mm×3.0mm 管材拉伸工艺

工序名称	各道次管材规格/mm×mm×mm	工序名称	各道次管材规格/mm×mm×mm
毛料退火	89×81×4.0	拉 伸	81×75×3.0
打头打眼	89×81×4.0	淬 火	81×75×3.0
刮 皮	89×81×4.0	整 径	80×74×3.0
拉 伸	83.6×77×3.3		

D 各种铝合金管材短芯头拉伸典型配模工艺

表 3-30~表 3-34 是各种铝合金管材短芯头拉伸的典型配模工艺。

表3-30　合金管材拉伸配模工艺

（mm×mm×mm）

成品尺寸	毛料尺寸	第一道次拉伸	第二道次拉伸	第三道次拉伸	第四道次拉伸	总延伸系数 λ_{Σ}
30×24×3.0	37×29×4.0	31×25×3.0	30×24×3.0[①]			1.58
30×23×3.5	37×28×4.6	31×24×3.5	30×23×3.5[①]			1.52
30×22×4.0	36×26×5.0	31×23×4.0	30×22×4.0[①]			1.44
30×20×5.0	36×24×6.0	31×21×5.0	30×20×5.0[①]			1.39
35×29×3.0	42×34×4.0	36×30×3.0	35×29×3.0[①]			1.54
35×28×3.5	42×33×4.5	36×29×3.5	35×28×3.5[①]			1.53
35×27×4.0	41×31×5.0	36×28×4.0	35×27×4.0[①]			1.45
35×25×5.0	41×29×6.0	36×26×5.0	35×25×5.0[①]	40×35×2.5[①]		1.36
40×35×2.5	50×42×4.0	45.4×39×3.2	41×36×2.5			1.92
40×34×3.0	46×38×4.0	41×35×3.0	40×34×3.0[①]			1.65
40×33×3.5	46×37×4.5	41×34×3.5	40×33×3.5[①]			1.46
40×32×4.0	46×36×5.0	41×33×4.0	40×32×4.0[①]			1.38
40×30×5.0	46×34×6.0	41×31×5.0	40×30×5.0[①]	45×40×2.5[①]		1.37
45×40×2.5	55×47×4.0	50.4×44×3.2	46×41×2.5			1.92
45×39×3.0	51×43×4.0	46×40×3.0	45×39×3.0[①]			1.49
45×38×3.5	51×42×4.5	46×39×3.5	45×38×3.5[①]			1.45
45×37×4.0	51×41×5.0	46×38×4.0	45×37×4.0[①]			1.40
45×35×5.0	51×39×6.0	46×36×5.0	45×35×5.0[①]			1.35

续表3-30

成品尺寸	毛料尺寸	第一道次拉伸	第二道次拉伸	第三道次拉伸	第四道次拉伸	总延伸系数 λ_Σ
50×45×2.5	61×52×4.5	55.6×49×3.3	51×46×2.5	50×45×2.5①		2.10
50×44×3.0	62×51×5.5	56×48×4.0	51×45×3.0	50×44×3.0①		2.16
50×43×3.5	58×48×5.0	51×44×3.5	50×43×3.5①			1.59
50×42×4.0	58×47×5.5	51×43×4.0	50×42×4.0①			1.54
50×40×5.0	59×44×7.0	51×41×5.0	50×40×5.0①			1.58
55×50×2.5	66×57×4.5	60.6×54×3.3	56×51×2.5	55×50×2.5①		2.07
55×49×3.0	67×56×5.5	61×53×4.0	56×50×3.0	55×49×3.0①		2.13
55×48×3.5	63×53×5.0	56×49×3.5	55×48×3.5①			1.57
55×47×4.0	63×52×5.5	56×48×4.0	55×47×4.0①			1.52
55×45×5.0	64×50×7.0	56×46×5.0	55×45×5.0①			1.57
60×58×1.0	70×66×2.0	66.2×63×1.6	63.6×61×1.3	61×59×1.0	60×58×1.0①	2.30
60×57×1.5	69×64×2.5	64.8×61×1.9	61×58×1.5	60×57×1.5①		1.87
60×56×2.0	71×63×4.0	65.6×60×2.8	61×57×2.0	60×56×2.0①		2.27
60×55×2.5	71×62×4.5	65.6×59×3.3	61×56×2.5	60×55×2.5①		2.04
60×54×3.0	72×61×5.5	66×58×4.0	61×55×3.0	60×54×3.0①		2.10
60×53×3.5	68×58×5.0	61×54×3.5	60×53×3.5①			1.56
60×52×4.0	68×57×5.5	61×53×4.0	60×52×4.0①			1.51
60×50×5.0	69×55×7.0	61×51×5.0	60×50×5.0①			1.55

续表3-30

成品尺寸	毛料尺寸	第一道次拉伸	第二道次拉伸	第三道次拉伸	第四道次拉伸	总延伸系数 λ_Σ
70×67×1.5	79×74×2.5	74.8×71×1.9	71×68×1.5	70×67×1.5①		1.84
70×66×2.0	81×73×4.0	75.6×70×2.8	71×67×2.0	70×66×2.0①		2.23
70×65×2.5	81×72×4.5	75.6×69×3.3	71×66×2.5	70×65×2.5①		2.01
70×64×3.0	77×69×4.0	71×65×3.0	70×64×3.0①			1.43
70×63×3.5	78×68×5.0	71×64×3.5	70×63×3.5①			1.54
70×62×4.0	78×67×5.5	71×63×4.0	70×62×4.0①			1.49
70×60×5.0	78×65×6.0	71×61×5.0	70×60×5.0①			1.41
75×72×1.5	90×82×4.0	84.6×79×2.8	80×76×2.0②	76×73×1.5	75×72×1.5①	3.08
75×71×2.0	86×78×4.0	80.6×75×2.8	76×72×2.0	75×71×2.0①		2.21
75×70×2.5	85×77×4.0	80.4×74×3.2	76×71×2.5	75×70×2.5①		1.76
75×69×3.0	82×76×4.0	76×70×3.0	75×69×3.0①			1.42
80×76×2.0	91×83×4.0	85.6×80×2.8	81×77×2.0	80×70×2.0①		2.20
80×75×2.5	90×82×4.0	84.4×79×3.2	81×76×2.5	80×75×2.5①		1.75
80×74×3.0	87×79×4.0	81×75×3.0	80×74×3.0①			1.42
80×73×3.5	88×78×5.0	81×74×3.5	80×73×3.5①			1.53
80×72×4.0	88×77×5.5	81×73×4.0	80×72×4.0①			1.45
80×70×5.0	89×75×7.0	81×71×5.0	80×70×5.0①			1.51
85×81×2.0	96×88×4.0	90.6×85×2.8	86×82×2.0	85×81×2.0①		2.19

续表 3-30

成品尺寸	毛料尺寸	第一道次拉伸	第二道次拉伸	第三道次拉伸	第四道次拉伸	总延伸系数 λ$_\Sigma$
85×80×2.5	95×87×4.0	90.4×84×3.2	86×81×2.5	85×80×2.5①		1.74
85×79×3.0	92×84×4.0	86×80×3.0	85×79×3.0①			1.41
90×86×2.0	101×93×4.0	95.6×90×2.8	91×87×2.0	90×86×2.0①		2.18
90×85×2.5	100×92×4.0	95.6×89×3.2	91×86×2.5	90×85×2.5①		1.73
90×84×3.0	97×89×4.0	91×85×3.0	90×84×3.0①			1.41
90×83×3.5	98×88×5.0	91×84×3.5	90×83×3.5①			1.54
90×82×4.0	98×87×5.5	91×87×4.0	90×82×4.0①			1.48
90×80×5.0	98×85×6.5	91×81×5.0	90×80×5.0①			1.40
95×91×2.0	106×98×4.0	100.6×95×2.8	96×92×2.0	95×91×2.0①		2.17
95×90×2.5	105×97×4.0	100.4×94×3.2	96×91×2.5	95×90×2.5①		1.73
95×89×3.0	102×94×4.0	96×90×3.0	95×89×3.0①			2.00
95×88×3.5	107×95×6.0	101×92×4.5	96×89×3.5	95×88×3.5①		1.87
95×87×4.0	107×94×6.5	101×91×5.0	96×88×4.0	95×87×4.0①		1.77
95×85×5.0	104×90×7.0	96×86×5.0	95×85×5.0①			1.49
100×95×2.5	110×102×4.0	105.4×99×3.2	101×96×2.5	100×95×2.5①		1.72
100×94×3.0	112×101×5.5	106×98×4.0	101×95×3.0	100×94×3.0①		1.99
100×93×3.5	112×100×6.0	106×97×4.5	101×94×3.5	100×93×3.5①		1.86
100×92×4.0	108×97×5.5	101×93×4.0	100×92×4.0①			1.45

续表3-30

成品尺寸	毛料尺寸	第一道次拉伸	第二道次拉伸	第三道次拉伸	第四道次拉伸	总延伸系数λ_Σ
100×91×4.5	108×96×6.0	101×92×4.5	100×91×4.5①			1.41
100×90×5.0	108×95×6.5	101×91×5.0	100×90×4.0①			1.37
110×105×2.0	122×112×5.0	116×109×3.5	111×106×2.5	110×105×2.0①		2.15
110×103×3.5	118×108×5.0	111×104×3.5	110×103×3.5①			1.50
110×102×4.0	108×107×5.5	111×103×4.0	110×102×4.0①			1.44
110×101×4.5	118×106×6.0	111×102×4.5	110×101×4.5①			1.40
110×100×5.0	118×105×6.5	111×101×5.0	110×100×5.0①			1.37
120×114×3.0	132×121×5.5	126×118×4.0	121×115×3.0	120×114×3.0①		1.96
120×113×3.5	128×118×5.0	121×114×3.5	120×113×3.5①			1.49
120×112×4.0	128×117×5.5	121×113×4.0	120×112×4.0①			1.44
120×111×4.5	128×116×6.0	121×112×4.5	120×111×4.5①			1.40
120×110×5.0	128×115×6.5	121×111×5.0	120×110×5.0①			1.36

注:3A21,6A02合金在第一道次拉伸之前必须将毛料退火。

①该道次为空拉整径;②该道次拉伸之前必须进行退火。

表 3-31　纯铝冷作硬化状态管材典型拉伸配模工艺　　　　　(mm × mm × mm)

成品尺寸	毛料尺寸	第一道次拉伸	第二道次拉伸	第三道次拉伸	总延伸系数 λ_Σ
35×31×2.0	46×38×4.0	40.6×35×2.8	36×32×2.0	35×31×2.0①	2.48
35×29×3.0	48×36×6.0	41.4×33×4.2	36×30×3.0	35×29×3.0①	2.56
35×27×4.0	49×34×7.5	41.8×31×5.4	36×28×4.0	35×27×4.0①	2.44
40×36×2.0	51×43×4.0	45.6×40×2.8	41×37×2.0	40×36×2.0①	2.42
40×34×3.0	53×41×6.0	46.4×38×4.2	41×35×3.0	40×34×3.0①	2.48
40×30×5.0	56×37×9.5	47.6×34×6.8	41×31×5.0	40×30×5.0①	2.46
50×45×2.5	62×52×5.0	56×49×3.5	51×46×2.5	50×45×2.5①	2.35
50×43×3.5	64×50×7.0	56.8×47×4.9	51×44×3.5	50×43×3.5①	2.40
50×40×5.0	67×47×10.0	58×44×7.0	51×41×5.0	50×40×5.0①	2.48
60×58×1.0	69×65×2.0	64.8×62×1.4	61×59×1.0	60×58×1.0①	2.23
60×56×2.0	71×63×4.0	65.6×60×2.8	61×57×2.0	60×56×2.0①	2.27
60×54×3.0	74×62×6.0	66.4×58×4.2	61×55×3.0	60×54×3.0①	2.35
60×52×4.0	76×60×8.0	67.2×56×5.6	61×53×4.0	60×52×4.0①	2.39
60×50×5.0	78×58×10.0	68×54×7.0	61×51×5.0	60×50×5.0①	2.43
70×67×1.5	80×74×3.0	75.2×71×2.1	71×68×1.5	70×67×1.5①	2.21
70×65×2.5	83×73×5.0	76×69×3.5	71×66×2.5	70×65×2.5①	2.28
70×63×3.5	85×71×7.0	76.8×67×4.9	71×64×3.5	70×63×3.5①	2.31
70×60×5.0	88×68×10.0	78×64×7.0	71×61×5.0	70×60×5.0①	2.36

续表3-31

成品尺寸	毛料尺寸	第一道次拉伸	第二道次拉伸	第三道次拉伸	总延伸系数 λ_Σ
80×76×2.0	91×83×4.0	85.6×80×2.8	81×77×2.0	80×76×2.0①	2.20
80×74×3.0	94×82×6.0	86.4×78×4.2	81×75×3.0	80×74×3.0①	2.26
80×72×4.0	96×80×8.0	87.2×76×5.6	81×73×4.0	80×72×4.0①	2.29
80×70×5.0	98×78×10.0	88×74×7.0	81×71×5.0	80×70×5.0①	2.32
90×86×2.0	101×93×4.0	95.6×90×2.8	91×87×2.0	90×86×2.0①	2.18
90×84×3.0	104×92×6.0	96.4×88×4.2	91×85×3.0	90×84×3.0①	2.22
90×82×4.0	106×90×8.0	97.2×86×5.6	91×83×4.0	90×82×4.0①	2.25
90×80×5.0	108×88×10.0	98×84×7.0	91×81×5.0	90×80×5.0①	2.28
100×95×2.5	114×104×5.0	107×100×3.5	101×96×2.5	100×95×2.5①	2.21
100×93×3.5	116×102×7.0	107.8×98×4.9	101×94×3.5	100×93×3.5①	2.24
100×90×5.0	119×99×10.0	109×95×7.0	101×91×5.0	100×90×5.0①	2.27
110×105×2.5	124×114×5.0	117×110×3.5	111×106×2.5	100×105×2.5①	2.19
110×102×4.0	127×111×8.0	118.2×107×5.6	111×103×4.0	110×102×4.0①	2.22
110×100×5.0	129×109×10.0	119×105×7.0	111×101×5.0	110×100×5.0①	2.24
120×115×2.5	133×123×5.0	127×120×3.5	121×116×2.5	120×115×2.5①	2.16
120×114×3.0	135×123×6.0	127.4×119×4.2	121×115×3.0	120×114×3.0①	2.18
120×112×4.0	137×121×8.0	128.2×117×5.6	121×113×4.0	120×112×4.0①	2.20
120×110×5.0	139×119×10.0	129×115×7.0	121×111×5.0	120×110×5.0①	2.22
150×144×3.0	166×154×6.0	157.4×149×4.2	151×145×3.0	150×144×3.0	2.18
200×194×3.0	216×204×6.0	205.4×199×3.2	201×195×3.0	200×194×3.0	2.13

①该道次为空拉整径。

表 3-32　2A11,5A02 合金管材拉伸配模工艺　(mm × mm × mm)

成品尺寸	毛料尺寸	第一道次拉伸	第二道次拉伸	第三道次拉伸	第四道次拉伸	总延伸系数 λ_Σ
30×24×3.0	38×30×4.0	33.6×27×3.3②	30.5×24.5×3.0	30×24×3.0①		1.68
30×23×3.5	38×29×4.5	33.6×26×3.8②	30.5×23.5×3.5	30×23×3.5①		1.62
30×22×4.0	38×28×5.0	33.6×25×4.3②	30.5×22.5×4.0	30×22×4.0①		1.58
30×20×5.0	38×26×6.0	33.6×23×5.3②	30.5×20.5×5.0	30×20×5.0①		1.53
36×30×3.0	44×36×4.0	39.6×33×3.3②	36.5×30.5×3.0	36×30×3.0①		1.61
36×28×4.0	44×34×5.0	39.6×31×4.3②	36.5×28.5×4.0	36×28×4.0①		1.52
36×26×5.0	44×32×6.0	39.6×29×5.3②	36.5×26.5×5.0	36×26×5.0①		1.47
40×34×3.0	46×38×4.0	40.5×34.5×3.0②	40×34×3.0①			1.51
40×32×4.0	46×36×5.0	40.5×32.5×4.0②	40×32×4.0①			1.42
40×30×5.0	48×36×6.0	43.6×33×5.3②	40.5×30.5×5.0	40×30×5.0①		1.44
50×44×3.0	56×48×4.0	51×45×3.0②	50×44×3.0①			1.47
50×43×3.5	56×47×4.5	51×44×3.5②	50×43×3.5①			1.42
50×42×4.0	56×46×5.0	51×43×4.0②	50×42×4.0①			1.39
50×40×5.0	56×44×6.0	51×41×5.0②	50×40×5.0①			1.34
60×58×1.0	72×68×2.0	68.2×65×1.6②	64.6×62×1.3②	61×59×1.0②	60×58×1.0①	2.37
60×57×1.5	69×64×2.5	65×61×2.0②	61×58×1.5②	60×57×1.5①		1.89
60×56×2.0	65×60×2.5	61×57×2.0②	60×56×2.0①			1.34
60×55×2.5	69×62×3.5	64.4×59×2.7②	61×56×2.5	60×55×2.5①		1.59

续表 3-32

成品尺寸	毛料尺寸	第一道次拉伸	第二道次拉伸	第三道次拉伸	第四道次拉伸	总延伸系数 λ_Σ
60×54×3.0	66×58×4.0	61×55×3.0[2]	60×54×3.0[1]			1.45
60×53×3.5	69×59×5.0	63.6×56×3.8[2]	61×54×3.5	60×53×3.5[1]		1.61
60×52×4.0	67×56×5.5	61×53×4.0[1]	60×52×4.0[1]			1.51
60×50×5.0	66×54×6.0	61×51×5.0[1]	60×50×5.0[1]			1.31
65×62×1.5	74×69×2.5	70×66×2.0[2]	66×63×1.5[2]	65×62×1.5[1]		1.88
65×61×2.0	70×65×2.5	66×62×2.0[2]	65×61×2.0[1]			1.34
65×60×2.5	74×67×3.5	69.4×64×2.7[2]	66×61×2.5	65×60×2.5[1]		1.58
65×58×3.5	74×64×5.0	68.6×61×3.8[2]	66×59×3.5	65×58×3.5[1]		1.60
65×55×5.0	71×59×6.0	66×56×5.0[2]	65×55×5.0[1]			1.30
70×67×1.5	78×73×2.5	74×70×2.0[2]	71×68×1.5[2]	70×67×1.5[1]		1.58
70×66×2.0	75×70×2.5	71×67×2.0[2]	70×66×2.0[1]			1.33
70×65×2.5	75×69×3.0	71×66×2.5[2]	70×65×2.5[1]			1.28
70×64×3.0	80×71×4.5	75.4×68×3.7[2]	71×65×3.0[2]	70×64×3.0[1]		1.68
70×63×3.5	76×67×4.5	71×64×3.5[2]	70×63×3.5[1]			1.38
70×62×4.0	76×66×5.0	71×63×4.0[2]	70×62×4.0[1]			1.34
70×60×5.0	76×64×6.0	71×61×5.0[2]	70×60×5.0[1]			1.29
80×76×2.0	94×86×4.0	89.4×83×3.2[2]	85×80×2.5[2]	81×77×2.0[2]	80×76×2.0[1]	2.30
80×75×2.5	90×82×4.0	85.4×79×3.2[2]	81×76×2.5[2]	80×75×2.5[1]		1.77

续表 3-32

成品尺寸	毛料尺寸	第一道次拉伸	第二道次拉伸	第三道次拉伸	第四道次拉伸	总延伸系数 λ_Σ
80×74×3.0	86×78×4.0	81×75×3.0②	80×74×3.0①			1.41
80×73×3.5	86×77×4.5	81×74×3.5②	80×73×3.5①			1.37
80×72×4.0	86×76×5.0	81×73×4.0②	80×72×4.0①			1.33
80×70×5.0	86×74×6.0	81×71×5.0②	80×70×5.0①			1.27
85×81×2.0	95×88×3.5	90.4×85×2.7②	86×82×2.0②	85×81×2.0①		1.93
85×80×2.5	94×87×3.5	89.4×84×2.7②	86×81×2.5	85×80×2.5①		1.54
85×79×3.0	91×83×4.0	86×80×3.0②	85×79×3.0①			1.41
85×77×4.0	91×81×5.0	86×78×4.0②	85×77×4.0①			1.32
85×75×5.0	91×79×6.0	86×76×5.0②	85×75×5.0①			1.27
90×86×2.0	100×93×3.5	95.4×90×2.7②	91×87×2.0②			1.92
90×85×2.5	99×92×3.5	94.4×89×2.7②	91×86×2.5②	90×86×2.0①		1.53
90×84×3.0	96×88×4.0	91×85×3.0②	90×84×3.0①	90×85×2.5①		1.41
90×83×3.5	96×87×4.5	91×84×3.5②	90×83×3.5①			1.35
90×82×4.0	96×86×5.0	91×83×4.0②	90×82×4.0①			1.32
90×80×5.0	96×84×6.0	91×81×5.0②	90×80×5.0①			1.27
100×95×2.5	109×102×3.5	105×99×3.0②	101×96×2.5②	100×95×2.5①		1.52
100×94×3.0	106×98×4.0	101×95×3.0②	100×94×3.0①			1.40
100×93×3.5	106×97×4.5	101×94×3.5②	100×93×3.5①			1.35

续表3-32

成品尺寸	毛料尺寸	第一道次拉伸	第二道次拉伸	第三道次拉伸	第四道次拉伸	总延伸系数 λ_Σ
100×92×4.0	106×96×5.0	101×93×4.0②	100×92×4.0①			1.36
100×90×5.0	106×94×6.0	101×91×5.0②	100×90×5.0①			1.26
110×105×2.5	119×112×3.5	115×109×3.0②	111×106×2.5②	110×105×2.5①		1.50
110×104×3.0	116×108×4.0	111×105×3.0②	110×104×3.0①			1.39
110×103×3.5	116×107×4.5	111×104×3.5②	110×103×3.5①			1.34
110×102×4.0	116×106×5.0	111×103×4.0②	110×102×4.0①			1.30
110×100×5.0	116×104×6.0	111×101×5.0②	110×100×5.0①			1.25
120×114×3.0	126×118×4.0	121×115×3.0②	120×114×3.0①			1.39
120×113×3.5	126×117×4.5	121×114×3.5②	120×113×3.5①			1.34
120×112×4.0	126×116×5.0	121×113×4.0②	120×112×4.0①			1.30
120×110×5.0	126×114×6.0	121×111×5.0②	120×110×5.0①			1.25
150×144×3.0	159.4×151×4.2	152×146×3.0	150×144×3.0			1.41

①该道次为空拉整径；
②在该道次拉伸之前必须进行退火。

表3-33 2A12、5A03、7001合金管材拉伸配模工艺

(mm×mm×mm)

成品尺寸	毛料尺寸	第一道次拉伸	第二道次拉伸	第三道次拉伸	第四道次拉伸	总延伸系数 λ_Σ
30×23×3.5	38×29×4.5	33.4×26×3.7②	30.5×23.5×3.5	30.5×23×3.5①		1.62
30×22×4.0	38×28×5.0	33.6×25×4.3②	30.5×22.5×4.0	30×22×4.0①		1.58
30×20×5.0	38×26×6.0	33.6×23×5.3②	30.5×20.5×5.0	30×20×5.0①		1.53
40×34×3.0	48×40×4.0	43.4×37×3.2②	40.5×34.5×3.5	40×34×3.0①		1.58
40×33×3.5	48×39×4.5	43.4×36×3.7②	40.5×33.5×3.5	40×33×3.5①		1.53
40×32×4.0	48×38×5.0	43.6×35×4.3②	40.5×32.5×4.0	40×32×4.0①		1.49
40×30×5.0	48×36×6.0	43.6×33×5.3②	40.5×30.5×5.0	40×30×5.0①		1.44
50×44×3.0	59×51×4.0	54.4×48×3.2②	51×45×3.0	50×44×3.0①		1.56
50×43×3.5	59×50×4.5	54.4×47×3.7②	51×44×3.5	50×43×3.5①		1.50
50×42×4.0	59×49×5.0	54.6×46×4.3②	51×43×4.0	50×42×4.0①		1.47
50×40×5.0	60×47×6.5	54.4×44×5.7②	51×41×5.0②	50×40×5.0①		1.54
55×49×3.0	64×56×4.0	59.4×53×3.2②	56×50×3.0	55×49×3.0①		1.53
55×48×3.5	64×55×4.5	59.4×52×3.7②	56×49×3.5	55×48×3.5①		1.47
55×47×4.0	65×54×5.5	60.4×51×4.7②	56×48×4.0②	55×47×4.0①		1.60
55×45×5.0	64×52×6.0	59.6×49×5.3②	56×46×5.0	55×45×5.0①		1.39
60×58×1.0	72×68×2.0	68.2×65×1.6②	64.6×62×1.3②	61×59×1.0②	60×58×1.0①	2.37
60×57×1.5	68×64×2.0	64.5×61×1.75②	61×58×1.5②	60×57×1.5①		1.50
60×56×2.0	69×63×3.0	65×60×2.5②	61×57×2.0②	60×56×2.0①		1.70

续表 3-33

成品尺寸	毛料尺寸	第一道次拉伸	第二道次拉伸	第三道次拉伸	第四道次拉伸	总延伸系数 λ_Σ
60×55×2.5	69×62×3.5	65×59×3.0②	61×56×2.5②	60×55×2.5①		1.69
60×54×3.0	69×61×4.0	64.4×58×3.2②	61×55×3.0	60×54×3.0①		1.52
60×53×3.5	69×60×4.5	64.4×57×3.7②	61×54×3.5	60×53×3.5①		1.47
60×52×4.0	69×59×5.0	64.6×56×4.3②	61×53×4.0	60×52×4.0①		1.42
60×50×5.0	69×57×6.0	64.6×54×5.3②	61×51×5.0	60×50×5.0①		1.37
65×62×1.5	73×69×2.0	69.5×66×1.75②	66×63×1.5②	65×62×1.5①		1.49
65×61×2.0	74×68×3.0	70×65×2.5②	66×62×2.0②	65×61×2.0①		1.58
65×59×3.0	75×66×4.5	70.4×63×3.7②	66×60×3.0②	65×59×3.0①		1.70
65×58×3.5	75×65×5.0	70.4×62×4.2②	66×59×3.5②	65×58×3.5①		1.62
65×57×4.0	74×64×5.0	69.6×61×4.3②	66×58×4.0	65×57×4.0①		1.41
65×55×5.0	74×62×6.0	69.6×59×5.3②	66×56×5.0	65×55×5.0①		1.36
70×67×1.5	78×74×2.0	74.5×71×1.75②	71×68×1.5②	70×67×1.5①		1.47
70×66×2.0	75×70×2.5	71×67×2.0②	70×66×2.0①			1.33
70×65×2.5	79×72×3.5	75×69×3.0②	71×66×2.5②	70×65×2.5①		1.57
70×64×3.0	80×71×4.5	75.4×68×3.7②	71×65×3.0②	70×64×3.0①		1.69
70×63×3.5	79×70×4.5	74.4×67×3.7②	71×64×3.5	70×63×3.5①		1.44
70×62×4.0	79×69×5.0	74.6×66×4.3②	71×63×4.0	70×62×4.0①		1.40
70×60×5.0	79×67×6.0	74.6×64×5.3②	71×61×5.0	70×60×5.0①		1.34

续表 3-33

成品尺寸	毛料尺寸	第一道次拉伸	第二道次拉伸	第三道次拉伸	第四道次拉伸	总延伸系数 λ_Σ
80×76×2.0	94×86×4.0	89.4×83×3.2②	85×80×2.5②	81×77×2.0②	80×76×2.0①	1.23
80×75×2.5	93×85×4.0	89×82×3.5②	85×79×3.0②	81×76×2.5②	80×75×2.5①	1.84
80×74×3.0	89×81×4.0	84.4×78×3.2②	81×75×3.0	80×74×3.0①		1.47
80×73×3.5	89×80×4.5	84.4×77×3.7②	81×74×3.5	80×73×3.5①		1.42
80×72×4.0	89×79×5.0	84.6×76×4.3②	81×73×4.0	80×72×4.0①		1.38
80×70×5.0	89×77×6.0	84.6×74×5.3②	81×71×5.0	80×70×5.0①		1.32
85×81×2.0	98×91×3.5	94×88×3.0②	90×85×2.5②	86×82×2.0②	85×81×2.0①	1.99
85×80×2.5	98×90×4.0	94×87×3.5②	90×84×3.0②	86×81×2.5②	85×80×2.5①	1.82
90×86×2.0	103×96×3.5	99×93×3.0②	95×90×2.5②	91×87×2.0②	90×86×2.0①	1.98
90×85×2.5	99×92×3.5	95×89×3.0②	91×86×2.5②	90×85×2.5②		1.53
90×84×3.0	99×91×4.0	94.4×88×3.2②	91×85×3.0	90×84×3.0①		1.45
90×83×3.5	99×90×4.5	94.4×87×3.7②	91×84×3.5	90×83×3.5①		1.40
90×82×4.0	99×89×5.0	94.6×86×4.3②	91×83×4.0	90×82×4.0①		1.36
90×80×5.0	99×87×6.0	94.6×84×5.3②	91×81×5.0	90×80×5.0①		1.31
95×91×2.0	105×99×3.0	100×95×2.5②	96×92×2.0②	95×91×2.0①		1.64
95×90×2.5	104×97×3.5	100×94×3.0②	96×91×2.5②	95×90×2.5①		1.52
100×95×2.5	109×102×3.5	105×99×3.0②	101×96×2.5②	100×95×2.5①		1.51
100×94×3.0	109×101×4.0	104.4×98×3.2②	101×95×3.0	100×94×3.0①		1.44

续表3-33

成品尺寸	毛料尺寸	第一道次拉伸	第二道次拉伸	第三道次拉伸	第四道次拉伸	总延伸系数 λ_Σ
100×93×3.5	109×100×4.5	104.4×97×3.7②	101×94×3.5	100×93×3.5①		1.40
100×92×4.0	109×99×5.0	104.6×96×4.3②	101×93×4.0	100×92×4.0①		1.35
100×90×5.0	109×97×6.0	104.6×94×5.3②	101×91×5.0	100×90×5.0①		1.30
110×105×2.5	119×112×3.5	115×109×3.0②	111×106×2.5②	110×105×2.5①		1.50
110×104×3.0	119×111×4.0	114.4×108×3.2②	111×105×3.0	110×104×3.0①		1.43
110×103×3.5	119×110×4.5	114.4×107×3.7②	111×104×3.5	110×103×3.5①		1.37
110×102×4.0	119×109×5.0	114.6×106×4.3②	111×103×4.0	110×102×4.0①		1.34
110×100×5.0	119×107×6.0	114.6×104×5.3②	111×101×5.0	110×100×5.0①		1.29
120×114×3.0	129×121×4.0	124.4×118×3.2②	121×115×3.0	120×114×3.0①		1.42
120×113×3.5	129×120×4.5	124.4×117×3.7②	121×114×3.5	120×113×3.5①		1.37
120×112×4.0	129×119×5.0	124.6×116×4.3②	121×113×4.0	120×112×4.0①		1.33
120×110×5.0	129×117×6.0	124.6×114×5.3②	121×111×5.0	120×110×5.0①		1.28

①该道次为空拉整径；②在该道次拉伸之前必须进行退火。

表3-34 5A05、5A06合金典型拉伸配模工艺 （mm×mm×mm）

成品尺寸	毛料尺寸	第一道次拉伸	第二道次拉伸	第三道次拉伸	第四道次整径	总延伸系数 λ_Σ
30×22×4.0	41×32×4.5	37.6×29×4.3	34.3×26×4.15	31×23×4.0	30×22×4.0	1.58
50×42×4.0	62×53×4.5	57.6×49×4.3	54.3×46×4.15	51×43×4.0	50×42×4.0	1.41
70×62×4.0	82×73×4.5	77.6×69×4.3	74.3×66×4.15	71×63×4.0	70×62×4.0	1.32

E 游动芯头拉伸配模

游动芯头适用于小规格盘圆管材拉伸生产，拉伸变形程度相对较低，拉伸成立条件受到模角与芯头的角度配合及变形程度等条件的限制。

（1）游动芯头锥角和模角的不同对拉伸稳定性影响较大，一般采用芯头锥度 $\beta = 7° \sim 10°$，模角 $\alpha = 11° \sim 12°$ 进行不同的搭配。当 $\alpha - \beta = 1° \sim 6°$ 时均可进行拉伸。当其他条件都相同时，选择 $\beta = 9°$ 与 $\alpha = 12°$、$11°$ 相配合，其所需的拉伸力前者比后者小 8.8%，说明前者拉伸较后者稳定。由此可得，$\alpha - \beta = 3°$ 时，拉伸过程比较稳定。

（2）变形程度控制应合理。当采用较大的变形程度时，拉伸应力相应增大，拉制出的管材表面光亮，但拉伸倾向不稳定。而采用较小的变形程度时，虽然拉伸过程稳定，但生产效率较低，表面质量也不好。主要原因是变形程度大，拉伸后的晶粒细小，组织均匀，故表面质量好。但变形程度过大时，拉伸应力接近材料的抗拉强度，拉伸时管材易断。因此，在保证拉伸稳定的前提下，尽量采用大的变形程度，以便提高生产效率。

（3）拉伸开始时，应采用较慢的拉伸速度。当稳定的拉伸过程建立起来后，就可采用较高的拉伸速度，以达到提高生产效率和管材表面质量的目的。这是因为开始拉伸时，芯头进入工作区后，需有一个稳定过程，当拉伸速度过快，芯头容易前冲，而与模孔之间形成较小空间，壁厚减薄，造成断头现象，所以开始时应采用较慢的拉伸速度。拉伸过程中，在变形区内芯头与管材内壁间形成锥形缝隙。由于管内壁的润滑剂吸入锥形缝隙而产生流体动压力（润滑楔效应），可以使拉伸时管材与芯头的接触表面完全被润滑层分开，实现最好的液体润滑条件，从而降低了摩擦系数。而流体动压力的大小随润滑剂黏度和拉伸速度的增大而增大。因此，采用黏度较大的润滑剂和提高拉伸速度可以充分发挥润滑楔效应的优势，改善内表面润滑条件，降低拉伸力，并减轻芯头表面黏结金属程度和磨损，从而提高拉伸过程的稳定性和管材的内表面质量。与此同时，金属外表面的润滑（边界润滑）也随这两个因素而改善。当拉伸快要结束时，应采用减速拉伸，防止芯头被甩出。

（4）拉伸开始时，芯头随管材一同向前运动而进入模孔，当芯头刚进入模孔时，由于管材减径，容易将芯头顶到后面而无法进入模孔工作位置，造成空拉。所以应在芯头后面一定位置打一小坑，阻碍芯头从模孔中退出来，实现减壁拉伸。坑的深浅要适当，这样可以防止空拉和断头。

F　异型管材拉伸配模

异型管材是采用圆管毛料拉伸到成品管材的外形尺寸，通过过渡模及异型管模子拉伸获得。在异型管材拉伸时，对过渡模的形状、尺寸要求较高。异型管材拉伸配模应注意以下几点要求：

（1）防止在过渡模拉伸时出现管壁内凹。因为过渡拉伸时多为空拉，周向压应力较大，很容易产生管壁内凹现象，尤其在异型管长短边长相差两倍以上时更加突出。

（2）保证成型拉伸时能很好成型，特别是保证有圆角处应很好充满。因为拉伸时金属变形是不均匀的，内层金属比外层金属变形量大，同时变形不均匀性随着管材壁厚与直径的比值 t/D 增大而增加，因此外层金属受到附加拉应力，导致金属不能良好地充满模角。所以，对于带有圆角的异型管材，所选用的过渡圆周长应是成品管材周长的 1.02 ~ 1.05 倍，其中壁厚较薄的取下限，壁厚较厚的取上限。同时 t/D 比值越大，过渡圆周长增加越大。

（3）对于内表面粗糙度及内腔尺寸精度要求很高的异型管材，例如矩形波导管，过渡圆周长和壁厚亦必须比成品规格大一些，以便在成型拉伸时使金属获得一定量的变形，同时最后一道次拉伸一定要采用带芯头拉伸，以保证内表面的质量。

（4）要保证成型拉伸时能顺利地将芯头装入管毛料内，应在芯头与管毛料内径之间留有适当的间隙。波导管的过渡矩形与拉制成品时所装芯头之间的间隙值，一般每边的间隙选用 0.2 ~ 1mm，波导管规格小，间隙值取下限，同时还要视拉伸时金属流动的具体条件而定。对于大规格波导管，短轴的间隙比长轴的大；对于中小规格，短轴与长轴的间隙则相近或相等。一般过渡圆的内周长应为成品管材内周长的 1.05 ~ 1.15 倍，其中大规格管材取下限，小规格或长宽比大的取上限。管材为同种规格时管壁较厚的取上限，否则过渡圆角不易充满，成品拉伸时装芯头困难。

（5）加工率的确定。对于拉伸异型管来说，为了获得尺寸精确的成品，加工率一般不宜过大。若加工率过大，则拉伸力增大，金属不易充满模孔，同时也使残余应力增大，甚至在拉出模孔后制品还会变形。

G　管毛料质量控制

（1）表面质量。管毛料的内外表面质量应光滑，不得有裂纹、擦伤、起皮、气泡、石墨压入等缺陷存在。

（2）低倍组织。管毛料的低倍组织不得有成层、缩尾、气孔等缺陷。

（3）管材直径尺寸要求。考虑拉伸芯头是否能顺利装入管材毛坯中，应控制管材毛料的内径尺寸公差，一般选择毛料内径为 $\phi^{+1.0}_{-1.5}$ mm。对管材毛料外径一般不控制。

（4）管材平均壁厚及实际壁厚的偏差。平均壁厚偏差可按下式计算：

$$平均壁厚偏差 = 壁厚的名义尺寸 - \frac{最大壁厚 - 最小壁厚}{2}$$

（3-38）

平均壁厚偏差一般控制在 $t^{+0.15}_{-0.35}$ mm 之内。

壁厚偏差允许值与直径无关，由拉伸工艺和成品管材的壁厚精度确定，其偏差值可用下式计算：

$$壁厚偏差允许值 \leqslant \frac{t_0}{t_1} \times 成品管材壁厚偏差 \qquad (3-39)$$

式中　t_0——管材毛料名义壁厚；

　　　t_1——成品管材名义壁厚。

（5）毛料的椭圆度不应超过内径偏差。

（6）管材毛料可不矫直，但其弯曲度应尽量小，以不影响装入芯头为原则。

（7）由挤压或轧制所得的管材毛料，须根据工艺要求切断成规定长度，切断后的毛料必须有一端没有椭圆，便于顺利装入芯头。

（8）润滑剂应干净，不应含有水分、杂质、金属屑等。黏度应适中，一般夏天选黏度较大的润滑剂，如72号汽缸油；冬天选黏度较小的润滑剂，如38号汽缸油。

（9）拉伸模和拉伸芯头表面光滑，不应有磕碰伤，不能粘有金属。

4 铝合金管、棒、线材的热处理和矫直技术

4.1 退火

退火就是通过消除金属或合金冷加工产生的加工硬化，或使金属或合金再结晶和（或）可溶组分从固溶体中聚集析出，使金属或合金软化的热处理。按其所要达到的不同目的，可将退火分为再结晶软化退火、不完全退火和稳定化退火。再结晶软化退火主要指坯料退火、中间工序退火及完全软化的成品退火。不完全退火是指使冷加工后的金属或合金的强度降低到控制指标，但未完全软化的成品退火。稳定化退火是将硬状态下不稳定的性能通过退火达到稳定状态的成品退火。

4.1.1 再结晶的基本过程

金属在加热的条件下，从某一退火温度开始，冷变形金属显微组织发生明显变化，在放大倍数不太大的显微镜下也能观察到新生的晶粒，这种现象称为再结晶。再结晶时不仅由新的等轴的晶粒代替旧的被拉长的晶粒，更重要的是内部结构更为完善，位错密度降至 $10^6 \sim 10^8 \text{cm}^{-2}$。再结晶的驱动力是变形时与位错有关的储能，再结晶使这部分储能基本释放。再结晶晶粒与基体间的界面一般为大角度界面，这是再结晶晶粒与多边化等过程所产生的亚晶间最重要的区别。

再结晶晶核的必备条件是它们能以界面移动方式"吞食"周围基体而形成一定尺寸的新生晶粒，故只有与周围变形基体有大角度界面的亚晶才能成为潜在的再结晶晶核。因此，再结晶晶核一般优先在原始晶界、夹杂物界面附近、变形带、切变带等处生成。再结晶形核有两种主要机制。

4.1.1.1 晶界迁移机制

由于界面张力的作用，在原始晶粒大角度界面中的一小段（尺寸约几微米）突然向一侧弓出，这种弓出的晶界具有更高的能量，

弓出的部分即作为再结晶晶核，它"吞食"周围基体而长大，故又称为晶界弓出形核机制。此过程的驱动力来自因变形不均匀而导致的晶界两侧的位错密度差。

4.1.1.2 长大形核机制

亚晶间的位向差取决于位错壁中同号位错的数量。同号位错过剩量愈大，则亚晶间的位向差愈大。当亚晶长大时，原分属各亚晶界的同号位错都集中在长大后的亚晶界上，使其与周围基体位向差角增大，逐渐演变成大角度界面。此时，界面迁移速度突增，开始真正的再结晶过程。亚晶长大的可能方式有两种，即亚晶的成组合并及个别亚晶选择性增长。

以上两种形核机制起主要作用的是扩散过程。因此，再结晶形核随温度升高而加速，晶粒长大速度随温度升高而加速。

4.1.2 影响再结晶温度的因素

发生再结晶的温度称为再结晶温度。再结晶温度不是一个物理常数，在合金成分一定的情况下，它与变形程度及退火时间有关。若是变形程度及退火时间恒定，则再结晶既有开始温度，也有完成温度。目前我国习惯将开始再结晶温度定为再结晶温度。再结晶终了温度总比再结晶开始温度高，但影响它们的因素是相同的。

4.1.2.1 冷变形程度对再结晶温度的影响

冷变形程度是影响再结晶温度的重要因素。当退火温度一定（一般取 1h）时，变形程度与再结晶开始温度的关系如图 4-1 所示。随着变形程度增加，金属储存的能量也就愈多，有更大的推动力促使金属进行再结晶，造成再结晶开始温度降低。同时，随着变形程度的增加，完成再结晶过程所需的时间也相应地缩短。当变形程度达到一定值后，再结晶开始温度趋于一定值（$T_{再}$）。通常将变形程度在 $60\% \sim 70\%$ 以上，退火 $1 \sim 2h$ 的最低再结晶开始温度 $T_{再}^{开}$ 视为金属的一种特性，可用来表示金属的再结晶温度。

4.1.2.2 退火时间对再结晶温度的影响

退火时间是影响再结晶温度的另一重要因素。随着退火时间延长，再结晶温度降低。图 4-2 示出了两者之间的关系。

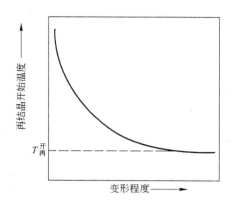

图 4-1　变形程度对再结晶开始温度的影响

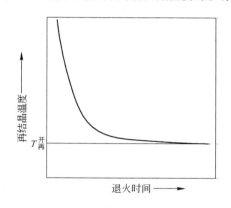

图 4-2　退火时间对再结晶温度的影响

4.1.2.3　原始晶粒及退火加热速度对再结晶温度的影响

原始晶粒小，金属变形储能高，再结晶温度就低。加热速度过慢或过快均有升高再结晶温度的趋势。前者是回复过程的影响，后者则与再结晶来不及进行有关。

4.1.2.4　合金成分对再结晶温度的影响

在固溶体范围内，加入少量元素通常能急剧提高再结晶温度。金属越纯，再结晶温度越低，如高纯铝在室温下就会发生再结晶，故金属中含有少量元素，其作用即已明显。随着元素浓度继续增加，再结晶温度的增量逐渐减小，并在达到一定浓度后基本不再改变，有时甚至开始降低，在固溶线附近可能达到再结晶温度的极小值。

少量元素急剧提高再结晶温度的原因在于它们易于集聚在位错周围形成柯垂耳气团，阻碍位错重新组合，因而阻碍再结晶形核及晶粒长大。只有在更高温度下通过强烈的热扰动破坏柯垂耳气团后，再结晶过程才得以进行。

4.1.2.5　冷、热变形对再结晶温度的影响

冷变形与热变形对再结晶温度的影响是不一样的，对于同一合金，在退火制度相同的条件下，由于热挤压过程有很强的回复功能，材料内的位错密度始终保持较低的水平，使热变形的再结晶温度明显提高。因此，热挤压制品的再结晶温度高，而冷变形制品的再结晶温度低。表4-1列出了部分铝合金不同制品的再结晶参数。

表4-1　铝合金不同制品的再结晶参数

合金	品种	规格 /mm 或 mm×mm	挤压或冷加工 温度 /℃	挤压或冷加工 变形率 /%	退火方式 盐浴炉 或空气炉	退火方式 保温时间 /min	再结晶温度/℃ 开始温度	再结晶温度/℃ 终了温度	备注
1060	棒材	ϕ10.5	350	98					挤压状态已完全再结晶
1035	棒材	ϕ10	350	92					挤压状态已完全再结晶
1035	二次挤压管材	ϕ50×4.5	350	96					挤压状态已完全再结晶
1035	排材	60×6	350	96	盐浴炉	10		455~460	挤压状态已开始再结晶
1035	冷轧管	ϕ18×1	室温	59		10	280~285	355~360	
3A21	棒材	ϕ110	380	90	空气炉	60	520~525	555~560	不完全
3A21	棒材	ϕ110	380	90	盐浴炉	60	520~525	555~560	完全

合金	品种	规格 /mm 或 mm × mm	工艺条件				再结晶温度/℃		备注
			挤压或冷加工		退火方式		开始温度	终了温度	
			温度 /℃	变形率 /%	盐浴炉 或空气炉	保温时间 /min			
3A21	冷轧管	φ37 × 1	室温	85	盐浴炉	10	330 ~ 335	525 ~ 530	
2A11	棒材	φ10	370 ~ 420	97	空气炉	20	360 ~ 365	535 ~ 540	
2A11	冷轧管	φ18 × 1.5	室温	98	空气炉	20	270 ~ 275	315 ~ 320	
2A12	棒材		370	94	空气炉	20	380 ~ 385	530 ~ 535	
2A12	挤压管	φ83 × 28	370 ~ 420	89	空气炉	20	380 ~ 385	535 ~ 540	
2A50	棒材	φ150	350	87	盐浴炉	20	380 ~ 385	550 ~ 555	
6A02	棒材	φ10	350	98.6	盐浴炉	20		445 ~ 450	挤压状态已开始再结晶

4.1.3 再结晶晶粒长大

当变形基体完全由新生的再结晶晶粒取代时，就意味着再结晶过程终结。若继续保温或提高加热温度，还会发生进一步的组织变化，即再结晶晶粒长大。再结晶晶粒长大可能有以下两种形式。

4.1.3.1 晶粒均匀长大

晶粒均匀长大又称为正常的晶粒长大或聚集再结晶。在这个过程中，一部分晶粒的晶界向另一部分晶粒内迁移，结果一部分晶粒长大而另一部分晶粒消失，最后得到相对均匀的较为粗大的晶粒组织。由于一方面无法准确掌握再结晶恰好完成的时间，另一方面在整个体积中再结晶晶粒决不会同时互相接触。所以，通常退火所得到的晶粒都发生了一定程度的长大。

4.1.3.2　晶粒选择性长大——二次再结晶

在晶粒较为均匀的再结晶基体中，由于某些再结晶晶粒具备了一定的有利条件，其晶界的迁移速率较快，使这些晶粒可能急剧长大，这种现象称为二次再结晶。可以说二次再结晶的必要条件是基体稳定化，即正常晶粒长大受阻。在此前提下，由于某种原因使个别晶粒长大不受阻碍，则它们就会成为二次再结晶的核心。因此，凡阻碍正常晶粒长大的因素均对二次再结晶有影响。

铝合金的二次再结晶首先与合金元素有关。铝合金中含有铁、锰、铬等元素时，由于生成 $FeAl_3$、$MnAl_6$、$CrAl_3$ 等弥散相，可阻碍再结晶晶粒均匀长大。但加热至高温时，有少数晶粒晶界上的弥散相因溶解而首先消失，这些晶粒就会率先急剧长大，形成少数极大的晶粒。由此可知，锰、铬等元素在一定条件下可细化晶粒组织，但在另一种条件下，则可能促进二次再结晶，从而形成粗大的或不均匀粗大的组织。

退火后产生的再结晶织构存在"织构制动效应"。在明显择优取向的材料中总存在少数不同位向的晶粒（如原始晶界附近），这些晶粒若尺寸较小或与平均尺寸相等，则会被周围晶粒吞并。若这些位向的晶粒尺寸较平均晶粒尺寸大，就会发生长大而开始二次再结晶过程。原始再结晶织构愈完善，则因正常长大更受抑制而使二次再结晶愈明显。

4.1.4　影响再结晶晶粒大小的主要因素

再结晶晶粒大小是重要的组织特征，直接影响材料的使用性能和表面质量等。影响再结晶晶粒大小的主要因素有以下几种。

4.1.4.1　合金成分的影响

一般来说，随合金元素及杂质含量的增加，晶粒尺寸减小。因为不论是合金元素溶入固溶体中，还是生成弥散相，均阻碍界面的迁移，有利于形成细晶粒组织。但某些合金，若固溶体成分不均匀，则反而可能出现粗大晶粒组织，如 3A21 合金加工材的局部粗大晶粒。

4.1.4.2   原始晶粒尺寸的影响

在合金成分一定时，变形前的原始晶粒尺寸大小对再结晶后的晶粒尺寸也有影响。一般情况下，原始晶粒愈细，原有大角度界面愈多，因而增加了晶核的形核率，使再结晶后的晶粒尺寸细小。但随变形程度的增加，原始晶粒的影响程度逐渐减弱。

4.1.4.3   变形程度的影响

变形程度对退火后晶粒尺寸的大小影响较大，如图 4-3 所示。在大于临界变形程度时，随着变形程度的增加，退火后的再结晶晶粒逐渐减小。

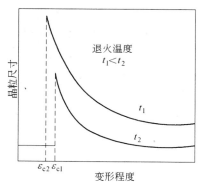

图 4-3   变形程度对退火后晶粒尺寸的影响

(ε_c 为临界变形程度)

由某一变形程度开始发生再结晶并且得到极粗大的晶粒（有时达几厘米），这一变形程度称为临界变形程度或临界应变，用 ε_c 表示。在一般条件下，ε_c 为 1% ~ 15% 。

当变形程度小于 ε_c 时，退火时只发生多边化过程，原始晶界只需作短距离迁移（约为晶粒尺寸的数百万分之一至数十分之一）就足以消除应变的不均匀性。当变形程度达到 ε_c 时，个别部位变形不均匀性很大，其驱动力足以引起晶界大规模移动而发生再结晶。但由于此时形核率 $\dot{N}$ 小，形核率与晶核长大速度的比值 $\dot{N}/\dot{G}$ 值亦小，因而得到粗大晶粒。此后，在变形程度增大时，$\dot{N}/\dot{G}$ 值不断增大，再结晶晶粒不断细化。

　　退火温度愈高，临界变形程度愈小，如图 4-3 所示。因为在相同驱动力下，退火温度升高使原子热激活的概率增加，易于打破驱动力与阻力之间的平衡，使晶粒尺寸减小。

　　变形温度升高，变形后退火时所呈现的临界变形程度亦增加，如图 4-4 所示。这是因为高温变形的同时会发生动态回复，使变形储能降低。这一现象表明，为得到较细晶粒，高温变形可能需要更大的变形量。

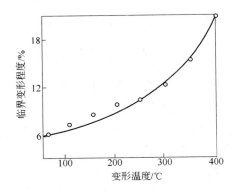

图 4-4　铝的临界变形程度与变形温度的关系

（450℃退火 30min）

　　金属愈纯，临界变形程度愈小，如图 4-5 所示，但加入不同元素影响程度不同。如铝中加入少量锰元素可显著提高铝的临界变形程

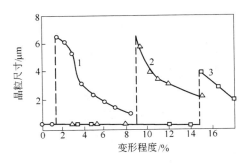

图 4-5　不同锰含量和变形程度对铝合金再结晶晶粒尺寸的影响

1—99.7% Al；2—Al + 0.3% Mn；3—Al + 0.6% Mn

度，但加入锌和铜时，即使加入量较大，其影响也较微弱，这与锰能生成阻碍晶界迁移的弥散质点 $MnAl_6$ 有关。

临界变形程度 ε_c 有重要的实际意义。为了退火时能得到细小均匀的晶粒，应避免变形程度发生在临界变形程度 ε_c 附近。但有时为了得到粗晶、两晶粒晶体或单晶体，也可应用临界变形程度 ε_c 这一特性来实现。

4.1.4.4   退火工艺参数的影响

退火温度升高，形核率 $\dot{N}$ 和晶核长大速率 $\dot{G}$ 增加。若形核率 $\dot{N}$ 和晶核长大速率 $\dot{G}$ 以相同的规律随温度变化而变化，则再结晶完成的瞬间，其再结晶晶粒尺寸应与退火温度无关；若形核率 $\dot{N}$ 随温度升高而增大的趋势比晶核长大速率 $\dot{G}$ 增长的趋势强，则退火温度越高，再结晶完成瞬间的晶粒尺寸越小。但许多情况下晶粒会随着退火温度的升高而粗化，这是因为实际退火时都已进入晶粒长大阶段，这种粗化实质上是晶粒长大的结果。温度愈高，再结晶完成时间愈短，在相同保温时间下，晶粒长大时间更长，高温下晶粒长大速率也愈大，因而最终得到更为粗大的晶粒，如图 4-6 所示。

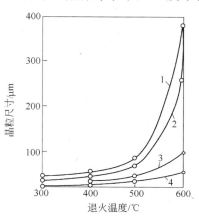

图 4-6   铝和铝合金退火后晶粒尺寸与退火温度关系（保温 1h）
1—99.7% Al；2—Al + 1.2% Zn；3—Al + 0.6% Mn；4—Al + 0.55% Fe

4.1.4.5　保温时间的影响

在一定退火温度下，随着退火时间的延长，晶粒逐渐长大，并在达到一定尺寸后，晶粒长大的速率基本终止。这是因为晶粒尺寸与时间的规律呈抛物线形，所以在一定温度下晶粒尺寸会有一极限值。

若晶粒尺寸达到极限值后，再提高退火温度，晶粒还会继续长大直到下一温度的极限值，这是因为：（1）原子扩散能力提高了，打破了晶界迁移力与阻力的平衡关系；（2）温度升高破坏了晶界附近杂质偏聚区，并促进弥散相部分溶解，使晶界迁移更易于进行。

4.1.4.6　加热速度的影响

提高加热速度，可使再结晶后的晶粒细小，这是因为:（1）快速加热时，回复过程来不及进行或进行的很不充分，因而不会使冷变形储能大幅度降低；（2）快速加热提高了实际开始发生再结晶的温度，使形核率增大；（3）快速加热使晶粒长大趋势减弱，这也是加热速度对多项合金更为敏感的原因。

4.1.5　再结晶晶粒尺寸的不均匀性

正常情况下，再结晶晶粒尺寸在整个材料体积中应该大致均匀相等，但有时也可能出现不均匀的再结晶组织。这些不均匀的再结晶组织的基本形式及产生条件大致如下：

（1）均匀的晶粒尺寸不均匀性。其特征是在整个体积中粗晶粒群及细晶粒群大致均匀交替分布。这种不均匀性可能产生于二次再结晶未完成阶段。

（2）局部的晶粒尺寸不均匀性。其特征是粗晶粒分布在某一特定区域中。这种情况往往发生在强烈局部变形时，此时变形程度由强烈变形区的最大值一直过渡到远离该区的未变形状态。在过渡区中必然会存在处于临界变形程度附近的区域，退火时该区域就会成为粗晶区。假若这种局部变形情况在工艺上无法避免，则应采用回复退火以防止粗晶出现。

（3）岛状的晶粒尺寸不均匀性。其特征是粗晶粒群与细晶粒群在整个体积中无规律地分布。这种不均匀性可能产生原因之一是铸锭中成分偏析，造成变形不均匀及再结晶不均匀，因而形成变形程度不等的粗、细晶粒群。

（4）带状的晶粒尺寸不均匀性。其特征是粗、细晶粒分别沿主变形方向成带状分布。当变形制品中，弥散质点呈纤维状分布时，再结晶退火时可能造成带状的晶粒尺寸不均匀性。

晶粒尺寸的不均匀性是多种多样的，它对材料的性能不利。一旦发生这些不均匀组织，不论随后采取何种热处理措施都不能将其消除，所以，应力求避免发生。

4.1.6　退火工艺制定

4.1.6.1　选择退火工艺的基本原则

按退火时的组织变化，退火可分为回复退火及再结晶退火两大类。回复退火一般作为半成品退火，以消除应力。再结晶退火可分为完全退火及不完全退火。完全退火主要用于热变形后冷变形前坯料的预备退火，冷变形过程中的中间退火以及获得软制品的最终退火。不完全再结晶退火一般用作最终退火以得到半硬制品，主要用于热处理不强化的合金。

在实际生产中往往将退火分为高温退火及低温退火两大类。高温退火通常为完全再结晶退火。在半成品生产过程中，预备退火（坯料退火）、中间退火控制不如成品退火那么严格。此外，坯料退火是为了消除热变形后的部分加工硬化及淬火效应，因而从某种意义上讲，热处理可强化铝合金的坯料退火可认为属于基于固态转变的退火范围。

低温退火主要用于纯铝及热处理不可强化铝合金，以稳定性能、消除应力以及获得半硬化制品。纯铝及 Al-Mg 系合金的低温退火主要是回复退火，Al-Mn 系等合金在低温退火时可能会发生部分再结晶。

退火工艺的主要参数为退火温度和保温时间，有些情况下加热速度和冷却速度对最终性能也有很大的影响。

4.1.6.2　铝及铝合金管、棒、线材退火工艺制度

铝及铝合金管、棒、线材退火工艺参数如表4-2～表4-5所示。

表4-2　铝及铝合金管材退火工艺参数

制　品	合金牌号	退火温度 /℃	保温时间 /h	冷却方式
轧制毛坯、拉伸毛坯、拉伸中间毛坯、厚壁管成品	2A11、2A12、2A14、2017、2024	430~460	2.0~3.0	冷却速度不大于30℃/h，冷却到270℃以下出炉
轧制毛坯	5A02、5A03、5A05、5052、5056、5083	370~400	1.0~1.5	空　冷
轧制毛坯	5A06	315~335	1.0~1.5	空　冷
拉伸毛坯、拉伸中间毛坯	3A21、5A02、5052	470~500	1.0~1.5	空　冷
拉伸毛坯、拉伸中间毛坯	5A03、5A05、5A06、5056、5083	450~470	1.0~1.5	空　冷
拉伸毛坯、拉伸中间毛坯	1070A、1060、1050A、1035、1200、8A06、6A02、6061、6063	410~440	1.0~2.5	空　冷
薄壁管成品、二次轧制毛坯	2A11、2A12、2A14、2024	350~370	1.0~2.0	冷却速度不大于30℃/h，冷却到340℃以下出炉
薄壁管成品、二次轧制毛坯	5A02、5A03、5083	370~390	1.0~2.0	空　冷
成品管材	1070A、1060、1050A、1035、1200、8A06、5A02、5A03、5A05、5056、5083、6A02、3A21	370~390	1.0~1.5	空　冷
半冷作硬化管材	5A06、2A14	315~335	0.5~1.0	空　冷
半冷作硬化管材	5A02、5A03	230~250	0.5~1.0	空　冷
半冷作硬化管材	5A05、5A06、5056、5083	270~290	1.5~2.5	空　冷
减径前低温退火	2A11、5A03	270~290	1.0~1.5	空　冷
减径前低温退火	2A12、5B05	270~290	1.5~2.5	空　冷
减径前低温退火	5A05、5A06	315~335	0.5~1.0	空　冷
减径前低温退火	5056	440~460	1.0~1.5	空　冷
稳定化退火	5056	115~135	1.0~2.0	空　冷

表 4-3   铝及铝合金棒材退火工艺

合　金	金属温度/℃	保温时间/h	冷却方式
1060、1035、8A06、5A02、3A21	380 ~ 400	1.5	不　限
	490 ~ 500①	0.5	
5A03、5A05、5A06	370 ~ 390	1.5	不　限
2A11、2A12、2A14	400 ~ 450	3.0	冷却速度不大于 30℃/h，冷却到 270℃ 以下出炉
7A04、7A09、7075	400 ~ 430	3.0	冷却速度不大于 30℃/h，冷却到 150℃ 以下出炉

① 此制度适用于在空气淬火炉中退火。

表 4-4   铝及铝合金线材退火制度

合　金	金属温度/℃	保温时间/h	冷却方式
1070A、1060、1050A、1035、1200、8A06	370 ~ 410	1.5	出炉冷却
1050A（退火状态导线）	270 ~ 300	1.5	出炉冷却
2A04、2B11、2B12、2A10、2A16（直径不小于 8mm）	370 ~ 390	1.5	冷却速度不大于 30℃/h，冷却到 270℃ 以下出炉
2A01、2A10（直径大于 8mm）	370 ~ 410	2.0	出炉冷却
7A03、7A04	320 ~ 350	2.0	冷却速度不大于 30℃/h，冷却到 250℃ 以下出炉

表 4-5   推荐的退火工艺制度填写热处理规范

合金牌号	退火温度/℃①	保温时间/h
1070A、1060、1050A、1035、1100、1200、3004、3105、3A21、5005、5050、5052、5056、5083、5086、5154、5254、5454、5456、5457、5652、5A02、5A03、5A05、5A06、5B05	345	②
2036	385	2 ~ 3

合金牌号	退火温度/℃①	保温时间/h
3003	415	2~3
2014、2017、2024、2117、2219、2A01、2A02、2A04、2A06、2B11、2B12、2A10、2A11、2A12、2A16、2A17、2A50、2B50、2A70、2A80、2A90、2A14、6005、6053、6061、6063、6066、6A02	405③	2~3
7001、7075、7175、7178、7A03、7A04、7A09	405④	2~3

① 退火炉内金属温度变化不应大于 +10℃ ~ -15℃范围。

② 考虑到金属的厚度和直径，炉内的停留时间不应超过达到制品中心所需温度必须的时间。冷却速度可不考虑。

③ 退火消除了固溶热处理的作用。冷却速度以不大于30℃/h的速度冷却到260℃以下出炉空冷。

④ 以一种非控制速度，在空气中冷却到205℃以下，随后重新加热到230℃，保温4h，出炉在室温下冷却。通过这种退火方式可消除固溶热处理作用。

4.1.6.3　铝合金管、棒、线材退火工艺操作要点

（1）成品管、棒材退火前必须进行精整矫直，其尺寸符合成品要求。

（2）带夹头的管材退火时，必须在紧靠夹头处打眼，便于热空气循环流动。打眼孔的大小应适当，以后续拉伸既不断头又不影响空气流通为宜。对于中小规格的管、棒材，应尽量按层装炉，层与层之间应用隔板隔开，以利于加热均匀。

（3）装筐时，长制品放在下面，短制品放在上面；壁厚相同，直径小的放在下面，直径大的放在上面；直径相近的管材，壁厚大的放在下面，壁厚小的放在上面。棒材应大规格的放在下面，小规格的放在上面。

（4）外径较小（一般小于20mm）或壁厚较薄（一般小于1.0mm）的管材退火时，应用玻璃丝带打捆，以防止退火后管材变软，造成出料困难或管材弯曲。

（5）退火前应将表面润滑油清理干净，防止温度高时产生过烧，

或温度低时，润滑油挥发不掉而造成表面油斑，使管材无法继续加工。

（6）低温退火时，不得冷炉装炉。

（7）装炉时应尽量热炉装炉，提高升温速度，可提高生产效率，减少能源消耗，降低晶粒长大速率。对于要求晶粒度的 3A21、5A02、5A03 等合金，应采用快速加热和装炉量少的方式，减少升温时间。

（8）退火制品应摆放整齐，不允许来回交错堆放，防止因制品软化而产生大的变形。

（9）制品装、出炉（筐）时应选择合适的吊具，防止吊运不当造成管材压扁变形或制品弯曲。

（10）退火后的制品表面润滑油已清理干净，无润滑效果，搬运中应注意减少制品之间相互摩擦而产生的擦划伤。

4.2   淬火及时效

4.2.1   淬火

淬火是将合金在高温下所具有的状态以过冷、过饱和状态固定至室温，使其基体转变成晶体结构与高温状态不同的亚稳定状态的热处理形式。

淬火获得的过饱和固溶体有自发分解，即脱溶的倾向。大多数铝合金在室温下就可产生脱溶过程，这种现象称为自然时效。自然时效可在淬火后立即开始，也可经过一定的孕育期才开始。不同合金自然时效的速度有很大区别，有的合金仅需数天，而有的合金则需数月甚至数年才能趋近于稳定态（用性能的变化衡量）。若将淬火得到的基体为过饱和固溶体的合金在高于室温的温度下加热，则脱溶过程可能加速，这种操作称为人工时效。

淬火后性能的改变与相成分、合金原始组织及淬火状态组织特征、淬火条件、预先热处理等一系列因素有关。一些合金淬火后，强度提高，塑性降低；而另一些合金则相反，经处理后强度降低，塑性提高；还有一些合金强度与塑性均提高。

变形铝合金淬火后，一般是保持高塑性的同时强度提高，其塑性可能与退火合金相差不大，如2A11、2A12合金的退火性能与淬火性能比较如表4-6所示。

表4-6 淬火态与退火态力学性能比较

合金牌号	抗拉强度/MPa		伸长率/%	
	退 火	淬 火	退 火	淬 火
2A11	196	294	25	23
2A12	255	304	12	20

淬火对强度及塑性的影响，主要取决于固溶强化的程度以及过剩相对材料的影响。若过剩相质点对位错运动的阻滞不大，则过剩相溶解造成的固溶强化效果必然会超过溶解而造成的软化效果，使合金强度提高。若过剩相溶解造成的软化超过基体的固溶强化效果，则合金强度降低。若过剩相属于硬而脆的大尺寸质点，它们的溶解也必然伴随塑性提高。

对于热处理可强化合金，淬火与时效联合使用，可提高铝合金的强度，一般为最终处理。对于热处理不可强化的合金，可采用淬火来达到材料软化的目的，对于纯铝及3A21等合金，由于淬火温度高，升温速度快，降温速度快，晶粒来不及长大，从而可获得晶粒较细的退火性能。

4.2.1.1 变形铝合金系的脱溶过程

A 铝-铜-镁系合金

铝-铜-镁系合金的脱溶序列为：G. P 区 $\rightarrow$ S′（Al_2CuMg）$\rightarrow$ S（Al_2CuMg）。

自然时效时形成 G. P 区。与铜含量相同的 Al-Cu 合金比较，G. P 区形成速率与自然时效强化值均要大些。可以认为，Al-Cu-Mg 系合金中的 G. P 区是由富集在 $\{110\}_\alpha$ 晶面上的镁原子和铜原子群所组成，铜和镁原子预先形成某种原子偶，这种原子偶以钉扎位错的机制使合金强化。

2A12 合金在高温下时效产生过渡相 S′，此相在基体 $\{021\}$ 晶面上与基体共格。平衡相 S 形成使共格性消失而导致过时效。

B 铝-镁-硅系合金

铝-镁-硅系合金的脱溶序列可表示为：G. P 区 → β′（Mg₂Si）→ β（Mg₂Si）。

该系合金可发生自然时效强化，说明形成了 G. P 区。合金在不大于200℃短时时效后，用 X 射线及电子衍射可证明存在着非常细小的针状 G. P 区，针的位向平行于基体〈001〉晶向，G. P 区直径大约有 60×10^{-10} m，长（$200 \sim 1000$）$\times 10^{-10}$ m。亦有研究证明，G. P 区开始为球状，在接近时效曲线最高强度处转变成针状。进一步时效时，G. P 区产生明显的三维长大，形成杆状 β′质点，其结构相当于高度有序的 Mg₂Si。在更高温度下，过渡相 β′将无扩散转变成 β（Mg₂Si）相。

无论是 G. P 区还是过渡相阶段，都没有直接证据证明有共格应变产生。由此可以认为，强化的原因是位错运动时与 G. P 区相遇，需要增加能量以打断 Mg—Si 键。

硅含量超过 Mg₂Si 比例的合金中，在时效的早期阶段，发现有硅质点在晶界脱溶的现象。

C 铝-锌-镁及铝-锌-镁-铜系合金

以较快的速度淬火后，铝-锌-镁系合金在较低的温度（包括室温）下进行时效，将形成近似球状的 G. P 区，时效时间延长，G. P 区尺寸增大，合金强度亦增加。在室温下长期时效后，G. P 区直径可达 12×10^{-10} m，屈服强度达到标准人工时效屈服强度的95%，说明该系合金的自然时效速度较铝-铜-镁系合金低得多。$w(\mathrm{Zn})/w(\mathrm{Mg})$ 比值较高的合金，在高于室温的温度下长期时效可使 G. P 区转变成 η′（或称 M′）过渡相。η′相为六方结构，晶面与基体 {111} 面部分共格，但 c 轴方向与基体是非共格的。在人工时效达到最高强度时，脱溶产物为 G. P 区及部分 η′相，其中 G. P 区平均直径为（$20 \sim 35$）$\times 10^{-10}$ m。随时间延长或温度升高，η′相转变成 η（MgZn₂）。当成分处于平衡条件下有 T（Mg₃Zn₃Al₂）相存在的相区时，η′相则被 T 相取代。在 $w(\mathrm{Zn})/w(\mathrm{Mg})$ 比值较低的合金中，在较高温度及较长时效时间下，可能产生 T′过渡相，所以，脱溶序列表示为：

$$\text{GP 相（球状）} \rightarrow \eta' \rightarrow \eta(\mathrm{MgZn_2}) \rightarrow \mathrm{T'} \rightarrow \mathrm{T}(\mathrm{Mg_3Zn_3Al_2})$$

若将已低温时效的铝-锌-镁系合金在较高的温度下进一步时效，则小的 G. P 区溶解，大的 G. P 区长大并转变成 η' 相。若控制在较理想的温度，大多数 G. P 区将长大并转变成 η' 相，使 η' 相能更均匀地分布，达到更好的时效效果。

向铝-锌-镁系合金中加入铜，对该系合金的脱溶过程有影响。当 $w(Cu) \leqslant 1\%$ 时，基本上不改变该系合金的脱溶机制，铜的强化作用基本上属于固溶强化。当铜含量更高时，铜原子可进入 G. P 区，提高 G. P 区稳定的温度范围；在 η' 相及 η 相中，铜原子及铝原子取代锌原子，形成与 $MgZn_2$ 同晶型的 $MgAlCu$ 相。铜原子进入 η' 相可以提高合金的抗应力腐蚀开裂能力，因此具有较大的实际意义。

4.2.1.2　铝合金淬火工艺制定原则

合理的淬火工艺能够赋予材料优良的使用性能。不同的使用环境对材料的使用要求也不同，一般结构件，最主要的是强度特性。常温下使用的材料，应使材料获得高的强度性能。高温下使用的材料，则必须考虑其热强度，所以淬火工艺决定了材料的最终要求。

A　淬火加热温度

加热的目的是使合金中起强化作用的溶质，如铜、镁、硅、锌等元素最大限度地溶入铝固溶体中。因此，在合金不发生局部熔化（过烧）的加热条件下，应尽可能提高加热温度，使强化相充分溶解到固溶体中，以便时效时达到最强化效果。

淬火加热温度的下限是固溶度曲线，而上限为开始熔化温度。有些合金在平衡状态下含有少量共晶组织，如 2A12 合金，溶质具有最大溶解度的温度相当于共晶温度，所以加热必须低于共晶温度，即必须低于具有最大固溶度的温度。有些合金在平衡状态时不存在共晶组织，如 7A04 合金，在选择上限温度时，其余量范围很大，但也应考虑非平衡相熔化问题。

淬火温度的要求比较严格，允许的温度波动范围小，一般控制在 $\pm 2 \sim \pm 3$℃ 范围内。加热过程中应保证金属温度具有较好的均匀性，悬挂在空气炉中时，应使制品之间有一定的间隙，以便于空气循环，提高温度的均匀性。如果制品之间靠得过紧，中间部分加热速度低于边部金属，会使制品加热温度不均匀，造成各部位性能不均匀。

淬火加热时，除发生强化相溶解外，还会发生再结晶或晶粒长大过程，这些变化对淬火后合金的性能造成一定的影响。在确定淬火温度时，应根据不同的合金特点、加工工艺及最终要求予以考虑。如高温下晶粒长大倾向大的合金（6A02、6061），应限制最高加热温度。为了提高强化效果，在不发生过烧的前提下，尽量提高淬火温度。如 2A12 合金淬火温度分别为 495℃ 和 475℃，同样保温 10min，则抗拉强度可相差 30MPa。

过烧是淬火时易于出现的一种缺陷，对金属的性能影响较大。所谓过烧就是热处理时金属温度过高，使合金中低熔点共晶体熔化的现象。轻微过烧时，表面特征不明显，显微组织可观察到晶界稍变粗，并有少量球状易熔组成物，晶粒亦较大。反映在性能上，冲击韧性明显降低，腐蚀速度大大增加。严重过烧时，除了晶界出现易熔物薄层，晶内出现球状易熔物外，粗大的晶粒晶界平直、严重氧化，三个晶粒的衔接点呈黑色三角形，有时出现沿晶界的裂纹。在制品表面颜色发暗，有时甚至出现气泡等凸出颗粒，图4-7所示为 LC4 合金淬火过烧组织。

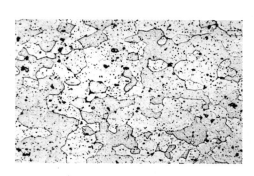

图4-7　LC4 合金淬火过烧组织（×200）

B　淬火加热保温时间

保温的目的在于使相变过程能够充分进行（强化相应充分溶解），使组织充分转变到淬火需要的形态。保温时间的长短主要取决于合金成分、原始组织及加热温度。温度越高，相变数几率愈大，所需保温时间愈短。如 2A12 合金在 500℃ 加热，只需保温 10min 就足以使强化相溶解，自然时效后的强度较高。而在485℃下保温15min，虽强化相已溶解，但自然时效后的强度有所降低。

材料的预先处理和原始组织（包括强化相尺寸、分布状态等）对保温时间也有很大的影响。就同一合金来说，变形程度大的要比变形程度小的所需时间短。已退火的合金，强化相尺寸较已淬火-时效后的合金粗大，故退火状态合金淬火加热保温时间较重新淬火的保温时间长得多。

保温时间与装炉量、制品厚度及排列密度、加热方式等因素有关。装炉量越多、制品厚度越厚、制品排列密度越大，保温时间愈长。盐浴炉加热比空气循环炉加热速度快，加热时间短。保温时间应从炉料最冷部分达到淬火温度的下限算起，但在工业化大生产条件下，由于测量金属温度难度较大，可采用通过计算金属吸热时间和实际测量金属升温所需的时间，来确定金属保温时间。

C　淬火加热速度

淬火加热速度对晶粒尺寸有一定影响。大的加热速度可以保证再结晶过程在第二相溶解前发生，从而有利于提高形核率，获得细小的再结晶晶粒。但也应注意，当装炉量较大、制品厚度较厚、制品排列密度较大时，如果加热速度过快，可能会出现加热不透或加热不均匀的现象，影响材料性能的均匀性。

D　淬火冷却速度

淬火的目的是使合金快速冷却至某一较低温度（通常为室温），使在固溶处理时形成的固溶体固定成室温下溶质和空位均呈过饱和状态的固溶体。一般来说，采用最快的淬火冷却速度可得到最高的强度以及强度和韧性的最佳组合，提高制品抗腐蚀及应力腐蚀的能力。

图4-8示出了临界冷却速度v_r，即合金从淬火温度下以不同冷却速度冷却，和与C曲线相切的冷却速度v_c。临界冷却速度与合金系、合金元素含量和淬火前合金组织有关。不同

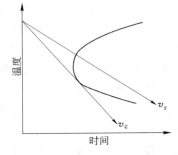

图4-8　临界冷却速度

系的合金，原子扩散速率不同，基体与脱溶相间表面能以及弹性应变能不同。因此，不同系中脱溶相形核速率不同，使固溶体稳定性有很大差异。如 Al-Cu-Mg 系合金中，铝基固溶体稳定性低，因而临界冷却速度大，必须在水中淬火；而中等强度的 Al-Zn-Mg 系合金，铝基固溶体稳定性高，可以在流动空气中淬火。同一合金系中，当合金元素浓度增加，基体固溶体过饱和度增大时，固溶体稳定性降低，因而需要更大的冷却速度。

若淬火温度下合金中存在弥散的金属间相和其他夹杂相，这些相可能诱发固溶体分解而降低过冷固溶体的稳定性。如铝合金中加入少量的锰、铬、钛，在熔体结晶时，这些元素就以过饱和状态存在于固溶体中，随后的均匀化退火、变形前加热以及淬火加热，均可从固溶体中析出这些元素的弥散化合物。这些化合物本身可作为主要脱溶相的晶核，它们的界面也是主要脱溶相优先形核的场所，因而使固溶体稳定性降低。对于这类合金，淬火需要采用较大冷却速度。

冷却速度的大小，对制品影响较大。当冷却速度增大，制品中产生残余应力的大小也会增大，对精整矫直增加了困难，甚至产生矫直开裂。如果制品中存在较大的残余应力，会降低其拉伸性能；在腐蚀环境中使用时，会降低其抗应力腐蚀性能；在进行机械加工过程中易发生变形甚至开裂。如果降低冷却速度，虽然可减小残余应力及引起的变形，但影响材料的力学性能；在冷却过程中也容易发生局部脱溶，使晶间腐蚀倾向性增大。

影响淬火冷却速度的因素是多方面的。大直径薄壁管材或小直径棒材，冷却速度快，有利于力学性能的提高；厚壁管材或大直径棒材，冷却速度慢，对材料性能有一定影响。淬火介质不同对淬火冷却速度也有一定的影响。水是最广泛且最有效的淬火介质，在水中加入不同物质也可使冷却速度改变，如水中加入盐或碱可使冷却速度提高；加入某些有机物（如聚二醇）可使冷却变得缓和。对于低合金化的 Al-Mg-Si 系合金，由于对淬火敏感性较低，壁厚较薄的管材及小规格棒材可采用流动空气淬火冷却。淬火介质温度不同时，淬火冷却速度也不同，温度越高，冷却速度越慢，制品冷却后的变形程度越小，有利于精整矫直。淬火介质的容量越大，其热容量越大，对制品的冷却能力越强，有利于提高制品的力学性能。

淬火转移时间也是一个重要参数，从热处理炉转移至淬火介质中的这段时间内，若固溶体发生部分分解，则不仅会降低时效后强度性能，而且对材料晶间腐蚀抗力也有不利影响。一般规定淬火转移时间，Al-Zn-Mg 合金不宜超过 30s，Al-Zn-Mg-Cu 系合金不宜超过 15s。

4.2.1.3　铝合金制品淬火工艺操作要点

（1）淬火前整径的管材，在淬火前应切去拉伸夹头；带夹头淬火的管材（淬火后整径的管材），应在淬火前擦去夹头处的润滑油，端头必须打上通风孔；厚壁管淬火前必须把不通风的挤压尾端切除。

（2）制品淬火前应用铝线打捆，但不能捆得过紧，尽量使制品之间不相互接触，以免影响热空气流动，造成加热不均匀。

（3）相邻规格的制品可以合炉淬火，但保温时间应按相对较长时间的制度计算。

（4）装炉前的炉温应该接近淬火加热温度，可使制品升温速度加快，但不允许在炉温高于规定淬火温度时装炉。

（5）淬火前的淬火水温一般为 10～35℃。为减少制品变形，淬火水温可适当提高到 50～80℃或更高。

（6）淬火冷却时，制品应以最快的速度全部浸入水中，以使淬火转移时间最短。同时将制品在淬火介质中上下搅动，以达到快速冷却的目的。对于壁厚较厚的厚壁管材及大规格棒材，应在淬火介质中停留一定时间，以便制品能充分冷却，提高淬火效果。

（7）淬火介质的容量应足够大，并充分搅拌，使其温度均匀一致，提高淬火效果，减少性能差异。

（8）淬火冷却介质为水，因含有 Cu^{2+}、HCO_3^-、O^{2-}、Cl^- 等离子，对铝制品有腐蚀作用。为减少水的腐蚀，应采用去离子水，也可以在普通水中加入 0.2%～0.3% K_2CrO_7 以抑制腐蚀。

（9）淬火制品弯曲度较大时，应采用拉伸矫直或辊矫方式，以减少制品原始弯曲度。

（10）对于有挤压效应的铝合金挤压制品，淬火加热温度及保温时间应取下线，以保持挤压效应。

4.2.2　时效

时效过程就是过饱和固溶体的分解过程，其分解过程一般为过饱和固溶体→G. P 区→过渡相→平衡相。过饱和固溶体分解是原子扩散过程，所以分解程度、脱溶相类型、脱溶相的弥散度、形状及其他组织特征将与时效温度及保温时间有关。

过饱和固溶体在分解过程中，不直接沉淀出平衡相的原因是由于平衡相一般与基体形成新的非共格界面，界面能大，而亚稳定的过渡相往往与基体完全或部分共格，界面能小。相变初期新相比表面积大，因而界面能起决定性作用，界面能小的相，形核功小，容易形成。

G. P 区是合金中预脱溶的原子偏聚区。G. P 区的晶体结构与基体的结构相同，它们与基体完全共格，界面能很小，形核功也小，故在空位帮助下，在很低的温度中即能迅速形成。

过渡相与基体可能有相同的晶格结构，也可能结构不同，往往与基体共格或部分共格，并有一定的晶体学位向关系。由于过渡相的结构与基体差别较 G. P 区与基体差别更大一些，故过渡相形核功较G. P 区的大得多。为降低应变能和界面能，过渡相往往在位错、小角度界面、堆垛层错和空位团处不均匀形核。由于过渡相的形核功大，需要在较高的温度下才能形成。在更高温度或更长的保温时间下，过饱和固溶体会析出平衡相。平衡相是退火产物，一般与基体相无共格结合，但亦有一定的晶体学位向关系。平衡相形核是不均匀的，由于界面能非常高，所以往往在晶界或其他较明显的晶格缺陷处形核以减小形核功。

4.2.2.1　影响时效过程的因素

A　合金成分的影响

随着固溶体浓度的增加，时效效果愈强；当接近极限固溶体浓度时，合金时效后将获得最大强化值；当浓度超过极限固溶度时，在同一淬火温度下淬火，并在同一时效温度下时效后，虽然基体中脱溶相密度相同，但整个强化相增量降低，使强化效果下降。

B 塑性变形的影响

实际生产中，制品在淬火后及时效前需进行辊矫或张力矫直，其变形率控制在 1% ~ 3%，虽然变形量不大，但对以后的时效过程却有较大的影响。

对于淬火迅速冷却的合金，时效前的冷变形会加速合金在较高温度下的脱溶过程（主要脱溶产物为过渡相及平衡相），但延缓了在较低温度下的脱溶过程（主要脱溶产物为 G. P 区）。也就是说，在淬火时冷却速度很大的合金，冷变形有利于过渡相及平衡相形核，但不利于生成 G. P 区。因为生成 G. P 区必须依靠空位和溶质原子迁移，合金淬火快速冷却后，通常保留大量过剩空位（约 $10^{-4}\,cm^3$），时效前冷变形可提高空位密度，使空位逸入位错而消失的可能性增加。冷变形本身虽然也产生空位，但空位生成数一般小于消失数。所以冷变形必然会减慢 G. P 区的生成速率，但与 G. P 区不同，过渡相及平衡相的形核率主要取决于位错密度。冷变形使位错密度增加，促进过渡相及平衡相形核。所以，主要依靠弥散过渡相强化的合金，时效前的冷变形会使时效强化效果提高。

C 固溶处理制度的影响

在不发生过烧或过热的前提下，提高固溶处理温度可以加速时效过程，提高硬度峰值。其原因是：

（1）随固溶处理温度升高，空位数量增加，淬火后就能保留更高的过饱和空位浓度，加速扩散过程，促进过饱和固溶体分解。

（2）固溶处理温度愈高，强化相在固溶体中溶解愈彻底，因而淬火后固溶体的过饱和度愈大，使随后时效时脱溶加速，并使合金得到更大的硬度和强度。

（3）提高固溶处理温度还可使合金成分变得更均匀，晶粒变粗，晶界面积减小，有利于时效时普遍脱溶。

D 时效温度和时间的影响

一般情况下，随着时效时间增加，合金抗拉强度、屈服强度及硬度值不断增大。随着时效温度的提高，其合金抗拉强度、屈服强度及硬度值快速上升。继续延长保温时间，这些性能达到最大值后开始下降（图 4-9 中 T_2 及 T_3 曲线），此时就进入了过时效阶段。过时效产生的原因有：

（1）早先形成的脱溶相发生聚集粗化，间距加大；

（2）数量较少的更稳定脱溶相代替了数量较多的稳定性较低的脱溶相；

（3）共格脱溶相开始由半共格，然后由非共格的脱溶相所取代，因而使基体中弹性应力场减小或消失。

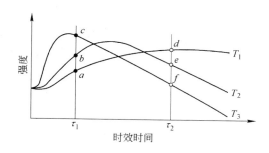

图 4-9 在不同温度（$T_1 < T_2 < T_3$）下时效，其强度与时效时间的关系

若时效温度相当低，则不会发生过时效，合金因共格脱溶相密度增大并长大变粗而不断强化，但这一过程及相应的强化达到一定程度后就基本停止发展（图 4-9 中 T_1 曲线）。例如，硬铝合金在室温下时效（自然时效）的过程。

在相同时效时间的条件下，随着时效温度升高，强度逐渐增强，当达到一极大值后又降低。当时效温度足够高时，有些合金的强度可低于新淬火的合金强度，这种强烈的过时效是由于脱溶相明显聚集，以及基体中合金元素浓度大大降低所致。

4.2.2.2 铝合金时效工艺制定原则

时效工艺可分为等温时效（或单级时效）及分级时效。等温时效就是选择一定的温度，并保温一定时间，以达到所要求的性能。分级时效就是先于某一温度时效一定时间后，再提高（或降低）时效温度并保温，完成整个时效过程。

A 等温时效

等温时效分自然时效及人工时效两类。在室温条件下进行的时效称为自然时效，人工时效则表示必须将淬火后的制品加热到某一温度进行的时效。扎哈洛夫通过大量实验发现，合金达最大硬度及强度值的人工时效温度与合金熔化温度之间存在着一定关系，即

$$T_{时} = (0.5 \sim 0.6)T_{熔} \tag{4-1}$$

对于淬火后稳定性小的材料，如变形状态，特别是淬火后还进行一定变形量的材料，采用下限温度；稳定性大，扩散缓慢的材料，如铸态及耐热合金等，采用上限温度。

图 4-10 给出了 Al-4.5% Cu-0.5% Mg-0.8% Mn 合金等温时效曲线。从图中可以看出，降低时效温度，可以阻碍或抑制时效硬化效应（如在 −18℃时）；时效温度增高，则时效硬化速率增大，但硬化峰值后的软化速率也增大；在具有强度峰值的温度范围内，强度最高值随时效温度增高而降低；在人工时效时，强度才会出现峰值。

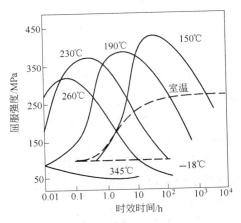

图 4-10 Al-4.5% Cu-0.5% Mg-0.8% Mn 合金等温时效曲线

为获得不同的强度、韧性、塑性、抗应力腐蚀能力等性能，可采用不同的人工时效方式，即完全人工时效、不完全人工时效、过时效及稳定化时效等。完全人工时效是要求最高强化时选择的工艺，相当于图 4-10 的峰值曲线。不完全人工时效相当于图 4-10 曲线的上升段，与完全人工时效相比，温度较低，保温时间较短，虽强度性能未达到最高值，但塑性较好。

　　过时效相当于图 4-10 中曲线的下降段，与不完全人工时效比较，过时效后组织稳定，具有较好的综合力学性能及抗应力腐蚀能力。稳定化时效是过时效的一种形式，其特点是时效温度更高或保温时间更长，目的在于使材料的性质和尺寸更稳定。

　　B　分级时效

　　分级时效的第一阶段温度一般较第二阶段低，即先低温后高温。低温阶段合金过饱和度大，脱溶相晶核尺寸小而弥散，这些弥散的脱溶相可作为进一步脱溶的核心。高温阶段的目的是达到必要的脱溶程度以及获得尺寸较为理想的脱溶相。与高温一次时效相比较，分级时效使脱溶相密度更高，分布更均匀，合金有较好的抗拉、抗疲劳、抗断裂以及抗应力腐蚀等综合性能。如 Al-Zn-Mg 系合金，若先于 100 ~ 120℃时效，然后再在 150 ~ 170℃时效，则可增加 η' 相的密度及均匀性，与在 150 ~ 170℃一次时效相比，合金不仅强度较高，且应力腐蚀抗力变好。

　　C　淬火与人工时效的间隔时间

　　对于某些合金，淬火和人工时效之间的间隔时间对其时效效果有一定的影响，一般停留时间在 4 ~ 30h 之间危害最大。如 Al-Mg-Si 系合金，在淬火后必须立即进行人工时效，才能得到高的强度，其原因是人工时效时亚稳过渡相 β′质点粗化；如 $w(Mg_2Si) > 1\%$ 的合金在室温停留 24h 后再时效，其强度比淬火后立即进行时效的低约 10%，这种现象称为"停放效应"或"时效滞后现象"。因此，对于有"停放效应"的合金材料，应尽可能缩短淬火与人工时效的间隔时间。

　　4.2.2.3　回归现象

　　合金经时效后，会发生时效硬化现象。若把经过低温时效的合金放在比较高的温度（但低于固溶温度）下短时间加热并迅速冷却，那么它的硬度将立即下降到和刚淬火时差不多，其他性质的变化亦常常相似，这个现象称为回归。经过回归处理的合金，不论是保持在室温还是在较高的温度下保温，它的硬度及其他性质的变化都和新淬火的合金类似，只是变化速度减慢。硬铝合金自然时效后在 200 ~ 250℃短时加热，然后迅速冷却，其性能如图 4-11 所示。从图中可以看出，回归后的硬铝合金又可重新发生自然时效。

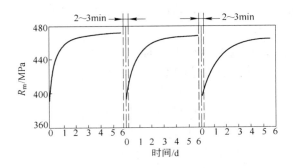

图 4-11　硬铝合金在 214℃ 经回归处理的回归现象

合金回归后再在同一温度时效时，时效速率比直接淬火后时效要慢几个数量级。这是因为回归温度比淬火温度低得多，冷却后保留的过剩空位少，使扩散速率减小，因而时效速率减慢。

利用回归热处理恢复塑性时应注意以下几点：

（1）回归热处理的温度必须高于原先的时效温度，两者差别越大，则回归愈快，愈彻底。相反，则回归现象很难发生，甚至不发生。

（2）回归热处理的加热时间一般很短，只要低温脱溶相完全溶解即可。如果时间过长，则会出现对应于该温度下的脱溶相，使硬度重新升高或过时效，达不到回归的效果。

（3）在回归过程中，仅预脱溶期的 G. P 区重新溶解，脱溶期产物往往难以溶解。

由于低温时效不可避免地总有少量脱溶期产物在晶界处析出，因此，即使在最有利的情况下，合金也不会完全回归到刚淬火的状态，总有少量性质的变化是不可逆的，这样，会降低力学性能，也易使合金产生晶间腐蚀，因而必须控制回归处理的次数。

4.2.2.4　铝合金时效工艺操作要点

（1）时效前应对制品的尺寸、弯曲度、扭拧度等外形尺寸进行控制，当符合要求后方可进行时效。人工时效后的制品不再进行张力矫直及辊矫等产生塑性变形的处理，防止制品内部产生裂纹等缺陷。

（2）制品时效前应切去头尾等几何废料，定尺料应切到定尺。

（3）制品应整齐摆放到料筐中，避免相互叠压，造成制品弯曲、扭拧等缺陷。

（4）制品之间应相互隔开，提高热空气流通，避免因升温速度和保温时间不一致而造成性能不均匀。

（5）对有"停放效应"的合金，淬火后到人工时效之间的时间应严格控制，避免因"停放效应"造成性能下降。如需要具有较高的性能，应控制在淬火后4h内进行人工时效。

（6）尽量采用热电偶直接测量金属温度方式，防止因升温及保温时间控制不当造成欠时效或过时效。

4.2.2.5 铝合金管、棒、线材固溶热处理工艺制度

铝合金管、棒、线材淬火、时效工艺制度如表4-7所示。表4-8列出了部分铝合金实测金属过烧温度。表4-9列出了铝合金淬火保温时间。表4-10列出了铝合金淬火转移时间。

表4-7 铝合金管、棒、线材淬火、时效工艺制度

合 金	淬火温度/℃	时 效	
		金属温度/℃	保温时间/h
2A01	495~505	室温	96（最低）
2A02	495~505	165~175	16
		185~195	24
2A04	502~508	室 温	240（最低）
2A06	495~505	室 温	120~240
2A10	510~520	室 温	96（最低）
2A11	495~505	室 温	96（最低）
2A12	490~500	185~195 或室温	6~12 或 96（最低）
2B11	495~505	160~170	16
2B12	490~500	180~190	16
2007	500~510	室 温	
2014	496~507	170~180	10（最低）
2A14	497~503	160 或室温	8 或 96（最低）
2017	496~510	120~140 分级时效一级 115~125 二级 155~165	12~24 3 3

合　金	淬火温度/℃	时　效	
		金属温度/℃	保温时间/h
2024	487～499	185～195 或室温	8～12 或 96（最低）
2A16	530～540	185～195 或室温	12～18 或 96（最低）
2117	496～510	185～195 或室温	5～15 或 96（最低）
2A17	520～530	180～190	12～16
2219	535～541	185～195	18
2224	490～500	室　温	
2A50	510～520	150～160	6～15
		室　温	96（最低）
2B50	510～520	150～160	6～15
2A70	525～535	185～195	8～12
2A80	525～535	165～175	10～16
2A90	512～522	155～165	4～15
4A11、4032	525～535	170～180	8
6A02	515～525	155～165 或室温	8～15 或 96（最低）
6005	520～530	175～185	6～8
6005A	525～535	170～180	8
6013	566～571	191 或室温	4 或 2 周
6061	515～579	170～180 或室温	8～12 或 96（最低）
6063	515～527	175～185 或室温	6～8 或 96（最低）
6066	515～543	170～180 或室温	8 或 96（最低）
6082	515～525	170～180	8～15
6101	525～535	195～205	4～6
6262	515～566	170～180 或室温	8～12 或 96（最低）
7001	406～471	115～125	24
7A03	465～475	95～105 或 163～173	3
7A04	465～475	135～145	16
7A09	465～475	135～145	16

合　金	淬火温度/℃	时　效	
		金属温度/℃	保温时间/h
7A19	455 ~ 465	155 ~ 165	12 ~ 16
7049 7149	460 ~ 474	室　温	48（最低）
		115 ~ 125	24
		165 ~ 175	12 ~ 21
7050	471 ~ 482	115 ~ 125 或 155 ~ 165	3 ~ 8 或 15 ~ 18
7055	470	120	30 或 105、130
7075	460 ~ 471	100 ~ 110 或 155 ~ 165	6 ~ 8 或 24 ~ 30
7150	471 ~ 482	115 ~ 125 或 155 ~ 165	8 或 4 ~ 6
7178	460 ~ 474	115 ~ 125 或 155 ~ 165	24 或 18 ~ 21
LB733	460 ~ 470	135 ~ 145	16

表 4-8　部分铝合金实测金属过烧温度

合　金	品　种	规格/mm 或 mm × mm	变形程度 ε/%	加热方式	保温时间 /min	过烧温度 /℃
2A02	棒　材	ϕ22	99.4	强制空气循环炉	40	515
2A06	棒　材			盐浴炉	20	515
2A11	棒　材	ϕ14	94.5	强制空气循环炉	40	514
	冷拉管材	ϕ110 × 3	9.0	盐浴炉	20	512
2A12	棒　材	ϕ15	94.3	强制空气循环炉	40	505
	冷拉管材	ϕ40 × 1.5	73.3	盐浴炉	20	507
	冷拉管材	ϕ80 × 2.0	24.0	盐浴炉	20	505
2A16	棒　材	ϕ12	95.0	空气循环炉	40	547
2A17	棒　材	ϕ30		盐浴炉	30	535
6A02	棒　材	ϕ22	95	空气循环炉	40	565
2A50	棒　材	ϕ22	95	空气循环炉	40	545
2A70	棒　材	ϕ22	94.4	空气循环炉	40	545
2A14	棒　材	ϕ20	94.4	空气循环炉	40	515

表4-9 铝合金淬火保温时间

管材壁厚或棒材、	保温时间/min	
线材直径/mm	盐浴槽	空气炉
≤1.0	7 ~ 25	10 ~ 35
1.1 ~ 3.0	10 ~ 40	15 ~ 50
3.1 ~ 5.0	15 ~ 45	25 ~ 60
5.1 ~ 10.0	20 ~ 55	30 ~ 70
10.1 ~ 20.0	25 ~ 70	35 ~ 100
20.1 ~ 30.0	30 ~ 90	45 ~ 120
30.1 ~ 50.0	45 ~ 110	60 ~ 150
50.1 ~ 75.0	60 ~ 130	100 ~ 180
75.1 ~ 100	80 ~ 150	140 ~ 210
≥100.1	100 ~ 180	160 ~ 240

表4-10 铝合金淬火转移时间

管材壁厚或棒材直径 /mm	最大淬火转移时间 /s	管材壁厚或棒材直径 /mm	最大淬火转移时间 /s
≤0.4	5	2.31 ~ 6.50	15
0.41 ~ 0.80	7	>6.50	20
0.81 ~ 2.30	10		

注：在保证制品性能符合相应技术标准和协议要求的前提下，淬火转移时间可适当延长。

4.3　管材、棒材矫直技术

经过挤压、拉伸、热处理等工序生产的制品，存在着一定的弯曲度和扭拧度，无法满足技术标准及最终使用要求，需采用一定的矫直手段，来消除弯曲和扭拧。对于使用要求较高的制品，要求减小或消除制品中残存的内应力，以尽量减小加工过程中产生的变形，一般可采用拉伸矫直方式来降低内应力。有些管材由于加工过程中产生较大的变形，椭圆度超标，也可以采用辊矫方式来减小椭圆度超标现象。因此，矫直是管、棒、线材生产过程中不可缺少的工序。矫直的主要方法有双曲线多辊式矫直、张力矫直、型辊矫直、正弦矫直和手工矫直等。

4.3.1　双曲线多辊式矫直

4.3.1.1　矫直原理

双曲线多辊式矫直是矫直铝及铝合金圆管、棒材的主要方法之一。矫直过程中，矫直辊子的位置与被矫直制品运动方向呈某种角度，主动辊由电动机带动作同方向旋转，从动辊作为压力辊，它们是靠旋转着的管、棒材与从动辊之间产生的摩擦力旋转的。当工作辊旋转时，制品在主动辊的作用下，一面作旋转运动，一面向前作直线运动。在不断地作直线和旋转运动的过程中，制品承受各方向的压缩、弯曲、压扁等变形，最后达到矫直目的。

旋转矫直时，制品在矫直辊之间一面旋转着向前运动，一面进行反复弯曲矫直。制品轴向纤维经受较大的弹塑性变形后，弹性回复能力逐渐趋于一致，各条纤维都经过一次以上的由小到大、再由大到小的拉伸压缩变形，即使原始弯曲状态不同，受到的变形量有差异，只要变形都是较大的，则弹性回复能力就必将接近。这种变形反复次数越多，弹性回复能力越接近一致，矫直质量越好。

图 4-12 所示为制品旋转矫直过程中所受到的弯矩及变形情况。

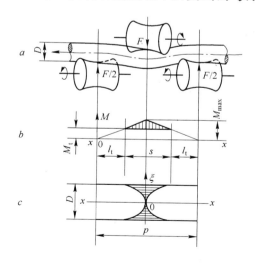

图 4-12　旋转矫直的弯矩与塑性变形区

图 4-12*a* 表示制品一面弯曲变形，一面旋转前进的情况。图 4-12*b* 表示在弯曲平面内的弯矩。其 $M - x$ 关系为：

$$M = xF/2 \tag{4-2}$$

在 $x = l_t$ 处，$M = M_t = Fl_t/2$；在 $x = l_t \sim p/2$ 区间内，M 为弹塑性变形区内的弯矩，这个区间用 s 表示，则 s 代表弹塑性变形区长度。s 以外部分称为弹性变形区。这个区间的长度用 l_t 表示，而且两端是对称的。

图 4-12*c* 为弹性区边界曲线（ξ-x 曲线）。阴影线以外部分为弹性变形区，阴影线部分为塑性变形区。可以看出，在塑性变形区内随 x 的减小，ξ 值迅速减小，相对地说塑性变形迅速加深，直到管材内壁或棒材中心。制品通过矫直辊的过程恰好是塑性区由小到大，再由大到小的变化过程。因此，每条轴向纤维的变形是不一致的，但随着前进中旋转次数的增加，这种不一致性将明显减小。

4.3.1.2 辊数配置与摆放方式

斜辊矫直机按辊子数目分为二辊、三辊、五辊、六辊、七辊、九辊等，一般选用七辊、九辊矫直机。矫直机的矫直质量与辊子数量有一定关系，但主要取决于矫直辊的摆放方式，矫直辊的摆放方式决定了矫直机的功能、矫直质量、制品的尺寸精度等技术指标。根据矫直辊的摆放方式，可以分为以下四种类型，如图 4-13 所示。图 4-13*a* 称为 1—1 辊系，其特点是上下辊 1—1 交错；图 4-13*b* 称为 2—2 辊系，其特点是上下辊成对排列，常见的辊数为六辊；图 4-13*c* 称为复合辊系，其复合方式多种多样，有 2—1—2 式、2—1—2—1 式、1—2—1—2—1 式、2—2—2—1—1—1 式等；图 4-13*d* 称为 3—1—3 辊系，由 3 个矫直辊组成一组，这种辊系都是 7 个辊子。

1—1 辊系选择长短两种长度的矫直辊，长矫直辊直径大，为主动辊，一般数量少于被动辊。被动辊为短辊，直径小于主动辊。如七辊矫直机有两个主动辊，五个从动辊，主动辊的直径比从动辊直径大一倍。圆管、棒材在矫直辊之间受到弯曲变形，中间的矫直辊施加的压力较大，两边的矫直辊施加给制品的压力较小。由于施加的力相当于两点为支撑力，中间为压下力，管材只受到辊子从一个方向施加的压力，对消除管材的椭圆度效果稍差一些。对于软铝合金管、棒材或

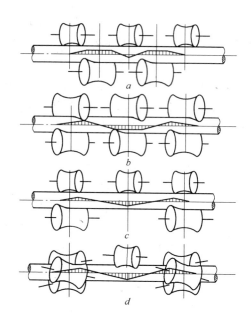

图 4-13　辊系摆放方式与弯矩分配情况

壁厚较薄的管材，矫直时容易产生矫直环线。由于矫直机入口端的第一个辊子是被动辊，制品必须越过第一个辊，与其主动辊接触后才可被咬入，其咬入条件较差，对弯头较大的制品或端头太扁的管材，矫直时就很难被主动辊咬入，所以当弯头太大或端头太扁时，必须切掉端头。

　　2—2 辊系一般上下辊都是主动辊，因此咬入条件好，对制品的弯头和端头要求较低，可以较容易实现矫直。成对配置的两个辊子可以给管材同时施加方向相同的一对压力，管材在长轴方向被压缩，短轴方向变长，使管材的椭圆度减小直至消除。由于咬入条件好，辊子的压下力可适当小一些，故矫直时不容易产生矫直环线，对于大直径薄壁管材效果更好。由于上下辊均为主动辊，对辊子加工精度及装配要求较高，要求保证辊子表面线速度一致，否则导致制品表面产生擦划伤。

　　各种复合辊系常兼备上述两种辊系的优点，根据不同的使用要求，调整辊子的摆放方式，以达到最佳效果。如 2—2—2—1—1—1 辊系，在 3 个对辊的作用下，管材的椭圆度被很好地校整，同时在 6 个辊子的相互作用下，管材多次弯曲变形，达到了矫直目的。该种辊系主要用来矫直管材，直径 200mm 管材的直线度可控制在 1mm/m 之内。

3—1—3 辊系是一种较新的辊系，其特点是咬入条件好，工作稳定，圆度校整性好，矫直鹅头弯的效果好。这种辊系矫直鹅头弯主要依靠前后两组 3 辊的作用，前鹅头弯将在后 3 辊处矫直；后鹅头弯将在前 3 辊处矫直；驱动辊只有两个，使传动得到简化；所有的调节辊都不驱动，使调节方便。

4.3.1.3 制品直径与矫直辊倾斜角

制品直径与矫直辊倾斜角有相互关系，当矫直机的矫直范围一定时，矫直机的辊子直径确定。在矫直直径范围内，随着制品直径增大，矫直辊倾斜角逐渐增大。因为矫直辊曲面呈双曲线形式，当辊子与矫直机轴线方向的倾斜角较小时，辊子在矫直机轴线方向的曲率半径大，而在垂直方向的曲率半径小，与小直径制品可以有较长的接触区，使制品变形均匀，有利于提高矫直质量。当倾斜角较大时，辊子在矫直机轴线方向的曲率半径减小，而大直径制品的曲率半径较大，与矫直辊的曲率半径相适应，适合于矫直大规格制品。

若矫直辊的倾斜角调整不合适，矫直辊在垂直矫直机轴线方向的曲率半径与制品的曲率半径将无法很好地配合。当矫直辊大于制品的曲率半径时，制品与矫直辊的接触面积减小，制品表面单位压力增大，表面容易产生矫直环线。当矫直辊小于制品的曲率半径时，制品与矫直辊之间的接触面不是全接触，而是辊子两端与制品接触，中间没有接触。在矫直辊的压力下，接触点压力大，有塑性变形，同时在两个方向的压力作用下，金属向中间未接触面方向变形，使矫直后的圆度和表面质量下降，严重时可呈多边形。

4.3.1.4 矫直速度

当辊子直径和辊子转数确定后，矫直速度 v_x 与辊子倾斜角 α 的关系式为：

$$v_x = v_g \sin\alpha \tag{4-3}$$

式中 v_g——辊子的线速度。

矫直速度的大小影响着制品的表面质量，因为制品经挤压、拉伸、淬火等工序，存在着均匀弯曲或方向不一致的复合弯曲。当制品被咬入矫直辊中间时，制品边旋转边向前作直线运动。矫直机在入口端和出口端的料台是开放式的，对制品左右摆动不起限制作用，制品在旋转过程中受到离心力的作用，甩动较大。当矫直软铝合金制品或壁厚较薄的管材时，容易产生辊子硌伤。矫直速度越快，旋转的制品甩动越大，缺陷越严重。所以对软铝合金制品或壁厚较薄的管材，矫直速度选择低速。

4.3.1.5   辊式矫直工艺控制

辊式矫直工艺控制如下：

（1）矫直辊表面应光滑，不允许有磕碰伤、擦划伤等缺陷。

（2）矫直辊表面不应有起棱、凹陷等缺陷，应及时对缺陷进行处理，对曲面应采用样板控制，以保证整体曲面均匀一致。

（3）各主动辊的直径、曲面应均匀一致，从动辊直径、曲面也应均匀一致，以保证各辊的线速度一致。

（4）矫直辊表面应有较高的硬度，以防止长时间使用产生变形。

（5）冷却润滑油应保持清洁，不允许有铝屑、杂质等脏物，防止金属或非金属压入。

（6）被矫直的制品表面应清洁，不允许粘有金属屑等脏物。对表面存在的磕碰伤、擦划伤等缺陷，应及时清理后再矫直。

（7）矫直制品直径应与矫直机适用范围相一致。

（8）对热处理自然时效的制品，在淬火后应及时矫直，一般控制在 12h 内矫直。对热处理需采用人工时效的制品，一般在淬火后 24h 内矫直。

（9）对弯曲度较大的制品，尽量采用 2～4 遍矫直，防止 1 遍矫直时，因矫直压力过大而产生矫直缺陷。

4.3.2   张力矫直

4.3.2.1   矫直原理

张力矫直也称为拉伸矫直。其矫直原理是将管材或棒材的两端夹住,并向两边施加拉伸力,使其沿纵向拉伸变形,拉伸变形量超过金属的弹性变形,并达到一定变形量,一般伸长变形量控制在 1%~3%,使各条纵向纤维的弹性恢复能力趋于一致,在弹性恢复后各处的残余变形弯曲量不超过允许值。张力矫直机结构示意图如图 4-14 所示。

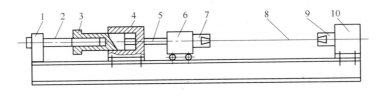

图 4-14　张力矫直机结构示意图

1—尾架;2—回程柱塞;3—单回程油缸柱塞;4—带工作油缸的固定架;5—拉杆;
6—活动机架;7—活动夹头;8—被矫直管材;9—固定夹头;10—固定架

　　管材、棒材的拉伸变形曲线如图 4-15 所示。当制品因原始弯曲造成纵向纤维单位长度的差为 oa 时,经较大的拉伸变形后,原来短的纤维拉长为 ob,原来长的纤维拉长为 ab。卸载后,各自的弹性恢复量为 bd 及 bc,这时残留的长度差变为 cd,cd 明显小于 oa,使制品的平直度得到很大改善。如果制品的强化特性越弱,这种残留的长度差越小,即矫直质量越高。当制品的强化

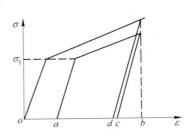

图 4-15　原始长度与
拉伸变形的关系

特性较大时,一次拉伸后有可能达不到矫直目的,即 cd 大于允许值,则应该进行二次拉伸。如果在第二次拉伸之前对材料进行时效处理,则矫直效果会更显著。另外,由于制品的实际强化特性并不是完全线性的,越接近强度极限,应力与应变之间的线性关系越减弱。因此在接近强度极限的变形条件下,可以得到很好的矫直效果,但这样的做法是比较危险的,不仅易出现表面粗糙,而且容易拉断。

　　张力矫直主要适用于异型管、棒材和需张力拉伸的管材和棒材。在拉伸管材时,由于拉伸钳口夹住管材两端,管材两端将被夹扁,随

着外形尺寸增大，端头变形长度也将增长，使几何废料增加，所以张力矫直时应装入拉伸芯头，以减少端头的变形量，减少切头量。

张力矫直可以减少甚至消除制品中因挤压、热处理等工序产生的内应力，减少制品在后续的机械加工中产生的变形，提高机械加工精度，故对需要降低制品内应力的产品，一般选用张力矫直。

4.3.2.2 张力矫直工艺控制

张力矫直工艺控制如下：

（1）拉伸速度应均匀、慢速，防止因速度过快造成拉伸变形不均匀。

（2）厚壁管、棒材的拉伸变形量可适当控制在上限，有利于拉伸矫直和减小内应力。当拉伸异型管或软铝合金管、棒材时，应将拉伸变形量控制在下限，以防止异型管变形造成尺寸超差，或软铝合金制品变形不均匀，造成局部尺寸超差。

（3）对有粗晶环或晶粒粗大的制品，应将拉伸变形量控制在下限，防止表面产生橘皮现象。

（4）淬火制品在淬火后应立即进行拉伸矫直，一般应控制在6h之内。

（5）人工时效制品应在时效前进行张力矫直，时效后不允许进行张力矫直。

（6）退火制品应在退火前进行张力矫直，管材在退火后不再进行张力矫直。棒材退火后可进行微量的张力矫直，但应控制最终尺寸。

（7）张力矫直非圆形管、棒材，应同时控制扭拧度。

（8）拉伸管材时，应在管材内孔插入芯子，以减少端头压扁程度。

4.3.3 型辊矫直

4.3.3.1 矫直原理

非圆形管、棒材经张力矫直后，其弯曲度很难完全达到技术条件的要求，须经过型辊矫直或手工矫直工序。型辊矫直机采用十辊和十二辊的较多，一般采用上下两排辊，上下辊相互错开的方式。矫直时下面两个辊与上面在两个辊之间的一个辊形成一组矫直辊，非圆形管、棒材放在三个辊之间，其凸起处向上；下面两个辊为支撑点，而上面一个辊向下施加一个力，使其凸起部位向反方向弯曲。当施加压力产生的变形与凸起的变形大小相当时，其两个变形相互抵消，达到矫直目的。由于制品在主动辊的作用下向前运动，形成连续压弯，而使制品整体矫直。但制品的弯曲不是均匀的，实际矫直中这一段矫直了，而另一段又产生新的弯曲，因此在矫直时，应同时施加一反方向的弯曲力，即第一组辊子为两下一上，第二组则为两上一下，使其在两次弯曲变形中的弯曲变形相反，相当于同时按两个方向各矫直了一遍，有利于提高生产效率。

矫直辊一般不全部使用，根据弯曲的特点来选择，一般采用 6 ~ 8 辊的较多。

矫直质量与合金特性、外形尺寸等因素有关。合金刚性越大，施加的压力也越大，压弯后的残余曲率的均一性越差，而这种差值将随着反弯次数的增加而减小。对于刚性较小的软铝合金，应施加较小的压力，否则产生局部变形而无法回复，造成局部弯曲。

4.3.3.2 型辊矫直工艺控制

型辊矫直工艺控制如下：

（1）矫直辊片表面应光滑，不允许有磕碰伤、擦划伤等缺陷；

（2）矫直辊内外圆应同心，不允许有椭圆等不圆现象；

（3）矫直辊的压下力应适当，可反复几遍，避免一次加压过大而造成局部弯曲；

（4）退火状态制品，应在退火前进行矫直，退火后不再进行辊矫；

（5）型辊矫直应在张力矫直后进行，不允许弯曲过大而直接进行辊矫；

（6）对容易产生应力裂纹的 7A04、7A09 等合金，不允许在淬火人工时效后进行型辊矫直。

4.3.4 扭拧矫直

4.3.4.1 矫直原理

非圆形管、棒材经型辊矫直、张力矫直等方式，只能对弯曲进行校正，而对扭拧缺陷则无法消除，需经设备或手工扭拧矫直。扭拧矫直就是对存在扭拧的制品，在制品上找到两个支点，在两支点处施加旋转方向的力矩，两力矩方向相反。在两相反方向力矩的作用下，制品沿其轴线进行扭转变形，其扭转方向与原有制品的扭转方向相反，当扭转变形达到一定程度后，即抵消原扭拧变形，实现了扭拧矫直。

扭拧矫直的关键是找到扭拧点，点找不准则容易产生新的扭拧点，形成一段一段的扭拧缺陷。矫直时扭转角度应适当，扭转变形应控制在一定范围内，否则在力矩点产生急剧变形，造成局部扭拧。对于长度较长的扭拧制品，应分段矫直，每次变形量要小。扭拧变形过大，变形量超过原始扭拧度，造成新的扭拧度不合格，所以在生产中必须根据实际情况控制力矩点及力矩大小。

4.3.4.2 扭拧矫直工艺控制

扭拧矫直工艺控制如下：

（1）扭拧矫直用钳口或垫块表面应光滑，应能与制品很好地配合；

（2）钳口压下力应适当，避免损伤制品表面；

（3）扭拧力矩应与制品扭拧的方向相反，力矩大小应适当，应逐渐加力，避免因力矩过大造成向另一方向扭拧；

（4）软铝合金弹性小，容易产生局部扭拧变形，应适当控制变形量。

5 铝及铝合金管、棒、线材工模具设计

在铝及铝合金管、棒、线材生产过程中，随着产品品种不同，其工艺流程相应有所变化。如薄壁管材、线材及拉制棒材，经热挤压工艺加工后，还需进行冷加工，而厚壁管材、棒材产品，则只需挤压成型即可。无论是只经过热挤压工序的产品，还是热挤压后需冷加工工序的产品，其各道工序及最终产品的尺寸与形状取决于模具尺寸，所以，工模具设计的是否合理，是最终产品满足技术标准要求的关键因素之一。

5.1 挤压工模具

5.1.1 铝及铝合金管、棒、线材挤压时工模具分类及组装形式

5.1.1.1 挤压工具模的分类

挤压工模具包括挤压工具和挤压模具、辅助工具三大类，主要是指那些直接与产品的挤压变形有关，在挤压过程中易于损坏或需要经常更换的工具，而不是设备本身的易损件和用于设备维护检修的工具。因此，挤压工模具一方面要与特定的设备结构相适应，另一方面又有相对的独立性，即根据工艺过程与产品类型的需要，在同一设备上可以配备多种不同的工具，并组成不同的挤压工具系统。

挤压工具有挤压筒、挤压轴、模轴、轴套、轴座、挤压垫片、模支撑、支撑环、压型嘴、针支撑、针座等，其特点是尺寸较大，通用性强，不易损坏，使用寿命较长。对于挤压筒、挤压轴、模轴、压型嘴等大型工具，一般每种规格配置 2~4 个；挤压垫片、模支撑等小型工具由于损坏较快，消耗量较大，应根据情况增加配置数量。

挤压模具包括挤压模、挤压模垫、穿孔针、针尖等，是直接参与

金属塑性成型的工具，其特点是规格多，需要经常更换，工作条件极为恶劣，消耗量很大。因此，应千方百计选用高温条件下强度高、韧性好的材料，以提高模具寿命，减少消耗，降低成本。

辅助工具主要包括导路、吊钳、键、销钉、修模工具等，这些工具对提高生产效率和产品质量有直接的关系。

5.1.1.2 挤压工具模的组装形式

铝合金液压挤压机上工具装配形式一般可按设备类型、挤压方法和挤压产品的不同分为 8 种基本形式，图 5-1 ~ 图 5-4 为应用最广的四种组装形式举例。

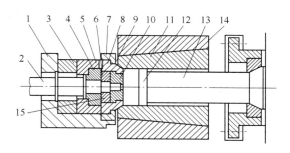

图 5-1 卧式挤压机正向挤压型、棒材工具装配形式（带压型嘴结构）
1—压型嘴；2—导路；3—后环；4—前环；5—中环；6，15—键；7—压紧环；
8—模支撑；9—模垫；10—模子；11—挤压筒内套；12—挤压垫片；
13—挤压轴；14—挤压筒外套

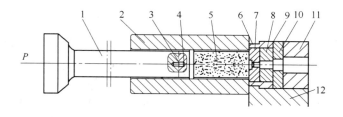

图 5-2 卧式挤压机正向挤压型、棒材工具装配形式（不带压型嘴结构）
1—挤压轴；2—挤压筒内套；3—连接销；4—挤压垫片；5—铸锭；6—模套；
7—模子；8—模垫；9—定位销；10—前环；11—后环；12—模架

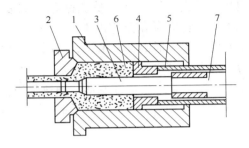

图 5-3 用固定的圆锥-阶梯针正向挤压管材工具装配图
1—挤压筒内套；2—模子；3—挤压针；4—挤压垫片；
5—挤压轴；6—铸锭；7—针支撑

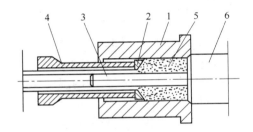

图 5-4 反向挤压管材工具装配图
1—挤压筒内套；2—模子；3—挤压针；
4—挤压轴；5—铸锭；6—堵头

5.1.2 挤压工模具的工作条件与材料选择

5.1.2.1 挤压工模具的工作条件

随着挤压产品品种的增加和规格大型化、形状复杂化、尺寸精密化、材料高强化以及大型的高比压挤压筒和新的挤压方法的不断出现，挤压工模具的工作条件变得更为恶劣了，对它们的要求也越来越高。下面概括地分析铝合金挤压工模具的使用条件及其损坏原因。

（1）承受长时高温作用。在挤压过程中，直接与高温铸锭接触并参与变形的挤压工具（挤压筒、挤压垫片、针后端、冲针等）和模具（模子、模垫、针尖、舌模套、模支撑等）的表面温度有时局部可高达550℃以上。承受高温作用的时间一般为几分钟到几十分钟，对于挤压速度慢的难变形铝合金来说，有时长达数小时以上。长时间的高温作用，大大地恶化了金属与工具之间的摩擦条件，降低了工模具材料的强度，以至于产生塑性变形，加速其破损。

（2）承受长时高压作用。表5-1列出了铝合金挤压成型时所需的最小单位压力。

表5-1 铝合金挤压成型所需最小单位压力

合金与品种	所需最小单位压力/MPa	合金与品种	所需最小单位压力/MPa
纯铝产品	100~150	冷挤压产品	600~1200
铝合金普通型、棒材	200~450		

（3）承受激冷和激热作用。穿孔针、模子和挤压垫片等工具，工作时间和非工作时间的温差在挤压铝合金时可达200~300℃以上，而在水冷模挤压、穿孔挤压时，工模具中的温度梯度更大，变化更激烈。加之，工模具材料的传热能力较低，很可能在工模具中产生大的热应力，使其工作条件更为恶化。在激冷激热作用下，工模具极易产生微裂或热疲劳裂纹。

（4）承受反复循环应力作用。在工作时间，工模具要承受很大的压力，而在非工作时间则突然卸载，应力下降到零，而且，有的工具（如穿孔系统的工具）在挤压过程中有时受压，有时受拉，因此，工模具部件的应力状态是极其复杂和极不稳定的。在这种反复循环、拉压交变的应力作用下，工模具极易产生疲劳破坏。

（5）承受偏心载荷和冲击载荷作用。在穿孔和挤压时，特别在挤压复杂断面型材、空心型材、大直径小内孔的厚壁管材时，工模具内会产生很大的附加应力，或引起很高的应力集中。在细长件、薄壁空心件（如实心和空心挤压轴，穿孔针组件等）中，还会受到偏心载荷、冲击载荷、扭曲和横向弯曲应力的作用。主应力和这些附加应力叠加，会形成很大的工作应力。在这种复合应力的作用下，工模具最易丧失稳定性，产生弯曲、扭断或折断。

（6）承受高温高压下的高摩擦作用。铝合金在挤压时的主要特点之一是极易与工模具表面产生"黏结"作用，即在高温高压作用下，合金中的 V、Fe、Si 等溶质原子渗透到工模具表面层而产生焊合作用，在与高温金属直接接触的挤压筒内套、穿孔针和模子等的表面黏附一层金属。在高温高压作用下，这些黏附的金属层不断形成，又不断被破坏，经多次反复磨损，而引起工模具失效。

（7）承受局部应力集中的作用。由于新产品形状比较复杂，相应的模具和工具（如扁挤压筒、轴、舌模和平面分流组合模等）的形状和结构也比较复杂，因而在高温高压下容易产生局部应力集中，从而引起局部变形或局部压塌。

总之，在穿孔或挤压时，工模具的工作条件是十分恶劣的，引起其变形和损坏的因素也是错综复杂的。因此，在设计时应尽可能考虑各种不利因素的影响，选择合理的结构，进行可靠的强度校核，规定合理的加工工艺和热处理工艺，选择合适的材料。

5.1.2.2 挤压工模具的材料选择

A 挤压工模具材料的要求

在挤压铝及铝合金制品时，挤压工模具承受着长时间的高温高压、大的拉伸应力、高温高压下产生的摩擦力以及大的冲击载荷作用，其工作环境相当恶劣。因此，对挤压工模具材料的各项性能提出了较高的要求。

（1）高的强度和硬度值。对于模具材料在常温下 $R_m \geq 1500 \, \text{MPa}$，$HRC \geq 50$。

（2）具有高的耐高温性能。在工作温度（500℃）时，工具材料的 $R_m \geq 650 \, \text{MPa}$，模具材料的 $R_m \geq 1000 \, \text{MPa}$。

（3）高的稳定性，即在高温下有高抗氧化稳定性，不宜产生氧化皮。

（4）高的耐磨性，即在长时间的高温、高压和润滑条件不良的情况下，表面有抵抗磨损的能力，特别是抵抗因金属"黏结"作用而磨损模具表面的能力。

（5）在常温和高温下具有大的冲击韧性和断裂韧性，防止工模具在低应力条件下或冲击载荷作用下产生脆断。

（6）具有良好的淬透性，以确保工模具的整个断面有高的，且均匀的力学性能。

（7）具有抗激冷、激热的适应能力，防止工模具在连续、反复、长时间的作用下产生热疲劳裂纹。

（8）具有高导热性，以便迅速地使工模具表面热量散发出去，防止被挤压工件和工模具本身产生局部过烧或损伤应有的机械强度。

（9）抗反复循环应力性能强，即具有高的耐高温持久性能，防止疲劳损伤。

（10）具有一定的抗腐蚀性和良好的可氮化特性，以利于提高工模具的耐磨性。

（11）具有小的膨胀系数和良好的抗蠕变性能。

（12）具有良好的工艺性能，即材料易于熔炼、锻造、加工和热处理。

（13）选用的工模具材料在国内或国外应易于获得，并尽可能符合最佳经济原则。

　　B　挤压工模具材料的选择

工模具材料的选择应考虑使用用途、工作条件、材料特性及价格等相关因素。目前国内主要选用 H13、3Cr2W8V 等钢材作为挤压模、穿孔针的材料，选择 4Cr5MoSiV1、5CrNiMo 等钢材作为基本工具的材料。表 5-2 列出了常用模具钢的化学成分与力学性能。表 5-3 列出了常用模具钢的化学成分与不同温度下的力学性能。表 5-4 列出了常用模具钢的线膨胀系数。表 5-5 为我国和主要工业发达国家部分挤压工模具材料选用表。

表 5-2　常用模具钢的化学成分与力学性能

钢材牌号	化学成分（质量分数）/%							力学性能				
	C	Mn	Si	Cr	Mo	W	V	R_m /MPa	$R_{p0.2}$ /MPa	A /%	ψ /%	a_K /J·cm^{-2}
H11	0.40	0.30	1.00	5.00	1.30		0.50	1512	1407	12	43.5	210
H12	0.35	0.30	1.00	5.00	1.60	1.30	0.30	1505	1400	12	42.5	150
H13	0.40	0.30	1.00	5.00	1.20		1.00	1526	1428	12	42.5	210
3Cr2W8V	0.40	0.40	0.40	2.0		8.5	0.50	1900	1750	7.0	25.0	40

钢材牌号	化学成分（质量分数)/%							力学性能				
	C	Mn	Si	Cr	Mo	W	V	R_m /MPa	$R_{p0.2}$ /MPa	A /%	ψ /%	a_K /J·cm^{-2}
4Cr5MoSiV1	0.36	0.35	1.00	4.85	1.40		1.00	1752	1560	6.8	46.3	34.6
5CrMnMo	0.55	1.40	0.40	0.65	0.23			1380	1180	9.5	42	183.5
5CrNiMo	0.55	0.65	0.40	0.65	0.23	1.6		1460	1380	9.5	42.5	186

表5-3 常用模具钢的化学成分与不同温度下的力学性能

钢材牌号	化学成分（质量分数)/%	试验温度/℃	R_m /MPa	$R_{p0.2}$ /MPa	ψ /%	δ /%	a_K /J·cm^{-2}	HB	热处理工艺
5CrNiMo	0.5C	20	1460	1380	42	9.5	38	418	820℃油淬
	0.66Cr	300	1370	1060	60	17.1	42	363	
	1.5Ni	400	1110	900	65	15.2	48	351	500℃回火
	0.36Mo	500	860	780	68	18.8	37	285	
		600	470	410	74	30.0	125	109	
5CrMnMo	0.55C	20	1180	970	37	9.3	38	351	850℃油淬
	1.51Mn	300	1150	990	47	11.0	65	351	
	0.67Cr	400	1010	860	61	11.1	49	311	600℃回火
	0.26Mo	500	780	690	86	17.5	32	302	
		600	430	410	84	26.7	38	235	
3Cr2W8V	0.30C	20	1900	1750	25.0	7.0	30	481	1100℃油淬或水淬
	2.3Cr	300						429	
	8.65W	400	1520	1400			61.9	420	
	0.29V	450	1500	1390			61.6	410	550℃回火
		500	1430	1330			66.1	405	
		550	1340	1230			58.1	365	
		600	1280				58.3	325	
		650					63.3	290	
H13		550	1058	902	51	6.5			
		600	1117	960	51	6.5			
		650	1078	980	52	7.0			
		700	500	451	80	11.0			

表5-4 常用模具钢的线膨胀系数

钢材牌号	在不同温度下的膨胀系数/K^{-1}			
	373 ~ 523K	523 ~ 623K	623 ~ 873K	873 ~ 973K
5CrNiMo	12.55×10^{-6}	14.10×10^{-6}	14.2×10^{-6}	15.0×10^{-6}
4Cr5MoSiV1	9.7×10^{-6}	10.5×10^{-6}	12.0×10^{-6}	12.2×10^{-6}
3Cr2W8V	10.28×10^{-6}	13.05×10^{-6}	13.20×10^{-6}	13.30×10^{-6}

表5-5 各国部分挤压工模具材料选用表

挤压工模具名称		要求硬度范围 HRC	选用材料	选用国家	备　注
挤压筒	外衬	44 ~ 47	5CrNiMo	中国	所有挤压机
		35 ~ 44	5CrNiW	中国	大规格
		32 ~ 39	SKT4，KTV，KD3，KD	日本	
	中衬	44 ~ 47	5CrNiMo，5CrMnMo	中国	
		35 ~ 44	5CrNiW	中国	
		48 ~ 50	4Х5В2ФС（ЭИ958）	俄罗斯	
		37 ~ 45	SKD61，H10	日本，美国	
	内衬	48 ~ 52	3Cr2W8V	中国	小规格
		44 ~ 47	5CrNiMo，3Cr2W8V	中国	大规格
		40 ~ 45	5ХВ2С	俄罗斯	
		46 ~ 50	4Х5В2ФС（ЭИ958）	俄罗斯	
		42 ~ 49	SKD，H19，KDA，KDB，	日本、美国	
		42 ~ 47	H12，H13	日本、美国	
挤压轴		48 ~ 52	3Cr2W8V，4Cr5MoSiV1	中国	小规格
		44 ~ 47	5CrNiMo，4Cr5MoSiV	中国	大规格
		40 ~ 45	4ХВ2С，5ХВ2С	俄罗斯	
		42 ~ 45	35Х5ВМС	俄罗斯	
		45 ~ 50	H12，H13	日本、美国	
挤压垫		45 ~ 50	3Cr2W8V，4Cr5MoSiV1	中国	小规格
		40 ~ 45	5CrNiMo，4ХВ2С	中国，俄罗斯	大规格
		44 ~ 48	H12，H14	日本、美国	

挤压工模具名称		要求硬度范围 HRC	选用材料	选用国家	备 注
穿孔针、针尖		48 ~ 52	H13，4Cr5MoSiV1	中国，俄罗斯	小规格
		44 ~ 50	H13，4Cr5MoSiV	中国，俄罗斯	大规格
模具	挤压模	45 ~ 52	H13，3Cr2W8V	中 国	
		48 ~ 52	3X2B8Φ	俄罗斯	
	模支撑	40 ~ 45	4Cr5MoSiV1，5CrNiMo	中 国	
		35 ~ 40	5CrNiMo，SKD61	日 本	
	模垫	42 ~ 48	4Cr5MoSiV1，5CrNiMo	中国，俄罗斯	
		39 ~ 43	SKT4，SKD61	日本，美国	
	支撑环	42 ~ 48	5CrNiMo，5CrMnMo	中国，俄罗斯	
		45 ~ 52	SKT4	日本，美国	

5.1.3 挤压筒的设计

5.1.3.1 挤压筒工作条件

挤压筒是挤压过程中最重要的挤压工具之一。挤压时，依靠挤压筒盛装高温坯料，从挤压筒一端施加压力，使坯料从挤压筒另一端挤出。从坯料镦粗开始直至挤压终了，挤压筒需要承受高温（内表面温度可达 600℃）、高压（由热挤压纯铝的 150MPa 到挤压高强铝合金的 1500MPa 以上）、高摩擦（工作表面黏附一层变形金属，形成一个完整的金属套，金属与挤压筒内壁之间服从摩擦力定律）的作用，工作条件十分恶劣。

由于挤压筒工作环境恶劣，受力状态非常复杂，在生产中容易失效。其失效形式主要表现为：

（1）内衬套内表面掉渣、起皮、划沟，磨损严重，超出允许偏差；

（2）内衬套或中衬套中部变形，产生严重的"鼓肚"现象；

（3）工作端面压塌、掉渣或产生严重缺口；

（4）由于设计不合理或热处理不当，工作时可能产生局部裂纹或纵向裂纹；

（5）由于公盈配合不当，挤压时内套被挤出，或在挤压后更换内衬时无法退出内衬。

5.1.3.2　挤压筒的结构形式

为了改善受力条件，使挤压筒中的应力分布均匀，增加承载能力，提高使用寿命，绝大多数挤压筒采用两层以上的衬套，以过盈配合用热装组合构成。采用多层套组合式结构，在因磨损或变形等因素使挤压筒失效后，只需更换内衬套就可达到使用要求，由此减少了材料消耗，节省了加工工作量和降低了成本。每层套的质量和厚度减少，使材料的选择具有更大的灵活性和合理性。

挤压筒衬套层数应根据工作内套所承受的最大单位应力（可近似为比压）来确定。在工作温度的条件下，当最大应力不超过挤压筒材料屈服强度的40%～50%时，挤压筒一般由两层衬套组成。当应力大于材料屈服强度的70%时，应由三层套或四层套组成。随着层数的增加，各层的厚度变薄。由于各层套间的预紧压应力的作用，其内部的应力分布越趋均匀。

5.1.3.3　挤压筒的加热方式

为了使温度尽快达到挤压温度，减少挤压筒在挤压设备上的停留时间，提高生产效率，同时也便于使挤压筒、挤压轴等保持在一条轴线上，挤压筒在工作前应进行预热。预热温度应接近挤压温度，一般铝合金挤压温度为400～480℃。挤压筒预热方法有：（1）在挤压筒加热炉内预热；（2）采用电阻元件从挤压筒外部加热；（3）用预先设置在挤压筒中间的加热元件进行电阻加热或感应加热。

目前，一般采用两种方式对挤压筒进行保温加热：（1）工频感应加热，即将加热元件系统经包覆绝缘层后插入沿挤压筒圆周分布的轴向孔中，然后将它们串联起来通电，靠磁场感应产生的涡流加热挤压筒。（2）电阻加热。在中衬与外套之间加入电阻加热元件加热，一般用于两层衬套的挤压筒；或在中衬与外衬之间的轴向孔中插入电阻加热元件加热，一般用于三层衬套的挤压筒。由于挤压筒两端与大气接触，散热速度快，造成温度不均匀，近年来，为了更精确地控制挤压筒和铸锭的温度，开发出了分区控制电阻加热，并有冷却孔，保证了挤压筒温度的均匀性。

5.1.3.4 挤压筒各衬套的结构

管、棒、线材生产中采用圆形挤压筒,其内衬按外表面结构形式可分为圆柱形、圆锥形和台肩圆柱形,如图5-5所示。在中小型挤压机上主要采用圆柱形内衬。20MN 以上的挤压机一般采用圆锥形内衬。近几年大型挤压机上也普遍采用圆柱形内衬。

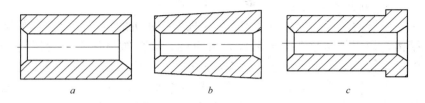

图 5-5 挤压筒内衬套的结构形式
a—圆柱形;b—圆锥形;c—台肩圆柱形

圆柱形内衬易于加工和测量尺寸;更换衬套时尺寸配合问题较少;工作部分磨损后可以掉头使用,有利于提高使用寿命。但更换时退下内衬套较困难,对过盈尺寸要求高,装配时对中性较差。如果过盈量较小,内衬与衬套之间的摩擦力小,挤压时内衬容易被挤出挤压筒。圆锥形内衬套(锥度一般为3°~5°)便于更换,损坏时易于从挤压筒中退出。但锥面不易加工,对较长的内衬套外锥面的平直度不易保证,锥面各断面的尺寸也不易测量。为了使锥形内衬套能很好地与中衬或外衬配合,可将内衬套制作得长一些,待组装好后,再将多余的长度加工掉,以保证工作部分获得更大的过盈。台肩圆柱形内衬套与圆柱形内衬套相当,对过盈量要求不严。

5.1.3.5 挤压筒与模具的配合方式

挤压筒内衬与模具之间的配合方式与产品品种、挤压机结构、挤压方法等有关。在正向卧式挤压机上,一种是锥封密闭结构,即模子有一锥台突出模支撑,与挤压筒前端的锥台相配合,既可以方便地使模子和挤压筒很好地对中,防止管材偏心以及多孔模金属流速差相同,又可以提高挤压筒与模子之间的压紧力,避免挤压筒锁紧力不足而使金属流出,即产生"大帽"现象。另一种是平面封闭结构,即挤压筒端面与模子端面之间以平面接触方式密封,挤压筒锁紧力较小，同时模具与挤压筒对中性较差，多孔模流速差大。对于立式挤压机和反向挤压机，使用的模子都是在挤压筒中，只要求模子外形尺寸与挤压筒内壁很好的配合，防止因模子外形过大"啃伤"挤压筒内壁，或模子外形过小而使金属流出造成无法挤压。

5.1.3.6 挤压筒尺寸设计

A 挤压筒内衬直径的设计

挤压筒内衬的内孔直径 $D_筒$ 主要根据挤压机的挤压能力及其前梁结构，挤压制品允许挤压系数 λ 的范围，以及被挤压合金变形所需的单位压力等确定。内孔直径 $D_筒$ 的最大直径应保证作用在挤压垫片上的单位压力 $P_比$ 不低于被挤压材料的变形抗力及挤压针与金属之间、挤压筒与金属之间的摩擦力之和。一般将单位压力 $P_比$ 最大控制在 750MPa。内孔直径 $D_筒$ 的最小直径应保证挤压工具的强度，特别是挤压轴、挤压针及模轴的强度。根据挤压机的挤压方式及挤压针等因素，一般正向挤压机配备 2~3 种规格的挤压筒，反向挤压机配备 1~2 种规格的挤压筒。表 5-6 列出了部分常用挤压筒的规格。

表 5-6 各种挤压机上配备的挤压筒规格

挤压机/MN	挤压筒内孔直径/mm	挤压筒内孔长度/mm	比压/MPa
6	95~135	450	847~419
8	85~115	560	1258~398
12	125~180	750	980~455
16	140~200	750	1060~520
16.3	170~200	600	718~519
20	150~225	815	1130~500
25	200~300	800	796~354
35	280~370	900	569~327
45	320~420	1800	560~325
50	300~500	1250	708~255
80	300~600	1000	786~283
94	400~650	1800	760~280
120	500~800	1500	611~239
196	650~1200	2100	600~174

B　挤压筒长度 $L_筒$ 的确定

挤压筒长度 $L_筒$ 与挤压筒直径 $D_筒$ 的大小、挤压力的大小、挤压机的结构形式、挤压轴和挤压针强度等因素有关。挤压筒越长，可以采用较长的铸锭进行挤压，因而可以提高生产效率和成品率，但同时也增大了挤压力，恶化了挤压筒与穿孔针的使用条件，削弱了挤压工具的强度，所以挤压筒长度不宜过长，一般情况下可采用以下公式计算：

$$L_筒 = L_{max} + l + t + s \tag{5-1}$$

式中　L_{max}——铸锭的最大长度，一般棒材、线毛料（实心锭）控制在（3 ~ 4）$D_筒$ 之内，管材（空心锭）为（2 ~ 3）$D_筒$。但反向挤压时因不受挤压筒与铸锭之间的摩擦力，挤压力下降，可选取长一些铸锭；

　　　　l——铸锭穿孔时金属向后倒流所增加的长度；

　　　　t——模子进入挤压筒的深度；

　　　　s——挤压垫片的厚度，一般取（0.4 ~ 0.6）$D_筒$，小挤压机取上限，大挤压机取下限。

在实际生产中，挤压筒长度与直径之比一般不超过 3 ~ 4，反向挤压可达到 5。

C　挤压筒衬套厚度的确定

挤压筒衬套的层数、各层的厚度及其比值，对挤压筒的装配应力、挤压应力和等效应力均有很大的影响。挤压筒衬套层数越多，各层厚度比值越合理，挤压筒内的内应力就越低。

挤压筒各层衬套的厚度，一般先凭经验确定一数值，然后通过强度校核进行修正。一般挤压筒外径为内径的 3 ~ 5 倍，每层衬套的厚度是根据内部受压的多层空心圆筒，当各层衬套直径比值（外径/内径）相等时的强度最大原则来确定。例如，取挤压筒外径和内径的比值为 4 时，对 2 层挤压筒为 $D_2/D_1 = D_1/D_0 = 2$，对 3 层挤压筒则是 $D_3/D_2 = D_2/D_1 = D_1/D_0 = 1.587$。但在实际生产中，考虑到外层套中有加热孔以及键槽等引起的强度降低，各层直径比应保持为 $D_3/D_2 > D_2/D_1 > D_1/D_0$ 的关系。

D 挤压筒各衬套间配合过盈量的确定

挤压筒装配前，外套内径略小于内套外径，其差值即为过盈量。装配时须将挤压筒外套加热，然后将常温下的内套装入加热的外套中，冷却后则两套之间紧密配合，保证两层套成为一体。装配后的挤压筒，内衬受到外衬的作用产生压应力，外衬受到内衬的作用产生拉应力。当挤压时，内衬受到工作压力，抵消一部分装配时产生的压应力，使实际总应力减小；外套受到工作压力，与装配时产生的拉应力叠加，使实际总拉应力增加。过盈量选择是否合适，直接影响各层套之间的应力分布，合理的过盈量可使挤压筒的使用寿命提高 3~4 倍。

合理的过盈量与挤压筒的比压、各层厚度和层的数量等因素有关。挤压筒的比压越大，过盈量也应选大些。多层套挤压筒越靠近内层的层次，其过盈量也越大。装配对的尺寸越大，衬套的厚度越厚，则过盈量越大。一般由过盈量引起的热装应力以不超过挤压工作时最大单位挤压力的 70% 为宜。过盈量过小不能有效降低等效应力值，在挤压时还容易使内衬掉出来。表 5-7 列出了几种挤压筒的过盈量范围。

表 5-7 几种挤压筒的过盈量范围

挤压筒装配结构	装配对直径/mm	过盈量/mm
二层套	200~300	0.45~0.55
	310~500	0.55~0.65
	510~700	0.70~1.0
三层套	800~1130	1.05~1.35
	1500~1810	1.40~2.35
四层套	1130	1.65~2.20
	1500	2.05~2.30
	1810	2.50~3.00

E 挤压筒强度校核

单层挤压筒和多层挤压筒均可看成是一个厚壁圆筒，强度校核可按承受内外压力的厚壁圆筒各层同时屈服的条件来计算。为了简化计算，设定以下几个初始条件：

（1）沿挤压筒长度方向单位压力等于挤压垫片上的比压 $P_比$；

（2）轴向压应力可忽略不计；

（3）挤压筒内外各层温度均匀；

（4）不考虑加热孔、键槽对挤压筒衬套强度的影响；

（5）把挤压筒的应力状态看作平面问题。

则：

$$\sigma_t = P_比 \frac{r^2}{R^2 - r^2}\left(1 + \frac{R^2}{\rho^2}\right) \tag{5-2}$$

$$\sigma_r = P_比 \frac{r^2}{R^2 - r^2}\left(1 - \frac{R^2}{\rho^2}\right) \tag{5-3}$$

式中　σ_t——挤压筒壁上的切向应力；

σ_r——挤压筒壁上的径向应力；

$P_比$——挤压筒比压；

r——挤压筒的内孔半径；

R——挤压筒的外圆半径；

ρ——从挤压筒轴线到所求应力点距离。

根据第三强度理论，等效应力 $\sigma_{等效}$ 为：

$$\sigma_{等效} = \sigma_t - \sigma_r = \frac{P_比 2R^2 r^2}{(R^2 - r^2)\rho^2} \tag{5-4}$$

由上式看出，在挤压筒内表面上（$\rho = r$）出现应力最大值：

$$\sigma_t^内 = P_比 \frac{R^2 + r^2}{R^2 - r^2} \tag{5-5}$$

$$\sigma_r^内 = -P_比 \tag{5-6}$$

$$\sigma_{等效}^内 = P_比 \frac{2R^2}{R^2 - r^2} \tag{5-7}$$

用 $K = \frac{r}{R}$ 表示挤压筒的壁厚系数，则式（5-5）和式（5-7）可写成以下形式：

$$\sigma_t^内 = P_比 \frac{1 + K^2}{1 - K^2} \tag{5-8}$$

$$\sigma_{\text{等效}}^{\text{内}} = P_{\text{比}} \frac{2}{1 - K^2} \approx [\sigma] \tag{5-9}$$

整个挤压筒最大允许压力 P_{max} 为：

$$P_{\text{max}} = \frac{1 - K^2}{2}[\sigma] \tag{5-10}$$

由式（5-10）可得出以下结论：

（1）挤压筒最大允许压力 $P_{\text{max}} < 0.5 [\sigma]$。

（2）挤压筒壁厚系数 K 取 $0.35 \sim 0.50$ 较为合理。

（3）单层挤压筒受力状态不合理。当最大应力超过材料屈服强度极限时，应由 $2 \sim 4$ 层套组装而成。

5.1.3.7　挤压筒衬套的更换

A　卸内衬

将挤压筒置于专用加热炉，将其加热至 $400 \sim 450℃$，保温 8 ~ 24h，然后悬空吊放一定高度。在内衬的内孔中通入冷水，冷水的水量要足够大，使内衬快速冷却收缩，从而产生间隙，在自重的作用下脱离外套，完成卸筒。

B　装内衬

将挤压筒外套加热到 $450℃$，保温 6 ~ 12h，使外筒充分受热膨胀后，把常温下的内衬放入到外套中，冷却后则两层套紧密配合在一起，完成装筒。

5.1.4　挤压轴的设计

挤压轴用来传递主柱塞产生的压力使金属在挤压筒中产生变形，所以挤压轴承受非常大的压应力。根据挤压机的结构形式可分为带穿孔系统的空心挤压轴和不带穿孔系统的实心挤压轴。按挤压轴的装配结构可分为整体挤压轴、装配圆柱挤压轴、阶梯形挤压轴等。按挤压方法可分为正向挤压轴和反向挤压轴。

5.1.4.1　挤压轴尺寸的确定

A　挤压轴外廓尺寸

挤压轴的设计如图5-6所示。挤压轴外径尺寸应根据挤压筒内

孔直径 $D_筒$ 来确定。为了使挤压轴便于出入挤压筒，而挤压轴的强度又不受损失，选择原则是：空心轴 d_2 比 $D_筒$ 小 2～20mm，对立式挤压机和小直径挤压筒应取下限值(2～8mm)；卧式挤压机和大直径挤压筒取上限值(6～20mm)。实心轴外径 d 比 $D_筒$ 小 2～30mm，对小直径挤压筒按下限取值(2～4mm)；卧式挤压机和大直径挤压筒则按上限取值(4～10mm)；50MN 以上的大型挤压机一般取 10～30mm。

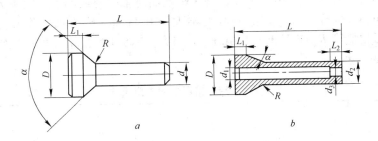

图 5-6 挤压轴设计示意图
a—实心挤压轴；b—空心挤压轴

空心挤压轴内孔直径 d_1 的最大值应根据空心轴的环形面积所承受的压力不超过材料的许用应力来确定。

$$d_{1max} = \sqrt{d_筒^2 + \frac{4p_比}{\pi[\sigma_s]}} \tag{5-11}$$

空心挤压轴内孔直径 d_1 的最小值由挤压针后端的尺寸来确定。一般来说，d_1 应比针后端的外径大 5mm，以便于穿孔针移动。一般挤压轴按每种规格挤压筒配备 2～4 种规格的挤压针。

B 挤压轴长度

挤压轴的总长度：

$$L = L_1 + L_3 + L_4 \tag{5-12}$$

式中 L_1——轴支撑圆台的长度；

L_3——轴支撑圆锥的长度；

L_4——挤压轴杆的长度。

为了保证挤压轴能将残料和挤压垫片从挤压筒中推出来，挤压轴杆 L_4 的长度应比挤压筒的长度长 10～20mm。

为防止挤压轴与垫片接触的端面在长时间高压下被压堆，影响挤压轴在挤压筒中和挤压针后端在挤压轴中正常移动，应将挤压轴靠端面处的外径和内径均加工出一个锥度。为保证垫片不倾斜，防止管材偏心及垫片倾斜啃伤挤压筒，挤压轴端面对轴中心线的垂直度不大于 0.1mm，轴杆与轴支撑的同心度不大于 0.1mm。挤压轴工作部分的表面粗糙度 R_a 应不低于 1.6μm。表5-8、表5-9 列出了几种挤压轴的主要尺寸。

表5-8 空心挤压轴的主要尺寸

挤压机/MN	筒直径/mm	挤压轴尺寸					
		D/mm	d_1/mm	d_2/mm	L/mm	L_1/mm	α/(°)
125	$\phi420$	800	230	410	2760	40	30
	$\phi500$	800	310	490		40	
	$\phi650$	1000	385	640		80	
	$\phi800$	1000	530	790		80	
35	$\phi280$	660	165	274	1615	185	30
	$\phi320$		185	314			
	$\phi370$		205	364			
25	$\phi200$	440	100	195	1260	35	25
	$\phi220$		120	215			
	$\phi280$		150	275			
16	$\phi170$	355	76	165	960	30	30
	$\phi200$		96	195			

表5-9 实心挤压轴的主要尺寸

挤压机 /MN	筒直径 /mm	挤压轴尺寸				
		D/mm	d/mm	L/mm	L_1/mm	α/(°)
125	ϕ420	1000	410	2760	80	60
	ϕ500		490			60
	ϕ650		630			30
	ϕ800		780			30
50	ϕ300	685	290	1600	40	60
	ϕ360		350			
	ϕ420		410			
	ϕ500		490			
20	ϕ150	300	145	1020	50	90
	ϕ170		165			
	ϕ200		195			
12	ϕ115	295	110	945	25	60
	ϕ130		125			
6	ϕ90	203	88	500	10	60
	ϕ100		98			

5.1.4.2 挤压轴的强度校核

（1）端面压力计算：

$$P_{面} = \frac{P}{F} \leqslant [\sigma_{压}] \tag{5-13}$$

式中 P——挤压机名义压力，MN；

F——挤压轴杆横截面积（空心挤压轴为圆环面积），mm^2；

$[\sigma_{压}]$——挤压轴材料的许用压应力，MPa。

在400℃时，3Cr2W8V钢$[\sigma_{压}]$=1000MPa；H13钢$[\sigma_{压}]$=950MPa。

（2）纵向弯曲应力的计算。在挤压时，挤压轴所受到的全应力等于由挤压力P和弯曲力矩M所产生的应力总和，即：

$$\sigma = \sigma_1 + \sigma_2 \tag{5-14}$$

式中　σ_1——由挤压力 P 产生的应力，MPa；

　　　σ_2——由弯曲力矩 M 产生的应力，MPa。

　　考虑挤压针受拉应力较大，强度较弱，挤压轴的长度通常不超过挤压筒直径的 4～5 倍，所以对挤压轴的稳定性可以不进行单独计算而把挤压轴看成是压缩杆，把强度和稳定性的条件结合起来，按下式校核强度。

　　1）压力产生的应力：

$$\sigma_1 = \frac{P}{\varphi F} \leqslant [\sigma_{许}] \tag{5-15}$$

式中　φ——许用压缩应力折减系数，取决于挤压轴的细长比 λ 和挤压轴材料。一般取 $\varphi = 0.9$；

　　　F——挤压轴的横截面积，mm^2；

　　　$[\sigma_{许}]$——稳定条件下的许用应力，MPa，$[\sigma_{许}] \approx \varphi[\sigma]$。

$$\lambda = \frac{\mu L}{i_{min}} \tag{5-16}$$

式中　μ——泊松系数；

　　　L——挤压轴的工作长度，mm；

　　　i——断面的惯性半径，mm，取 $i = \frac{1}{4}\sqrt{d_{外}^2 - d_{内}^2}$。

　　2）弯曲力矩 M 产生的应力：

$$\sigma_2 = \frac{M_{弯}}{W} = \frac{PL}{W} \tag{5-17}$$

其中，截面系数 $W = 0.1 \times \left(1 - \frac{d_{内}^4}{d_{外}^4}\right)^3$。

5.1.5　穿孔系统的设计

5.1.5.1　穿孔系统的结构与分类

　　穿孔系统适用于生产无缝管材。按管材的生产方法不同，挤压针可分为两种基本类型，即固定在有独立穿孔系统挤压针支撑上的固定针和固定在无独立穿孔系统挤压轴上的随动针。随动针主要应用在立式挤压机上，铸锭短，规格小，适合于生产小管材。固定针主要应用在卧式挤压机上，挤压针规格可大一些，适合于中等规格和大规格管材的生产。

卧式挤压机的穿孔系统主要包括针前端（针尖）、针后端（挤压大针）、针支撑、导套和背帽等，图 5-7 为典型穿孔系统示意图。

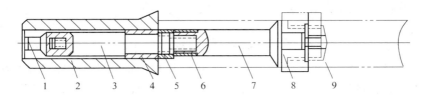

图 5-7 典型穿孔系统示意图

1—针前端（针尖）；2—挤压轴；3—针后端（大针）；4—铜套；5—背帽；
6—导套；7—针支撑；8—压杆背帽；9—穿孔压杆

穿孔系统一般采用螺纹连接，可选用直螺纹或锥螺纹。直螺纹装卸困难，劳动强度大，与锥螺纹相比抗拉伸能力较低，但容易加工，目前采用直螺纹的较多。锥螺纹对中性好，可以很好地与针支撑配合成整体，提高了螺纹连接处的强度。并且装卸容易，但加工困难，对机加工精度要求高，除特殊要求外，一般不采用锥螺纹连接。

穿孔针工作表面粗糙度要求高，应控制在 $1.6\mu m$ 以上，以减小穿孔针与铸锭之间的摩擦力。螺纹与工作部分之间应有过渡区，以减少应力集中。工作表面的硬度应适当，不宜过高，以免产生龟裂，但硬度低容易拉细，一般 H13 钢的硬度约为 $44 \sim 48HRC$。穿孔针各部分直径的同心度应不大于 $0.1mm$。

5.1.5.2 针前端（针尖）尺寸确定

A 针前端（针尖）尺寸

针前端（针尖）直径：

$$d_{针} = d_{内} - 0.7\% d_{内} \tag{5-18}$$

式中 $d_{内}$——管材的名义内径，mm。

针前端（针尖）工作部分长度：

$$l_{尖} = h_{定} + l_{出} + l_{余} \tag{5-19}$$

式中 $h_定$——模子工作带长度，mm；

$l_出$——针前端（针尖）伸出模子工作带的长度，mm；

$l_余$——余量，mm。

$l_出$ 的长度一般取 10 ~ 20mm，过短，管材尺寸不稳定；过长，影响管材内表面质量。$L_余$ 的长度一般不大于残料的厚度，以免金属倒流。

B 针前端（针尖）工作部分与针后端之间的过渡区

挤压大针（针后端）直径只有几种规格，而针尖工作部分的直径随着管材的内径不同而变化，两者之间有直径差，一般采用 30° ~ 45°的过渡锥角连接。过渡区的长度视直径差而定，但这种直径差不宜过大。

C 针后端（挤压大针）尺寸

针后端直径 $d_后$：针后端的最大直径取决于挤压轴的最大内孔直径 d_{1max}。为了便于挤压针出入，针后端直径 $d_后$ 一般比挤压轴的最大内孔直径 d_{1max} 小 5mm 以上。针后端的最小直径由所承受的最大拉力和稳定性来确定，然后根据挤压工具的系列化，将针后端的直径进行规整，一般每种规格的挤压轴上配备 1 ~ 2 种规格的挤压针。

针后端长度 $L_后$：针后端的长度主要由稳定性校核来确定，与挤压方式、挤压合金、产品规格等因素有一定关系。当采用润滑挤压时，其挤压大针的长度比无润滑挤压时的长；采用实心铸锭穿孔挤压时的长度比采用空心铸锭挤压的长度短。

5.1.5.3 穿孔系统的强度校核

穿孔系统在挤压过程中主要考虑弯曲变形和拉伸变形。采用实心锭穿孔挤压或采用空心锭半穿孔挤压时，挤压刚开始，挤压针承受压缩应力，挤压针容易产生弯曲变形，应考虑挤压针的抗弯强度；当穿孔完毕正式挤压时，挤压针在摩擦力的作用下承受拉应力的作用，应考虑挤压针的抗拉强度。采用空心锭挤压时，挤压针只承受挤压过程中的拉应力，所以只校核挤压针的抗拉强度是否满足要求即可。穿孔针的抗拉强度和抗弯强度可参照材料力学有关公式进行计算。

穿孔针一般采用组合式，即针前端（针尖）、针后端（大针）、针支撑等相连接，连接采用螺纹方式，所以还应校核螺纹处的强度。

一般小规格的挤压针采用细螺纹连接；中等规格的挤压针采用粗螺纹连接；而大规格的挤压针采用梯形螺纹连接。还可以选用带锥度的锥螺纹方式，其螺纹最大外径即大针直径，可以有效提高大针的强度，但加工困难，成本较高，一般不采用。

5.1.6 挤压模设计

挤压设备不同，选用模子的方式也不同。一般立式挤压机和老式水压机采用带锥度的模子，可以减小死区和降低挤压力，提高模子的使用寿命。但由于死区小，铸锭表面的杂质和脏物可能被挤出模孔而恶化制品的表面质量。模子的模角一般取 55°~60°。现代油压机和反向挤压机采用平模方式较多，其优点是残料剪切方便，对剪切系统损坏较小。死区大可以有效地阻止铸锭表面的杂物、缺陷及氧化皮等流到制品表面上，以获得良好的制品表面。挤压棒材、线材均采用平模方式。挤压管材采用单孔模；挤压棒材、线材可采用单孔或多孔模，主要根据挤压系数来确定。图 5-8 为平模和锥模示意图。

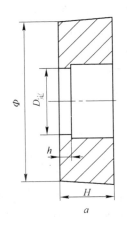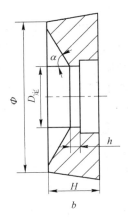

图 5-8 挤压模具结构示意图
a—平模；b—锥模

5.1.6.1 管材挤压模的尺寸确定

A 挤压模模孔尺寸

管材挤压模模孔尺寸的设计应考虑合金收缩率、模具线膨胀系数、拉伸矫直还是辊矫等因素。一般模孔直径 $D_{定}$ 可按下式计算：

$$D_{定} = KD_0 + 4\% S_0 \tag{5-20}$$

式中 D_0，S_0——分别为管材的公称直径和壁厚，mm；

  K——考虑各种影响模孔直径的综合因素，选取的经验系数。对纯铝、防锈铝取 0.01~0.012；对硬铝和锻铝取 0.007~0.01；对镁含量在 3% 以上的高镁合金取 0.012~0.015。

热挤压管材尺寸范围较大，其模孔工作带直径可简化为：

$$D_{定} = D_0 + 正偏差 + KD_0 \tag{5-21}$$

式中 K 的取值范围与式（5-20）相同。

B 挤压模定径带长度

挤压模定径带又称工作带，是模子中垂直模子工作端面并保证挤压制品的形状、尺寸和表面质量的区段。定径带的长度应考虑挤压机的吨位、管材直径和表面质量、模具的磨损程度等因素。定径带长度过短，管材尺寸难以稳定，易产生波纹、椭圆等废品，同时模子易磨损，降低了模子的使用寿命。定径带长度过长，会增大与金属的摩擦，增加挤压力，工作带上也易黏结金属，使制品表面出现划伤、毛刺、麻面等缺陷。一般取 2~8mm，吨位小、规格小的管材取下限，大规格管材取上限。表面质量要求高的取下限，反之取上限。

C 挤压模外形尺寸及厚度

生产中考虑到厚壁管材和薄壁管材均使用同一套挤压模具，而同一种规格的管材，其合金不同，挤压模孔尺寸也不同，为了便于模具管理，模孔尺寸间距一般按每 1mm 一个规格，当直径在 150mm 以上时，模孔尺寸间距按每 5mm 一个规格。由于模具规格多，数量大，应适当划分模子外形范围，将模子外形归为几个档次，配置与之相适应的模支撑，可以减少模子的数量，降低模具成本。模子外形与尺寸主要考虑挤压筒直径、模支撑的强度、模子及模垫的强度等因素。一般每种挤压筒选 1~2 种规格模子外形，其外形尺寸可采用 $D_{模}$ = (0.8~1.0)$D_{筒}$ 来选取。

挤压模外形一般带有锥度，与模支撑配合间隙小，对中性好，也便于装卸。锥度分正锥和倒锥两种，带正锥的模子在装模时，顺着挤压方向放入模支撑里，一般锥度取 2°~4°。带倒锥的模子逆着挤压方向被装到模支撑中，其锥度为 6°~10°。

模子厚度主要根据强度来确定，一般每台设备只选取 1~2 种厚度。厚度可控制在 30~120mm，小吨位挤压机选下限，反之取上限。

常用的管材模模孔尺寸见表 5-10。

表 5-10 管材模模孔尺寸

管材直径 d /mm	挤压筒直径 $D_筒$ /mm	模子外圆直径 $D_外$ /mm	工作带长度 $h_定$ /mm	模子厚度 H /mm
22~45	100	100	2	51
28~80	120	120	2~3	51
35~80	135	135	2~3	51
30~75	170	115	3	40
35~100	280	176	3	57
100~155	280	226	4	57
100~155	370	226	4	57
155~260	370	326	5	57
35~105	260	260	3	50

5.1.6.2 棒材、线材挤压模的尺寸确定

棒材（圆棒、方棒、六角棒）、线毛料所用挤压模具为平面模，模孔数一般在 1~12 个，特殊情况下模孔数可达 20 个以上。模孔数的多少主要根据挤压系数、合金、挤压筒的比压等因素来确定。挤压系数一般取 8~40，其中软铝合金取上限，硬铝合金取下线；比压大取上限，比压小取下限。为防止挤压过程中因模孔数过多，挤压后制品缠绕在一起而造成擦划伤等缺陷，应尽量选择 6 个模孔以下的模具。

A 模孔排列方式

根据工艺条件不同，可选择单个模孔及多个模孔。单孔模结构简单，其模孔的理论重心置于模子的中心上，可以保证金属流动的均匀性。当选择多个模孔时，为使金属流动均匀，应将每个模孔的中心都

置于模具的同一个同心圆周上，并对称布置。同心圆直径 $D_{同}$ 与挤压筒直径 $D_{筒}$ 之间由下式确定：

$$D_{同} = \frac{D_{筒}}{a - 0.1(n - 2)} \qquad (5\text{-}22)$$

式中　$D_{同}$——多孔模模孔理论重心的同心圆直径；

　　　$D_{筒}$——挤压筒直径；

　　　n——模孔数，$n \geq 2$；

　　　a——经验系数（2.5 ~ 2.8），n 值大时取下限，$D_{筒}$ 值大时取上限，一般取 2.6 较为合理。

同心圆直径 $D_{同}$ 求出后，还应考虑工模具规格的系列化和互换性（如模支撑、模垫、导路等的通用性），以及制品表面质量、尺寸控制等因素，然后对 $D_{同}$ 进行必要的修正。

多孔模的模孔排列主要考虑模孔数量、模子强度、挤压系数、金属流动的均匀性、制品的表面质量等因素。一般在保证模具强度的条件下，模孔之间的间距应大于 30 ~ 50mm，模孔距模子边缘的间距应大于 25 ~ 50mm，模孔距挤压筒边缘的间距应大于 20 ~ 40mm。当选择小挤压筒、小规格时，应按下限控制，反之按上限控制。

B　模孔尺寸的确定

棒材、线毛料模孔尺寸 A 可由下式得出：

$$A = A_0 + KA_0 \qquad (5\text{-}23)$$

式中　A_0——公称尺寸，圆棒、线毛料为直径；方棒为边长；六角棒为内切圆直径；

　　　K——经验系数，它是考虑了各种影响模孔尺寸因素后的一个综合系数。对于铝及铝合金来说，一般取 0.007 ~ 0.01，其中纯铝、5 系合金取上限；对 2 系和 6 系、7 系合金取下限；对镁含量在 3% 以上的高镁合金可取 0.012；

　　　KA_0——尺寸增量，即模孔设计尺寸与棒材、线毛料公称尺寸之差。

C 棒、线材挤压模定径带长度

在实际生产中，棒、线材挤压模定径带长度主要根据挤压规格来确定，一般工作带长度为 $2 \sim 8mm$。当挤压规格较小时，工作带长度取下限，反之取上限。

D 棒、线材挤压模外形尺寸及厚度

棒材模的配置主要根据标准中的棒材尺寸规格及合金的不同来选择。标准中棒材尺寸规格不连续，每种规格按不同合金调整，考虑到不同合金热收缩量不同，一般小规格选两种配置，即高镁合金和非高镁合金。大规格选三种尺寸，以适应纯铝、4系合金以及2系、6系、7系合金和高镁合金。

常用的挤压圆棒、六角棒、方棒和线毛坯的模孔尺寸列于表5-11～表5-14。

表 5-11 挤压圆棒模孔尺寸

棒材直径 d /mm	挤压筒直径 $D_筒$ /mm	模孔个数 n	挤压系数 λ	同心圆直径 $D_同$ /mm		模子外圆直径 $D_外$ /mm	工作带长度 $h_定$ /mm
				计算值	设计值		
$5.0 \sim 6.5$	95	10	$30 \sim 36$	53	75	148	2
$6.5 \sim 7.0$	115	10	$27 \sim 31$	65	80	148	3
$8 \sim 9$	130	8	$23 \sim 33$	65	80	148	3
$10 \sim 12$	130	6	$20 \sim 28$	65	70	148	3
$10 \sim 13$	170	10	$17 \sim 29$	95	110	200	3
$14 \sim 17$	170	6	$16 \sim 24$	78	80	200	3
$18 \sim 24$	170	4	$13 \sim 22$	71	70	200	3
$25 \sim 28$	200	3	$17 \sim 21$	80	80	200	3
$29 \sim 37$	200	2	$14 \sim 24$	77	90	200	3
$38 \sim 43$	170	1	$15 \sim 20$			200	4
$44 \sim 60$	200	1	$11 \sim 20$			200	4
$60 \sim 68$	300	2	$10 \sim 12$	115	130	265	5
$69 \sim 81$	360	2	$10 \sim 14$	138	140	265	5

棒材直径 d /mm	挤压筒直径 $D_筒$ /mm	模孔个数 n	挤压系数 λ	同心圆直径 $D_同$ /mm		模子外圆直径 $D_外$ /mm	工作带长度 $h_定$ /mm
				计算值	设计值		
82 ~ 95	300	1	10 ~ 13			265	5
96 ~ 125	360	1	8 ~ 14			265	5
126 ~ 160	420	1	7 ~ 11			265	6
161 ~ 300	500	1	3 ~ 10			360	8
50 ~ 100	320	1	10 ~ 40			320	5
101 ~ 160	420	1	7 ~ 18			420	6

表 5-12　六角棒模孔尺寸

六角棒内切圆直径 d /mm	挤压筒直径 $D_筒$ /mm	模孔个数 n	挤压系数 λ	同心圆直径 $D_同$ /mm		模子外圆直径 $D_外$ /mm	工作带长度 $h_定$ /mm
				计算值	设计值		
5.0 ~ 6.5	95	10	30 ~ 36	53	75	148	2
6.5 ~ 8.0	115	10	19 ~ 31	65	80	148	3
10 ~ 16	130	6	10 ~ 26	59	75	148	3
17 ~ 25	170	4	10 ~ 23	68	85	200	3
26 ~ 35	170	2	11 ~ 19	65	85	200	4
36 ~ 60	200	1	10 ~ 28			200	4
61 ~ 90	300	1	10 ~ 22			265	5
91 ~ 120	360	1	8 ~ 14			265	5

表 5-13　方棒模孔尺寸

方棒边长 a /mm	挤压筒直径 $D_筒$ /mm	模孔个数 n	挤压系数 λ	同心圆直径 $D_同$ /mm		模子外圆直径 $D_外$ /mm	工作带长度 $h_定$ /mm
				计算值	设计值		
5 ~ 7	95	6	25 ~ 47	43	60	148	2
8 ~ 12	115	4	18 ~ 40	48	65	148	3
13 ~ 18	170	4	18 ~ 33	71	85	200	3

方棒 边长 a /mm	挤压筒 直径 D筒 /mm	模孔 个数 n	挤压 系数 λ	同心圆直径 D同/mm		模子外圆 直径 D外 /mm	工作带 长度 h定 /mm
				计算值	设计值		
19 ~ 30	170	2	12 ~ 31	65	80	200	3
31 ~ 40	200	1	20 ~ 32			200	4
41 ~ 60	300	2	10 ~ 21	115	120	265	4
61 ~ 80	300	1	11 ~ 19			265	4
81 ~ 110	360	1	8 ~ 15			265	4
111 ~ 140	420	1	7 ~ 11			265	5
141 ~ 180	500	1	6 ~ 10			360	6
50 ~ 80	320	1	12 ~ 32			320	4
81 ~ 120	420	1	10 ~ 21			420	5

表 5-14 线毛坯模孔尺寸

棒材 直径 d /mm	挤压筒 直径 D筒 /mm	模孔 个数 n	挤压 系数 λ	同心圆直径 D同/mm		模子外圆 直径 D外 /mm	工作带 长度 h定 /mm
				计算值	设计值		
10.5	170	4	65	65	75	200	3
12	170	4	50	71	75	200	3
12	170	2	100	65	75	200	3

5.1.6.3 挤压模强度校核

挤压过程中模子承受压应力和弯曲应力的作用,所以主要校核抗压强度和抗弯强度。抗弯强度可按下式计算:

$$\sigma = \frac{M}{W} = P_{比}\frac{r^3}{3} \bigg/ \frac{2rh^2}{6} = \frac{P_{比}r^2}{h^2} \leqslant [\sigma_{弯}] \qquad (5\text{-}24)$$

式中 $P_{比}$——挤压机比压,MPa;

r——模子半径,mm;

h——模子厚度,mm。

抗压强度按下式计算:

$$\sigma_{压} = \frac{P_{max}}{F_{模}} \leqslant [\sigma_{压}] \qquad (5\text{-}25)$$

式中 P_{max}——最大挤压力,MN;

$F_{模}$——挤压垫工作部分的断面积,mm^2;

$[\sigma_{压}]$——材料的抗压强度,取 $[\sigma_{压}] = (0.9 \sim 0.95)$ $R_{p0.2}$,MPa;

$R_{p0.2}$——材料的屈服强度,MPa。

5.1.7 挤压垫设计

挤压垫放在挤压筒内的铸锭与挤压轴之间,其主要作用是与挤压筒之间配合间隙小,可有效防止金属倒流使挤压轴粘铝;同时可避免挤压轴与高温金属直接接触,防止轴端面温度过高而过早产生变形和磨损。为减小挤压垫与金属之间的黏结摩擦,挤压垫做成一端带有凸台的形式。当挤压垫厚度较厚时,也可以采用两端都有凸台的形式,这样可以很好地起到平稳支撑作用,防止垫片倾斜。

5.1.7.1 挤压垫尺寸

A 挤压垫外径 $D_{垫}$

挤压垫外径 $D_{垫}$ 主要取决于挤压筒的直径。挤压筒直径与挤压垫外径之差 ΔD 应选择合适,ΔD 过大会引起金属倒流,严重时把挤压垫和挤压轴包住,使挤压轴无法脱离挤压筒。另外,垫片在挤压筒中活动量大,对管材的偏心度影响较大。当 ΔD 过小时,往挤压筒送垫片困难,而且挤压筒的磨损增加,还容易啃伤挤压筒,缩短工具使用寿命。一般卧式挤压机上 ΔD 值取 $0.15 \sim 1.5mm$,立式挤压机上取 $0.15 \sim 0.4mm$。

B 挤压垫内径 $d_{垫}$

挤压垫内径 $d_{垫}$ 主要取决于针后端直径。挤压垫内径与针后端直径之差 Δd 应选择合适,Δd 过大会引起金属倒流,严重时可能会把挤压针包住,使挤压不能顺利进行;另外,也起不到调整挤压针中心的作用,管材容易偏心。当 Δd 过小时,针后端进出困难,影响操作。一般卧式挤压机上 Δd 值取 0.3 ~ 1.2mm，立式挤压机上取 0.15 ~ 0.5mm。

C 挤压垫厚度 $H_厚$

挤压垫厚度 $H_厚$ 主要根据挤压筒直径和比压来确定。一般情况下 $H_厚 \approx (0.2 ~ 0.4) D_垫$。

D 挤压垫工作带厚度 $h_垫$

挤压垫工作带厚度是指凸缘的厚度，一般取 $h_垫 = H_垫$（20 ~ 35)%。$h_垫$ 过大，容易啃伤挤压筒；$h_垫$ 过小，容易磨损，缩短工具使用寿命。

5.1.7.2 挤压垫的强度校核

挤压垫变形及损坏与挤压力的大小、挤压温度、连续挤压的时间及挤压垫材料有关。当挤压垫承受的压力超过材料的允许应力时，其工作面就会产生压缩变形。因此，在设计时必须进行压缩强度校核。

$$\sigma_压 = \frac{P_{max}}{F_垫} \leq [\sigma_压] \tag{5-26}$$

式中 $\sigma_压$——挤压垫上的压缩应力，MPa；

　　　P_{max}——最大挤压力，MN；

　　　$F_垫$——挤压垫工作部分的断面积，mm^2；

　　　$[\sigma_压]$——材料的抗压强度，取 $[\sigma_压] = (0.9 ~ 0.95) R_{p0.2}$，MPa；

　　　$R_{p0.2}$——材料的屈服强度，MPa。

5.1.8 其他工具设计

5.1.8.1 模支撑

模支撑是用来安装模子和模垫的基本工具，与挤压筒配合，使模子处于挤压筒、挤压轴的中心线上。模支撑的结构形式与挤压机的结构形式及挤压方法有关。正向挤压一般采用挤压筒带锥度配合方式，要求模支撑上的锥度与挤压筒锥度配合良好，保证模子与挤压筒、挤压轴在同一中心线上。反向挤压和立式挤压时的模支撑在挤压筒中，应保证模支撑内外径同心度及尺寸精度。模支撑与模子相配合，一般同一个挤压筒，有几种规格的模子外形，就有几种模支撑，这样可减

小模子尺寸，降低模具消耗。模支撑的
厚度为模子和模垫厚度之和，如图5-9
所示。

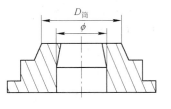

图5-9 模支撑示意图

5.1.8.2 模垫

模垫是装在模子后端，与模子配合
使用，起支撑模子不产生变形，提高模
子强度的作用。模垫外形比模子后端尺
寸小1~2mm，便于装卸。模垫与模子形状一致，即模垫与模子的孔
数及排列方式一致，多孔模的模垫孔径比模子出口直径大5~10mm，
单孔模的模垫孔径比模孔出口直径大5~20mm，模垫孔径与模孔出
口直径相差过小，容易擦伤制品表面；太大则降低了支撑作用，使模
子容易损坏，而且产生弹性变形，影响挤压制品的尺寸精度。为了方
便管理，使模垫系列化，一般单孔模垫的孔径尺寸以20~60mm范围
为一个档次，多孔模模垫孔径尺寸以模子孔数及同心圆直径来确定，
如图5-10所示。

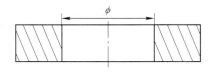

图5-10 模垫示意图

5.1.8.3 模环

为了增强模子和模垫的强度，与挤压机前机架或压型嘴相配合，
在模垫后面配有专用模环。模环外形尺寸与模支撑一致，内孔尺寸比
模垫孔径的最大外切圆直径稍大一些，一般在10~50mm。为便于管
理，根据模子具体规格，将模环分为2~5种规格，使其标准化。模
环厚度较厚，强度较大，非易损件，一般每种规格配备1~2个即可，
可减少模垫数量，降低模具费用。

5.1.8.4 压型嘴和模架

压型嘴和模架统称为模座，它是用来组装模子组件，保证模具在
挤压过程中不产生位移，并与挤压筒紧密配合的挤压工具之一。为了

保证生产效率和产品质量，模座的结构设计应具有高精度、容易更换模具、便于操作等特点。压型嘴是一种沿挤压方向的纵向移动式模座，主要是在大型挤压机和老式挤压机上使用。模架是一种垂直挤压方向的横向移动式模座，主要应用在现代化的挤压机上。

5.1.9 工模具的标准化和系列化

工模具标准化、系列化的必要性：

（1）减少模具设计和制造的工作量，降低工具成本，缩短生产周期，提高生产效率；

（2）通用性好，互换性强，只需配备几种挤压针、模支撑、挤压垫等工具和模具；

（3）工具备件减少，降低工具费用，有利于工具管理；

（4）标准化有利于提高工具的尺寸精度和装备精度，保证产品质量。

确定工模具系列的基本原则：

（1）便于装卸，大批量生产，能满足大生产的要求；

（2）能满足该挤压机能够生产的所用规格的模具强度要求；

（3）能满足制造工艺的要求。

5.2 轧制工具

5.2.1 概述

管材轧制是通过孔型与芯头之间相互配合，使管毛坯在外径和壁厚上均发生变化，从而获得成品管材的加工方法。冷轧管机的种类很多，目前常用的有周期式二辊冷轧管机和周期式三辊冷轧管机。二辊冷轧管机的主要工具是一对变断面孔型和锥形芯头，它们之间形成的间隙在机头往返运动中重复变化，使管材直径减小，壁厚变薄。三辊冷轧管机的主要工具是三个带有变断面孔槽的轧辊、圆柱形的芯头及支撑轧辊的滑道。轧辊与芯头之间形成的间隙，在机头往返运动的过程中，随滑道曲线的变化而变化，使管材直径减小，管壁变薄。

设计合理的孔型和芯头能保证轧出的管材有较高的尺寸精度和

优良的表面质量，并且金属对轧辊的压力在孔型长度上合理分布，增加工具的使用寿命，降低金属的损耗和轧制能耗。

5.2.2   二辊式冷轧管机孔型设计

5.2.2.1   孔型轧槽工作段和非工作段长度设计

轧机的工作机架在行程中，要依次完成送料、轧制和转料三个过程。因此沿孔型轧槽长度上也相应地分为三个基本部分，即圆心角 θ_s 对应的送料段 L'_s，圆心角 θ_g 对应的工作段（或轧制段）L'_g，圆心角 θ_h 对应的回转段 L'_h。图 5-11 为沿孔型顶部剖开的轧槽断面。

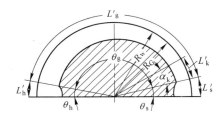

图 5-11   沿孔型顶部剖开的轧槽断面

为提高轧机的变形能力，一般将工作段的长度尽量做长，缩短送料段和回转段的长度。但送料段和回转段的长度过短，在送进回转过程中，会使设备机构产生较大的冲击，导致部件过快磨损。孔型的工作部分和空转部分的长度可按式（5-27）、式（5-28）、式（5-29）计算。

$$L_s = \pi \theta_s D_{节} / 360 \qquad (5-27)$$

$$L_g = \pi \theta_g D_{节} / 360 \qquad (5-28)$$

$$L_h = \pi \theta_h D_{节} / 360 \qquad (5-29)$$

式中 θ_s，θ_g，θ_h——分别为送料段、工作段、回转段所对应的圆心角，（°）；

$D_{节}$——轧辊主动齿轮的节圆直径，mm。

θ_s，θ_g，θ_h，$D_{节}$ 是轧管机的技术参数，表 5-15 给出了常用轧管机的主要技术参数。

表 5-15 常用轧管机的主要技术参数

设备型号	坯 料		成 品			主要工艺参数			设备主要技术参数				
	外径 /mm	壁厚 /mm	外径 /mm	壁厚 /mm	最大断面收缩率 /%	双行程数/次· min⁻¹	送料量 /mm	主动齿轮节圆直径 /mm	轧辊直径 /mm	轧辊回转角 /(°)	送料角	转料角
LG30	22 ~ 46	1.35 ~ 6.00	16 ~ 32	0.4 ~ 5.0	88	80 ~ 120	2 ~ 14	280	300	185	10.5°	10.5°
LG55	38 ~ 67	1.75 ~ 12	25 ~ 55	0.75 ~ 10	88	68 ~ 90	3 ~ 14	336	364	205	3°	2°
LG80	57 ~ 102	2.5 ~ 20	40 ~ 80	0.75 ~ 18	88	60 ~ 70	2 ~ 14	434	434	199	9°24′	1°32′

L_s、L_g、L_h 分别是按轧辊主动齿轮节圆直径计算出的送料段、工作段、回转段的长度，它们之和等于轧辊主动齿轮节圆的半周长，即：

$$L_s + L_g + L_h = \pi D_{节} / 2 = L_z \qquad (5\text{-}30)$$

与轧辊上圆心角 θ_s、θ_g、θ_h 对应的轧槽长度 L'_s、L'_g、L'_h 为：

$$L'_s = L_s D_w / D_{节} \qquad (5\text{-}31)$$

$$L'_g = L_g D_w / D_{节} \qquad (5\text{-}32)$$

$$L'_h = L_h D_w / D_{节} \qquad (5\text{-}33)$$

式中 D_w——轧槽块直径，mm。

同理，这几部分长度总和应等于轧槽块的半周长，即：

$$L'_s + L'_g + L'_h = \pi D_w / 2 = L'_z \qquad (5\text{-}34)$$

生产中常用孔型的各段轧槽长度如表 5-16 所示。

表 5-16 典型冷轧管机各段轧槽长度参考值

轧管机型号	按主动齿轮节圆计算的各段长度/mm			按轧槽块圆周计算的各段长度/mm		
	送料段 L_s	工作段 L_g	回转段 L_h	送料段 L'_s	工作段 L'_g	回转段 L'_h
LG30	20.9	389	29.8	22.4	417	31.9
LG55	6.2	537.4	6.2	6.45	558.8	6.45
LG80	21.2	609	7.5	22.5	650.8	8.1

5.2.2.2 轧槽底部尺寸的计算

轧槽工作部分分为四段，即减径段、压下段、预精整段和精整段。孔型轧槽工作段分段图和展开图如图 5-12、图 5-13 所示。

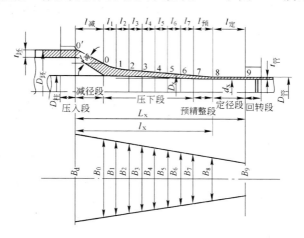

图 5-12 孔型轧槽工作段分段图

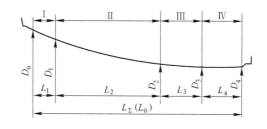

图 5-13 孔型轧槽工作段展开图

Ⅰ—减径段；Ⅱ—压下段；Ⅲ—预精整段；Ⅳ—精整段

A 减径段 L_1

管毛坯在此段进行减径变形。因管毛坯内表面尚未与芯头接触，因此管壁略有增厚，如图 5-14 所示。

由图 5-14 可以得出：

$$d_x = d - 2L_1\tan\alpha \qquad (5-35)$$

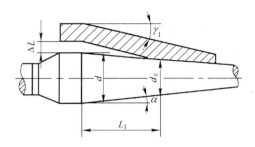

图 5-14 确定减径段长度示意图

式中 d_x——所求截面上芯头的直径，mm。

若毛坯在减径段内壁厚不变，则得到：

$$d_x = d + 2\Delta L - 2L_1 \tan\gamma_1 \qquad (5\text{-}36)$$

将式（5-35）和式（5-36）联立，可求出减径段长度 L_1，即：

$$L_1 = \Delta L/(\tan\gamma_1 - \tan\alpha) \qquad (5\text{-}37)$$

式中 L_1——减径段长度，mm；

  d——芯头圆柱部分直径，mm；

  ΔL——毛坯与芯头部分之间的间隙，mm；

  α——芯头圆锥母线与轴线之间的夹角，(°)；

  γ_1——变形锥外表面母线与芯头轴线之间的夹角，(°)。

孔型轧槽底部减径段的合理锥度 $\tan\gamma = 0.12 \sim 0.20$；在轧制薄壁管时，$\Delta L$ 一般不超过 $1.0 \sim 1.5\text{mm}$。

B 压下段 L_2

毛坯在压下段除逐渐减小直径外，主要是壁厚减薄的变形。压下段长度可按表 5-15 和式（5-30）选取。

设计压下段形状的公式很多，目前轧制铝合金管材常用的公式如下：

（1）以相对变形量沿孔型长度变化原理作为孔型设计的基础推导出来的公式：

$$S_x = \frac{S_0}{\dfrac{\lambda_{\Sigma S} - 1}{1 + n_1}\left(1 + n_1 \dfrac{x}{L_1}\right) + 1} \tag{5-38}$$

$$S_x = \frac{S_0}{\dfrac{\lambda_{\Sigma S} - 1}{1 - e^{-n_2}}\left(1 + e^{-n_2\frac{x}{L_2}}\right) + 1} \tag{5-39}$$

式中　S_x——所求截面上的管材壁厚，mm；

　　　　S_0——考虑经过减径段之后，管壁已增厚的管毛坯壁厚，mm；

　　　　$\lambda_{\Sigma S}$——管毛坯壁厚总延伸系数，$\lambda_{\Sigma S} = S/S_{成}$；

　　　　x——从压下段起点到计算断面的距离，mm；

　　　　L_1——减径段长度；

　　　x/L_2——以压下段为起点的变动坐标位置（在 0 ~ 1 之间）；

　　　　L_2——压下段长度，mm；

　　n_1，n_2——系数，分别为 0.1 和 0.64。

　　用公式(5-38)和式(5-39)计算时，一般将压下段分为 7 段计算。公式(5-38)能满足相对变形按线性关系逐渐减小的规律；而公式(5-39)则能满足相对变形按对数关系逐渐减小的规律。

　　（2）以金属对轧辊压力保持不变的原理为基础推导出的公式：

$$\lambda_x = \lambda_{\Sigma S} \frac{\dfrac{c}{L_2} + \dfrac{x}{L_2}}{\dfrac{c}{L_2}\left[\lambda_{\Sigma S} - (\lambda_{\Sigma S} - 1)\dfrac{x}{L_2}\right] + \dfrac{x}{L_2}} \tag{5-40}$$

其中，c/L_2 的值可用下式求得。

$$\frac{c}{L_2} = \frac{0.95 - 0.5a + \sqrt{0.9a\lambda_{\Sigma S}}}{a\lambda_{\Sigma S}^{-1}} \tag{5-41}$$

$$a = \frac{\Delta t_{压始}}{\Delta t_{压末}} = 1.168\left(\frac{p_{压末}}{p_{压始}} \times \frac{D_1}{D_2} \times \frac{1}{n}\right)^2 \tag{5-42}$$

式中　$\Delta t_{压始}/\Delta t_{压末}$——压缩段始端和末端壁厚减薄量的比；

　　　　$p_{压末}/p_{压始}$——孔型压缩段末端和始端的平均单位压力之比，可根据变形程度由图 5-15 查得；

D_1，D_2——管毛坯和成品管的外径，mm；

n——金属对轧辊全压力分布的系数，当 $n=1$ 时，表示金属对轧辊压力沿孔型长度方向上不变。一般孔型设计时建议取 0.8。

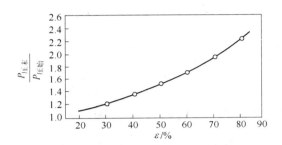

图 5-15 $p_{压末}/p_{压始}$ 与变形量 ε 的关系（铝合金）

C 预精整段 L_3

在此段中，管壁不再减薄，但直径仍有所减小。预精整段的长度不应短于每次工作行程中管材的纵向伸长量，可由下式求得：

$$L_3 \geqslant NM\lambda_{\Sigma S} \tag{5-43}$$

式中 N——预精整系数，$N=1.0 \sim 1.4$，壁厚精度要求高的管材取上限；

M——送料量，mm；

$\lambda_{\Sigma S}$——预精整段开始处的总延伸系数。

由于在孔型设计中常取 $\lambda_{\Sigma S}=(0.95 \sim 0.98)\lambda_{\Sigma}$，故 $L_3=(0.95 \sim 0.98)L_4$。

预精整段的孔型顶部锥度与芯头锥度相同。

D 定径段 L_4

在定径段中孔槽直径不变，只进行管材的精整。定径段长度 L_4 一般与预精整段管材的直径、椭圆度、成品管的直径和精整系数 K 有关，可按下式确定：

$$L_4 \geqslant KM\lambda_{\Sigma} \tag{5-44}$$

式中 K——精整系数。K 值越大则表示管材在定径段上被精整的机会越多，但过大将影响压下段的长度。当 $2\tan\alpha < 0.01$ 时，K 取 1.5；当 $2\tan\alpha = 0.01 \sim 0.04$ 时，K 取 $2.0 \sim 2.5$；

　　　　M——送料量，mm；

　　　　λ_{Σ}——总延伸系数。

精整段的孔型顶部锥度为零。

5.2.2.3 孔型轧槽

孔型轧槽宽度对轧制的管材质量和轧管机的生产效率影响很大。孔型轧槽开口不够时，会使轧出的管材表面产生折叠、压痕、啃伤等缺陷。孔型轧槽开口过大时，增加壁厚压下（沿周边）的不均匀性，造成成品管的壁厚不均。对塑性差的硬铝合金和高镁合金，容易在管材上形成纵向或横向裂纹。另外，还会增加孔型和芯棒的局部磨损。

为避免轧槽边啃伤管材，除了按一定值增加开口度之外，轧槽边应当做成圆角，其数值一般为：当成品管壁厚 $S \geqslant 0.8$mm 时，圆角范围为 $1.2 \sim 1.5$mm；当成品管壁厚 $S \leqslant 0.6$mm 时，圆角范围为 $0.5 \sim 0.8$mm。

轧槽宽度按下式计算，即：

$$B_x = D_x + 2[K_t m \lambda_{xs}(\tan\alpha_x - \tan\beta) + K_d m \lambda_{xs} \tan\beta] \quad (5-45)$$

式中 D_x——计算截面上的孔型直径，mm；

　　　　m——送料量，mm；

　　　　λ_{xs}——该截面上管壁的延伸系数；

　　　　$\tan\alpha_x$——与该截面对应的那段孔型的圆锥角；

　　　　$\tan\beta$——芯头锥度；

　　　　K_t——考虑强迫宽展和工具磨损系数，对各种规格的冷轧管机，可参考表 5-17 选取 K_t 的值；

　　　　K_d——考虑水平压扁系数，K_d 取 0.7。

表 5-17 宽展和工具磨损系数 K_t 值

计算截面序号	1	2	3	4	5	6	7
K_t	1.75	1.70	1.70	1.60	1.40	1.20	1.05

5. 2. 2. 4 常用孔型规格

用于铝合金生产的冷轧管机型号已定型，两辊冷轧管机主要有三种型号，为了便于管理，每种型号上都配有 4 ~ 6 种规格的孔型，如表 5-18 所示。

表 5-18 冷轧管机型号和孔型规格

冷轧管机型号	孔型规格/mm × mm
LG30	43 × 31、38 × 26、33 × 21、31 × 18
LG55	70 × 56、65 × 51、60 × 46、55 × 41、50 × 36、45 × 31
LG80	(108 × 93) 98 × 81、93 × 76、88 × 71、83 × 66、78 × 61、73 × 56

5. 2. 2. 5 芯头尺寸确定

芯头尺寸设计示意图如图 5-16 所示。

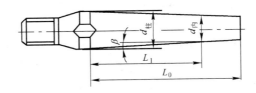

图 5-16 芯头尺寸设计示意图

A 芯头锥度

芯头锥度取决于管材直径与壁厚之比（D/S）或管毛坯与成品管直径之差（$D_0 - D_1$）。当 $D/S \leqslant 30 \sim 40$ 时，$2\tan\beta$ 取 $0.007 \sim 0.014$；当 $D/S > 40$ 时，$2\tan\beta$ 取 $0.0025 \sim 0.0035$。表 5-19 列出了几种轧机芯头锥度随 $D_0 - D_1$ 的变化范围。

表 5-19 几种轧机芯头锥度取值范围

轧机型号	毛坯与成品管直径差（$D_0 - D_1$）/mm	芯头锥度（$2\tan\beta$）
LG30	< 13	0.007 ~ 0.015
	> 13	0.02
LG55	< 14	0.01
	14 ~ 18	0.015
	> 18	0.02 ~ 0.03

轧机型号	毛坯与成品管直径差 $(D_0 - D_1)$/mm	芯头锥度（$2\tan\beta$）
LG80	12 ~ 16	0.01
	17 ~ 22	0.02
	23 ~ 28	0.03
	>28	0.04

芯头锥度也可按下式计算：

$$2\tan\beta = (d_{柱} - d_{内})/L_1 \qquad (5-46)$$

式中　β——芯头圆锥母线的倾角；

$d_{柱}$——芯头圆锥部分的直径，mm；

$d_{内}$——成品管内径，即对应孔型与预精整段的芯头直径，mm；

L_1——芯头工作部分的长度，为孔型的减径、压下和预精整段之和，mm，即 $L_1 = L_{减} + L_{压} + L_{预}$。

B　芯头长度

芯头长度取决于孔型四个段的长度，即：$L_0 = L_{减} + L_{压} + L_{预} + L_{定}$。实际生产中，受到毛坯壁厚、直径的变化，成品管材壁厚的工艺要求等因素的影响，需对芯头位置进行前后调整，以便达到对壁厚进行微调的目的。为防止芯头硌伤管材，应将芯头的减径段和定径段适当加长。一般芯头在最后位置时，芯头还长出孔型的定径段；当芯头在最前位置时，芯头的减径段还长出孔型的减径段。

5.2.3　多辊式冷轧管机孔型设计

多辊式冷轧管机的孔型设计包括支撑轧辊的滑道工作面和轧辊形状两部分。

5.2.3.1　滑道工作面形状设计

A　多辊式冷轧管机传动方式

多辊式冷轧管机机架传动方式有两种，曲柄连杆传动，如 LD30、LD60、LD120；曲柄摆杆传动，如 LD15、LD80。曲柄连杆传动轧管机的传动如图 5-17 所示，其杆系运动如图 5-18 所示。

轧机机架由曲柄连杆 EF 带动作往复式运动，摇杆 OA 由调整连杆 AC 和小连杆 BD 分别与机架（即滑道）和辊架（即轧辊）连接。B 点在摇杆 OA 上的位置可调，OA 和 OB 的长度不同，所以机架和辊

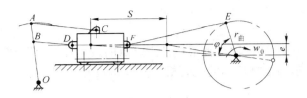

图 5-17 曲柄连杆传动轧管机传动图

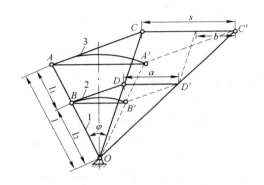

图 5-18 冷轧管机杆系运动图

架的运动速度及行程不一样。

当摇杆 OA 绕 O 点转动一个角度到达 OA' 时，机架运动 s 距离，辊架运动 a 距离。当机架由后极限位置 C 走到前极限位置 C' 时，辊子也由后极限位置 D 走到前极限位置 D'，两者运动距离分别为 s 和 a，滑道相对于轧辊的移动距离 b 也是滑道的长度。

B 滑道板长度

以小车为连杆传动的轧管机（图 5-18），其滑道板的最大长度为：

$$L_{max} = s\left(1 - \frac{l_{1min}}{l}\right) \tag{5-47}$$

滑道板的最小长度为：

$$L_{min} = s\left(1 + \frac{l_{1max}}{l}\right) \tag{5-48}$$

式中 s——小车行程长度，mm；

          l——摇杆长度，mm；

L_{max}，L_{min}——摇杆轴与辊架拉杆固定点的最大和最小距离，mm。

以小车为摆杆传动的轧管机，其滑道板的长度为：

$$L = s - \theta l_{1min} \qquad (5-49)$$

式中 L——滑道长度，mm；

      θ——摆杆的整个摆角。

滑道的有效长度用下式计算：

$$L_b = s - a \qquad (5-50)$$

式中 a——辊架行程长度，mm。

C   送进回转段尺寸

滑道板工作面分为四段，即送进回转段（L_I）、减径段（L_{II}）、压下段（L_{III}）、定径段（L_{IV}），其形状如图5-19所示。

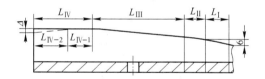

图5-19   滑道板工作面分段示意图

对于多辊式冷轧管机，为了减小小车返回行程时的轴向力，把送料和转料的动作都设在机架位于原始极限位置同时完成。送料回转段的长度 l_1 与机架的曲柄-连杆机构及用于进料回转工作的马尔泰回转机构（图5-20）的运动参数有关。由图5-18可以导出滑道上的非工作段，即进料回转段的长度 l_1 为：

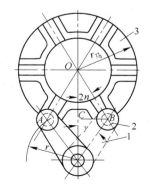

图5-20   马尔泰回转机构

1—曲柄；2—销轴；3—马尔泰盘

$$l_1 = s_1 - a_1 = s_1 - a_{min}\frac{s_1}{s} \qquad (5-51)$$

s_1 可由 LD 型冷轧管机工作机架在送料回转时的运动图（图 5-21）导出，即：

$$s_1 = \sqrt{L_{连}^2 - (e - r_{曲}\sin\varphi_1)^2} - r_{曲}\cos\varphi_1 - \sqrt{(L - r_{曲})^2 - e^2} \tag{5-52}$$

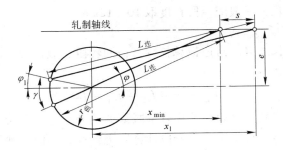

图 5-21　LD 型冷轧管机工作机架在送料回转时的运动图

将式（5-52）代入式（5-51）得：

$$l_1 = \left[\sqrt{L^2 - (e - r_{曲}\sin\varphi_1)^2} - r_{曲}\cos\varphi_1 - \sqrt{(L - r_{曲})^2 - e^2} \right]$$
$$\left(1 - \frac{a_{min}}{s} \right) \tag{5-53}$$

式中　l_1——进料回转段长度，mm；

　　　L——主传动连杆长度，mm；

　　　$r_{曲}$——主传动曲柄半径，mm；

　　　e——曲柄中心与轧制轴线间的垂直距离，mm；

　　a_{min}——辊架运动最小距离，mm；

　　　s——机架运动距离，mm；

　　　φ_1——曲柄回转角，其值为：

$$\varphi_1 = \arcsin\left(\frac{r_{马}}{r_{曲}}\sin\frac{360°}{2n} - \arcsin\frac{e}{L - r_{曲}} \right) \tag{5-54}$$

　　　$r_{马}$——马尔泰盘的半径，mm；

　　　n——马尔泰盘的槽数，目前都取 6 个槽。

D   减径段 L_{II} 的确定

LD 冷轧管机在轧制中减径量非常小，这是因为轧辊凹下弧度与成品管外径弧度相同。如果管毛坯直径比成品管直径大得多时，将很容易发生辊子硌入管毛坯，导致金属流入辊子之间的缝隙而损坏管子，管毛坯内表面与芯头之间的缝隙通常不大于 1.0 ~ 1.5mm，故减径段不需很长，一般减径段长度取 10 ~ 12mm。

E   压下段 L_{III} 的确定

压下段长度等于滑道板总长度减去回转段、减径段、定径段各段的长度，即：

$$L_{III} = L - L_{I} - L_{II} - L_{IV} \qquad (5\text{-}55)$$

压下段在轧制过程中承担管壁减薄的任务，它的形状可按二辊式冷轧管机孔型设计中压下段分段计算法进行计算。但这种轧机由于总加工量小，对铝合金来说，这一段的形状对轧出制品的质量影响不大，故不用分段计算，而用直线连接即可。

F   定径段 L_{IV} 的确定

定径段总长度取决于轧制总延伸系数和管材的精整系数及送料量。其计算公式如下：

$$L_{IV} = \lambda_{\Sigma} m k_1 \frac{D_{颈}}{D_{轧}} \qquad (5\text{-}56)$$

式中 L_{IV}——定径段长度，mm；

λ_{Σ}——总延伸系数；

m——送料量，mm；

k_1——精整系数，取 4 ~ 5；

$D_{颈}$，$D_{轧}$——轧辊辊颈直径和轧辊直径，mm；$D_{轧}$ 按下式计算：

$$D_{轧} = D_{辊} + 0.2D_{成}（三辊轧机） \qquad (5\text{-}57)$$

$$D_{轧} = D_{辊} + 0.1D_{成}（四辊轧机） \qquad (5\text{-}58)$$

$D_{辊}$——轧辊的最大直径，mm；

$D_{成}$——成品管直径，mm。

滑道的定径段通常与轧制轴线平行。为了减少成品管上的"波浪"，减小定径段上的压力，提高 $m\lambda_{\Sigma}$ 值，定径段终端一段工作面做成斜面较好，其长度约占定径段全长的 40%，斜度 $\tan\gamma = 0.004$。定径段终端断面下降高度 Δ 值可按表 5-20 选择。

表 5-20 定径段终端断面下降高度 Δ 值

轧管机型号	LD15	LD30	LD60	LD80
Δ/mm	0.15 ~ 0.20	0.20 ~ 0.30	0.25 ~ 0.35	0.35 ~ 0.45

有的滑道工作面把定径段分成定径段 $L_{\text{IV}-1}$ 和回程段 $L_{\text{IV}-2}$ 两段，此时定径段 $L_{\text{IV}-1} = (1.5 \sim 2)m\lambda_{\Sigma}$，而回程段 $L_{\text{IV}-2} = 50 \sim 70\text{mm}$，回程段作成反斜度（图 5-19）。一般取 $\Delta = 1 \sim 1.5\text{mm}$。

5.2.3.2 轧辊形状设计

多辊式冷轧管机的轧辊形状如图 5-22 所示。轧辊各部分尺寸相互关联，其计算方法如下。

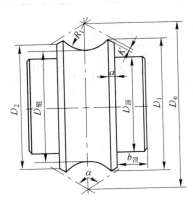

图 5-22 多辊式冷轧管机轧辊

A 轧槽顶部轧辊直径 $D_{\text{辊max}}$ 的确定

轧槽顶部轧辊直径 $D_{\text{辊max}}$ 的计算方法为：

$$D_{\text{辊max}} = \frac{2t_{\min} \times 10^4}{1.87 f R_{\text{eL}}} \tag{5-59}$$

式中 $t_{\min}$——成品管的最小壁厚，mm；

f——摩擦系数，取 0.1；

R_{eL}——被轧制金属的屈服强度，MPa。

B　轧辊辊颈 $D_颈$ 的确定

对一种规格的滑道所配备的不同规格的轧辊，其辊径直径相同，计算公式为：

$$D_颈 = (0.71 \sim 0.76)D_辊（三辊轧机） \tag{5-60}$$

$$D_颈 = (0.60 \sim 0.65)D_辊（四辊轧机） \tag{5-61}$$

C　轧辊辊颈宽度 b 的确定

轧辊辊颈宽度 b 按辊颈宽度与直径的比值来选定，如表 5-21 所示。

表 5-21　轧辊辊颈宽度与辊径直径的比值

轧辊机型号	LD15	LD30	LD60	LD120
$b/D_颈$	0.37	0.39 ~ 0.41	0.46	0.29 ~ 0.30

D　辊环宽度 a 的确定

辊环宽度 a 按下式计算：

$$a = 0.7R_成\left(1 - \cos\frac{180°}{n}\right) \tag{5-62}$$

式中　$R_成$——成品管半径，mm；

　　　　n——轧辊数。

E　轧槽开口的确定

轧槽开口角 α 由下式计算：

$$\alpha \approx \arccos\frac{2}{1 + \dfrac{R_坯}{R_成}} \tag{5-63}$$

式中　$R_坯$——管毛坯的半径，mm；

　　　　$R_成$——成品管的半径，mm。

F　其他尺寸的确定

根据图 5-22，各尺寸的相互关系是：

$$D_0 = D_辊 + D_成 \tag{5-64}$$

$$D_1 = D_0 - D_成\cos\frac{\alpha}{2} - 2K\sin\frac{\alpha}{2} \tag{5-65}$$

$$D_2 = D_0 - a\cos\frac{\alpha}{2} - 2K\sin\frac{\alpha}{2} \tag{5-66}$$

式中　$D_成$——成品管直径，mm；

　　　　K——在定径带上两个辊子之间的间距之半，对于 LD15 轧
　　　　　　机，$K = 0.5\,mm$；对于 LD30 轧机，$K = 0.5 \sim 0.7\,mm$；
　　　　　　对于 LD60 轧机，$K = 0.8 \sim 1.0\,mm$。

　　辊子边缘到角半径为：

$$R = 0.6(R_0 - R_1) \tag{5-67}$$

式中　R_0，R_1——管毛坯和成品管的半径，mm。

　　G　芯棒尺寸的确定

　　多辊式冷轧管机所使用的芯棒是圆柱形的，为了避免管子内表面
出现环形压痕和减小送进时所需的力，芯棒形状稍带锥度，由前端向
后端每隔 $m = 20 \sim 50\,mm$ 的长度，直径差值约为 $0.2\,mm$。

5.3　拉伸工具

5.3.1　概述

　　管材拉伸模具主要包括模子和芯头。模子分为拉伸模和整径模；
芯头分为短芯头、长芯头、游动芯头和扩径芯头等。棒材、线材拉伸
模具主要有拉伸模。

　　拉伸模的材料多用硬质合金（如 YG8）和优质碳素钢（如 T8A、
T10A）。$\phi60\,mm$ 以下的小规格模子多采用 YG8，而 $\phi60\,mm$ 以上的模
子则常采用 T8A 和 T10A，小规格线材拉伸的模具也可选用金刚石。
钢材模需在模孔的表面做镀铬处理，一般镀铬层厚度为 0.04 ~
0.05mm，镀铬层质量直接影响模子的使用寿命和制品的表面质量。
钢模在长期工作中容易磨损，在毛坯与模子刚接触部位容易产生凹环
而造成模子报废。硬质合金模一般采用镶套式，这样可以减少硬质合
金材料的使用量及模子质量，降低模子成本。硬质合金抗压缩能力
强，硬度高，表面不容易产生凹环及粘金属，即使粘上金属也容易打
磨掉，而不损伤模孔的光洁度，模子使用寿命长，一般比钢模的寿命
长 5 倍。当硬质合金模模孔磨损报废后，可采用磨削方式将原有模孔

尺寸加工到上一个规格，合格后可正常使用，修理方便。芯头一般使用的材料为 T8A 或 T10A，芯头外表面镀 0.04 ~ 0.05mm 的铬。

5.3.2 管材拉伸模

管材拉伸模是供空拉减径和带芯头拉伸之用，主要控制管材的外径尺寸和与芯头配合控制管材的壁厚尺寸，决定着管材的表面质量。拉伸模的模孔部分一般分为四个区，即入口区、工作区、定径带、出口区，其结构形式如图 5-23 所示。

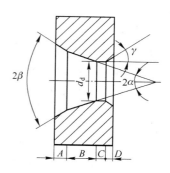

图 5-23　拉伸模模孔的断面
几何尺寸及分区示意图
A—入口区；B—工作区；
C—定径带；D—出口区

A　入口区（润滑区）A

该区的作用是储存润滑剂，便于坯料进入工作区，减小拉伸时的摩擦阻力，降低拉伸时的变形热，防止模具粘连金属而产生擦划伤。一般润滑区采用 $R = 4 ~ 8mm$ 的圆弧代替，也可取 $\beta \approx （2 ~ 3）\alpha$ 的锥角。

B　工作区（压缩锥）B

金属在该区发生塑性变形，外径减小，壁厚减薄，达到所需的形状和尺寸。该区金属受力变形较大，模具容易产生磨损，特别是钢材模具，容易产出凹环的压坑，造成模具报废。压缩锥角 $\alpha \approx 8° ~ 12°$，一般取 11°。工作锥的长度 l_g 可按下式计算：

$$l_g = \frac{D_{0max} - D_1}{2}\cot\alpha \tag{5-68}$$

式中　D_{0max}——管毛坯可能的最大直径，mm；
D_1——成品管材直径，mm。

C　定径带 C

定径带的形状是圆柱形，金属在该区受力均匀，内外径尺寸得以保证，表面质量光滑。定径带的长度一般选取 3 ~ 6mm，小规格管材选下限。

D 出口区 D

出口区主要是防止管材拉出模孔后不被模孔划伤。出口区的锥角 $2\gamma \approx 60°$。出口区的长度一般取 $1 \sim 5mm$。

拉伸模规格较多，一般模孔直径在 $3 \sim 280mm$，中小规格模子按 $0.1mm$ 一种规格配置，大规格管材由于使用量有限，可根据具体使用要求配置模孔尺寸。拉伸模的结构如图 5-24 所示。表 5-22 列出了常见拉伸模尺寸。

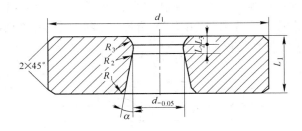

图 5-24 拉伸模的结构示意图

表 5-22 常见拉伸模尺寸

$d_{-0.05}$ /mm	d_1 /mm	L_1 /mm	L_2 /mm	L_3 /mm	α /(°)	R_1 /mm	R_2 /mm	R_3 /mm
$3 \sim 8$	$45^{-0.1}$	25	3	3	11.5	5	均匀过渡	3
$18.1 \sim 30$	$74.1^{-0.1}$	30	5	4	11	10	4	4
$30.1 \sim 60$	$124.1^{-0.1}$	30	5	4	11	11	4	4
$60.1 \sim 80$	$165^{-0.060}_{-0.165}$	40	5	5	11	15	15	5
$80.1 \sim 120$	$225^{-0.075}_{-0.195}$	40	5	5	11	15	15	5
$120.1 \sim 160$	$299^{-0.1}$	60	5	5	11	15	15	5
$160.1 \sim 280$	$440^{-0.1}$	60	6	5	11	15	18	5

5.3.3 管材整径模

整径模是用于管材最终拉伸减径工序的模具，决定着管材最终成品直径的精度。整径模的特点是没有明显的锥形压缩带，定径带的宽度较宽，一般为 $15 \sim 40mm$，可以保证管材在模子中运行稳定，使管材外径尺寸精度较精确，拉出的管材比较直。整径工序变形量小，模子承受的拉伸力小，磨损速度较慢，一般模子材料选用钢材即可满足要求。整径模一般每隔 1mm 一个规格，而直径在 80mm 以上的管材，因规格划分较大，可适当扩大一些，一般为 5mm 一个档次。对于同一规格的管材，不同合金，不同壁厚，使用同一个整径模，因弹性收缩不同，拉伸后的管材外径尺寸也不同。所以根据成品管材尺寸公差的要求，按模子相差 0.05 ~ 0.10mm 的范围配置三种规格的模子，以便整径过程中更换整径模来控制成品管外径尺寸，小规格管材选下限，大规格管材选上限。图 5-25 给出了整径模的结构示意图，表 5-23列出了常见整径模的尺寸。

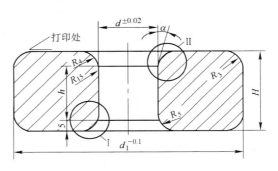

图 5-25　整径模结构示意图

表 5-23　常见整径模的尺寸

$d^{\pm 0.02}$/mm	$d_1^{-0.1}$/mm	H/mm	h/mm	α/(°)
15 ~ 18	45	30	15	11.5
19 ~ 30	74	30	15	11
31 ~ 59	124	30	17	11
60 ~ 79	165	40	25	11
80 ~ 120	225	60	40	11
121 ~ 160	299	60	40	11
161 ~ 280	440	60	40	11

5.3.4 芯头

5.3.4.1 短芯头

短芯头做成空心的，被套在芯杆的一端并用螺帽固定。短芯头直径一般为10~270mm，对于中小规格管材，按每隔0.5mm配备一种规格的芯头；大规格管材可根据实际情况配备芯头。直径小于36mm的芯头，内孔一般带有螺纹，可直接拧在头部有丝扣的芯杆上；直径大于120mm的芯头，可选择镶套组合式；直径在36~120mm的芯头为单体空心式。将芯头套在芯杆的另一端，用螺母固定，使其与模子很好地配合。芯头材料选用T8A、T10A，热处理后的硬度为60~64HRC，外表面镀铬层厚度为0.03~0.04mm。也可选用硬质合金模，但芯头内孔应镶嵌一空心钢筒，可提高硬质合金芯头的抗冲击强度，降低芯头的质量和材料成本。对于小规格芯头，加钢筒后硬质合金的厚度不能太薄，所以限制了芯头的最小规格。短芯头结构和尺寸见图5-26和表5-24。

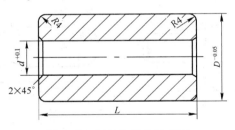

图 5-26　短芯头结构示意图

表 5-24　短芯头尺寸

$D^{-0.05}$/mm	$d^{+0.1}$/mm	L/mm
10~13.5	M6	40
14~23.0	M11	40
23.5~35.5	11	50
36.0~49.5	20	60
50.0~80.5	24	60
81.0~120.0	24	90
121.0~160.0	90	100
161.0~270.0	110	100

5.3.4.2 游动芯头

游动芯头一般有三种形式,其结构如图 5-27 所示。图 5-27a 形式主要用于规格大、壁厚较厚的管材,由于芯头大,拉伸时在自重的作用下,芯头前端上翘,容易硌伤管材,不能形成拉伸条件,故在尾端与芯杆连接,起到支撑作用,达到芯头在管内平行管材轴线,实现平稳拉伸条件。图 5-27b 形式主要用于规格小,壁厚薄的管材,此时芯头质量轻,进入拉伸状态时,芯头不会奔拉头,容易实现平稳拉伸。图 5-27c 形式用于盘管拉伸,由于芯头直径与管内径间隙很小,尾端圆弧容易使润滑油进入拉伸变形区,使芯头不容易卡在管壁上。

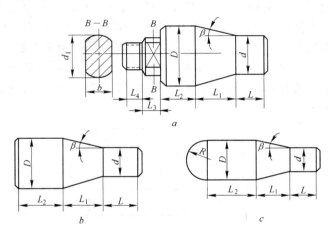

图 5-27　游动芯头结构形式

a—带芯杆的链式拉伸机用;b—不带芯杆的链式拉伸机用;c—盘管拉伸用

游动芯头由后圆柱段、锥形段和前圆柱段组成。各段的形状和尺寸可参考以下原则确定。

(1) 芯头与模孔锥角。芯头锥角 β 与模孔锥角 α 必须符合 $\alpha \geqslant \beta$ 的条件。一般芯头锥角 β 取 9°,模孔锥角 α 取 11°~12°较合适,此时的拉伸力最小。

(2) 芯头后圆柱段直径 D。为便于芯头装入管毛坯内壁和避免芯头随管材被拉出模孔,D 值应满足以下两个条件:

$$D = d_0 - \Delta_1 \tag{5-69}$$

$$D = D_1 + \Delta_2 \tag{5-70}$$

式中　d_0——管毛坯内径，mm；

　　　D_1——成品管外径，mm；

　　　Δ_1——管毛坯内径与芯头后圆柱段直径之间的间隙，取 $\Delta_1 =$ 1～4mm；

　　　Δ_2——芯头后圆柱段直径与模孔尺寸的差值，一般 $\Delta_2 = 0.5 \sim$ 1.5mm，小直径管材取下限。采用卷筒式拉制盘管时，Δ_2 取 0.1～0.2mm。

当拉制壁厚较厚的管材时，不采用公式（5-69）和公式（5-70）计算芯头后圆柱段直径，直接采用图 5-27a 的形式。因为在保证 $D >$ D_1 时，管材毛坯的直径将比成品管材的直径大许多，导致道次变形量增大，并超过允许变形量。在这种情况下，D 值应符合以下关系：

$$D_1 > D \geqslant D_1 - s_1 \tag{5-71}$$

（3）芯头锥形段长度 L_1。芯头锥形段长度 L_1 按下式计算：

$$L_1 = \frac{D - d}{2\tan\beta} \tag{5-72}$$

式中　d——成品管内径，即芯头前圆柱段，mm。

（4）芯头前圆柱段长度 L。芯头前圆柱段长度 L 按下式确定。

$$L = \frac{D - d}{2d}\left(\frac{D - d}{2f} - L_1\right) + (4 \sim 6) \tag{5-73}$$

式中　f——摩擦系数。

L 值一般可比拉伸模工作带长度长 6～10mm，以利于建立拉伸条件。

5.3.5　矩形波导管拉伸模

矩形波导管生产工艺采用圆管毛坯→过渡成椭圆管→过渡成矩形管→带芯头成型拉伸工艺。波导管尺寸精度高，对内表面粗糙度及工具配置的尺寸设计要求较严。模具分为椭圆形过渡模、矩形过渡模、成品模和拉伸芯头四部分。

5.3.5.1　椭圆形过渡模设计

设计椭圆形过渡模时，可将椭圆与其内接矩形划分为 4 个部分，在椭圆形改变为矩形的过程中，其对应部分的周向变形应相等。图 5-28 示出了椭圆形过渡模尺寸设计原理图。

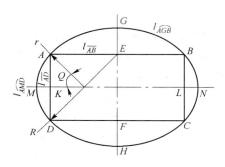

图 5-28　椭圆形过渡模尺寸设计原理图

图中所示符号含义如下：

$l_{\overparen{AGB}}$——半径为 R 椭圆大圆弧长；

$l_{\overparen{AMD}}$——半径为 r 椭圆小圆弧长；

$l_{\overline{AB}}$——矩形长边（长轴）长；

$l_{\overline{AD}}$——矩形短边（短轴）长。

按条件要求有如下关系：

$$l_{\overparen{AGB}}/l_{\overline{AB}} = \mu_R; \quad l_{\overparen{AMD}}/l_{\overline{AD}} = \mu_r; \quad \mu_R = \mu_{ro}$$

按以上条件解相关方程得到：$\theta = 45°$

此时，$\mu_R = \mu_r = 1.11$，亦即椭圆全周长与矩形全周长的比值为 1.11。在已知矩形外形尺寸的情况下，便可确定椭圆的相关尺寸。根据以上关系式，可得出椭圆长轴和短轴的方程式：

$$椭圆大圆弧半径　　R = x/2\sin\theta = x/2\sin45° \tag{5-74}$$

$$椭圆小圆弧半径　　r = y/2\sin\theta = y/2\sin45° \tag{5-75}$$

式中　x——矩形长轴长度，mm；

　　　y——矩形短轴长度，mm。

椭圆尺寸确定之后，进一步便可确定圆管坯尺寸。考虑到由圆管

转变为椭圆管时，其变形较平稳，因此可令椭圆周长等于圆周长，由此可确定出圆管的直径 D，即

$$D = l_椭 / \pi \tag{5-76}$$

式中　$l_椭$——过渡椭圆周长，mm。

5.3..5.2　矩形管过渡模尺寸设计

由椭圆管过渡到矩形管的矩形管过渡模尺寸设计时，应考虑到最终成型矩形管是带芯头拉伸，为保证内表面粗糙度及尺寸公差，其最终成型矩形管的变形量应尽量小，即过渡矩形管与拉伸芯头的间隙尽量小，但还应考虑拉伸芯头能顺利装入过渡矩形管毛坯中。一般间隙控制在 $2\sim3$mm。由于过渡矩形管是无芯头拉伸，为避免空拉时产生边部向下凹陷，影响芯头装入毛坯中，应将边部设计成向外凸起，过渡矩形管模尺寸设计原理如图 5-29 所示。

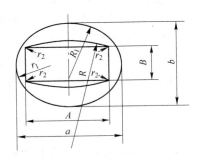

图 5-29　过渡矩形管模尺寸设计原理图

5.3.5.3　成品拉伸模尺寸设计

成品拉伸模尺寸与成品管尺寸一致，入口尺寸应比过渡矩形管外截面尺寸稍大一些，如图 5-30 所示。

设计尺寸应满足以下关系：

$$\Delta x / \tan\alpha = \Delta y / \tan\beta \tag{5-77}$$

式中　Δx——两矩形（即过渡矩形与成品）长轴之差，mm；

　　　　Δy——两矩形短轴之差，mm；

　　　　α——长轴方向模孔侧壁与其轴心线的夹角，(°)；

　　　　β——短轴方向模孔侧壁与其轴心线的夹角，(°)。

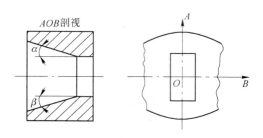

图 5-30 成品拉伸模尺寸设计

最大模角以不超过 15°为宜，但以 12°为最佳值。

5.3.5.4 拉伸芯头

拉伸芯头尺寸与成品矩形管内腔尺寸一致，设计原理如图 5-31 所示。矩形管带芯头拉伸，关键是芯头与成品模的相对位置是否正确，如果位置不正确，芯头与成品模有一相对旋转，无法拉出合格的管材，甚至拉断管材，所以芯头与芯杆以刚性连接，图中用三个螺栓连接，以保证芯头与成品模配合正确，在拉伸时芯头与模子不发生旋转。

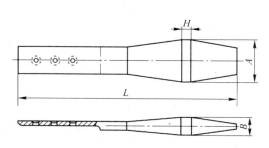

图 5-31 拉伸芯头设计原理图

5.3.6 矩形管拉伸模设计

矩形管生产工艺采用圆管毛坯→过渡成椭圆管→成型拉伸工艺。成品矩形管材尺寸精度要求低，通过空拉成型即可满足技术要求。一般情况下，当长边的长度大于短边长度的一倍时，由圆管直接拉制成矩形管，长边向内收缩过大，容易产生长边下凹缺陷，无法满足生产要求。应选用过渡模，以减小长边向内过度收缩。反之可不选用过渡模，直接采用拉伸成形模一次成形。

由于采用空拉成型工艺，外形尺寸基本保持不变，故成型前的圆管周长与成品矩形管周长相当，一般取：

$$L_{圆} = (1.02 \sim 1.08)L_{矩} \tag{5-78}$$

式中　$L_{圆}$——成型前的圆管周长，mm；

　　　$L_{矩}$——成品矩形管的周长，mm。

圆管周长取值较大时，容易造成平面下凹，平面间隙超标；如圆管周长取值较小，四个边角充不满，使圆角尺寸不符合要求。应通过试模，找出最佳圆管尺寸，使矩形管符合要求。

5.3.7　线材拉伸模设计

铝及铝合金线材尺寸规格小（0.8～10mm），尺寸精度高，对拉伸模的尺寸精度要求严格。由于线材拉伸变形量较大，对拉伸模的磨损较快，一般选择硬质合金模，也有采用工具钢或金刚石作为拉伸模材质。为降低模具成本，提高模具抗冲击能力，将硬质合金模紧压进钢制模套中。

线材拉伸模模孔分为 5 个区，即入口区、润滑区、工作区、定径区、出口区，如图 5-32 所示。模孔各区锥度及长度如表 5-25 所示。

（1）入口区。为便于线材穿入模孔中及润滑油能充分进入润滑区中，将入口区设计为锥形，其锥度为 60°。

（2）润滑。润滑油在该区堆积，在线材的带动下顺利进入工作区，一般将该区设计成锥度为 40°的锥形。

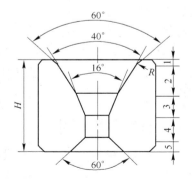

图 5-32　线材拉伸模模孔分布示意图

1—入口区；2—润滑区；3—工作区；

4—定径区；5—出口区

表 5-25　模孔各区锥度及长度

各区名称	模孔锥度及偏差	各区长度/mm	备　注
入口区	$60° \pm 1°$	由模子总高度确定	
润滑区	$40° \pm 0.5°$	$(1.3 \sim 1.2)d$	
工作区	$16° \pm 0.5°$	$(1.2 \sim 1.1)d$	d 为定径带直径
定径区	$1° \sim 1.5°$	$(0.4 \sim 0.3)d$	
出口区	$60° \pm 1°$	$0.5d$	

（3）工作区。金属在该区产生较大的塑性变形，变形热造成模具及润滑油温度升高，使润滑条件恶化。为减小瞬间变形量，一般采用 16°锥角的锥形。

（4）定径区。线材尺寸精度由该区控制，对模具尺寸要求较高。由于线材尺寸公差为正负偏差，考虑到拉伸后的弹性回复，一般将模孔尺寸设计为负偏差。线材模具直径较小，在制作、修模过程中多采用带 1°~1.5°锥角的磨针来研磨，故定径区带有 1°~1.5°锥度。

（5）出口区。出口区为倒锥形，主要是防止线材出模孔时不被划伤，另外也可提高模具强度，防止模具损坏。出口区的锥度一般为 60°。

为防止拉伸过程中出现局部急剧变形，影响产品表面质量，各区交界处应光滑过渡，不允许有明显的过渡线。线材拉伸模各区表面应研磨抛光，其粗糙度应达到 0.2 以上。

因线材规格较少，一般按标准上的规格，每种规格选取 3~4 种公差的模具，其差值控制在 0.01~0.005mm，以适应不同合金的使用。

5.3.8　棒材拉伸模设计

棒材拉伸模控制拉伸棒材最终尺寸精度及表面质量。拉伸过程中，由于拉伸变形量较大，拉伸力过大，一般将棒材的道次拉伸变形量适当控制小一些，约为 5%~20%。小规格或软铝合金选择上限，大规格或硬铝合金选择下限。拉伸时应考虑拉伸机的拉伸能力，以防拉伸力过大而损坏设备。棒材拉伸模模孔部分一般分为四个区，其结构形式如图 5-33 所示。

（1）入口区。入口区主要是便于坯料进入工作区，防止边角划伤坯料，也有利于润滑剂进入工作区，减小拉伸时的摩擦阻力。一般入口区采用 $R = 5 \sim 8mm$ 的圆弧代替。

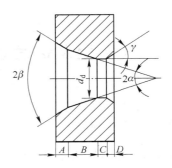

图 5-33　棒材拉伸模示意图

（2）工作区。金属在该区产生塑性变形，由毛坯直径减缩到成品直径。变形过程中主要集中在棒材表面，表面硬化速率快，强度升高，对模具磨损较大。一般将工作区锥度控制在 8° ~ 10°，以延长变形过程，降低局部变形量。

（3）定径区。该区采用圆柱形工作带，主要起到稳定棒材的拉伸尺寸精度。定径带的长度一般选取 3 ~ 5mm，小规格棒材取下限。当定径带长度过短时，容易造成拉伸不稳，尺寸精度难以控制，同时也使模具磨损加快，造成尺寸超差而报废；若定径带长度过长，增加了拉伸摩擦力，也不利于棒材表面质量的提高。

（4）出口区。该区为倒锥形，其锥度一般选取 60°锥角，主要作用是防止棒材拉出模孔后不被划伤；同时由于工作带后面的厚度增加，有利于提高模具强度。

各区之间应光滑过渡，工作区与定径区之间过渡圆角不宜过小，否则不利于润滑剂进入定径区，降低润滑效果。

拉伸棒材规格较少，一般根据需要提供模具规格。对每种规格，一般选取 3 种尺寸公差的模具，以适应不同合金。

6 铝及铝合金管、棒、线材生产设备

6.1 挤压设备

6.1.1 挤压机的分类与结构特点

挤压机是铝及铝合金压力加工方法的主要生产设备之一，主要用于挤压管材、棒材、型材、线材等直条半产品及线材坯料等盘材半产品。挤压机的命名是以挤压过程中能产生的最大挤压力来表示的，可以直观地反映出挤压机的生产能力。随着科学技术飞速发展，铝加工挤压设备技术也得到快速提升，挤压机逐步由小吨位向大吨位发展，目前全世界已正式投产使用的万吨级以上的大型挤压机约20台，最大的是前苏联古比雪夫铝加工厂的200MN挤压机。据报道，国外正在研制压力更大、形式更为新颖的挤压机，如270MN卧式挤压机以及400~500MN级挤压大直径管材的立式模锻-挤压联合水压机等。挤压机的动力传动方式由水泵蓄势器传动发展到自给油泵直接驱动，操作方式也由手动操作、半自动操作发展到全自动操作。设备结构更新换代，双动挤压机应用了内置式独立穿孔系统，减小了设备体积，提升了管材生产能力；张力柱应用了预张力方式，提高了设备的稳定性；辅助系统采用了PLC（程序逻辑控制）系统和CADEX等控制系统，实现了速度自动控制和等温-等速挤压、工模具自动快速装卸等控制。挤压机的机前设备（如长坯料自控加热炉、坯料热切装置和锭坯运送装置等）和机后设备（如牵引机、精密水雾在线淬火装置、前梁锯、活动工作台、冷床和横向输送装置、拉伸矫直机、成品锯、人工时效炉等）已经实现了自动化和连续化生产。表6-1列出了挤压机的基本系列。图6-1为现代卧式挤压机列平面布置示意图。

表 6-1 国内外挤压机基本系列 （MN）

R_{10}	$R_{0.5}$	中国		德国		日本			法国	英国	捷克	美国	俄罗斯
		棒型材	管材	施劳曼公司 管材	林德曼公司 管材	宇部兴产 棒材/管材	日立公司 棒材/管材	铁工 棒材/管材	扎克 管材	菲尔德 管材	斯克达 管材	管材	管材
3.15	3.15								3.15				
4													
5	5		5	5					5				
6.3				6.3	6.3				6.3				6
8	8	8	8	8	8	8.8/8.8		/8.25	8				
10				10	10				10		10		
12.5	12.5	12.5		12.5	12.5	15/18		/12.5	12.5				
16			16	16	16	18/	/16	/15	16	16	16	15.5	15
20	20	20		20	20		/20	/22	20			20	
25			25	25	25	13.5/27.5	/25	/25	25	25	25	25	
31.5	31.5	31.5		31.5	31.5	26/36			30	35		31.5	
40			40	40	42.5	33/40	/40				40	45	35
50	50	50		50		36/48						46.8	50
63				63		/52	/72				63		
80	80	80	80	80								80	80
100				100									
125	125	125	125	125								110	120
160				160									
200	200	200	200	200									200
250				250								250	

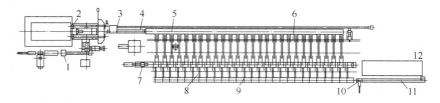

图 6-1　现代卧式挤压机列平面布置示意图

1—铸锭热剪；2—挤压机；3—牵引机；4—出料台（在线气—水雾淬火装置）；
5—冷却风机；6—冷床；7—张力矫直机；8—储料台；9—传输轨道；
10—定尺锯；11—锯切轨道；12—集料台

6.1.1.1　挤压机的分类

采用挤压加工方法可以生产铝及铝合金管材、棒材、型材、线材，截面的形状可以是不变的，也可以是逐渐变化或阶梯变化的。由于使用的用途不同，因而形式也就各式各样。图 6-2 列出了各种挤压方法。

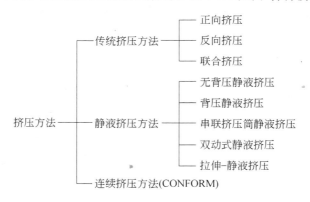

图 6-2　挤压方法的分类

本书主要对传统挤压方法的设备进行介绍，对其他挤压方法的设备仅作简要介绍。所谓传统的挤压方法，是指挤压轴直接把挤压力传递给锭坯的挤压方法。传统挤压方法按照结构形式、挤压方式、传动方式和用途等，也可分为以下类型。

（1）按结构形式分：

立式挤压机——运动部件的运动方向与地面垂直。

卧式挤压机——运动部件的运动方向与地面平行。

（2）按挤压方法分：

正向挤压机——运动部件与出料运动方向一致。

反向挤压机——运动部件与出料运动方向相反。

（3）按传动方式分：

油压（油泵直接传动）——泵直接安装在挤压机上，高压液体自给。

水压（水泵-蓄势器集中传动）——工作缸所需的高压液体由高压泵站供给。

机械传动——挤压机是通过曲轴或偏心轴将回转运动变成往复运动，从而推动挤压轴对金属进行挤压。

（4）按用途分：

单动式——无独立穿孔系统。

双动式——有独立穿孔系统。

不同类型的挤压机，其能力大小，应用范围有所侧重，如表 6-2 所示。目前，绝大多数挤压机为正向挤压机，而反向挤压机因结构复杂、设备投资高，产品规格受到一定的限制，应用得比较少。选择正向或反向挤压机应根据所生产的产品确定。反向挤压机一般用于要求尺寸精度高、组织性能均匀、无粗晶环的制品和挤压温度范围狭窄的硬铝合金管、棒、型材的挤压生产。

表 6-2　挤压机分类及应用

分类方式	类　型	能力范围/MN	挤压主要品种
按结构形式	立　式	6.0~10.0	管材
	卧　式	5.0~200.0	管材、棒材、型材、线材
按挤压方法	正　向	5.0~200.0	管材、棒材、型材、线材
	反　向	5.0~100.0	优质管材、棒材、型材
	正、反向	15.0~140.0	管材、棒材、型材、线材
按传动方式	油压（油泵直接传动）	5.0~130.0	管材、棒材、型材、线材
	水压(水泵-蓄势器集中传动)	5.0~200.0	管材、棒材、型材、线材
	机械传动	小　型	短小冲挤及挤压件
按用途	单动（不带穿孔系统）	5.0~100.0	型材、棒材、线材
	双动（带穿孔系统）	5.0~200.0	管材、棒材、型材

6.1.1.2　传统挤压机的结构特点

A　正向挤压机

正向挤压时，金属流出模孔的方向与挤压轴前进的方向一致，如图 6-3 所示。

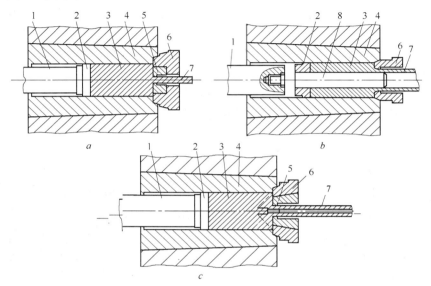

图 6-3　正向挤压实心及空心制品的示意图

a—挤压实心制品；b—用穿孔针挤压空心制品；c—用舌形模挤压空心型材
1—挤压轴；2—挤压垫片；3—铸锭；4—挤压筒；5—挤压模；
6—模支撑；7—挤压制品；8—穿孔针

当挤压轴 1 按箭头所指的方向移动时，通过挤压垫片 2 将挤压力传递给挤压筒内的铸锭 3，铸锭在挤压力的作用下，沿着挤压模具 5 上的模孔被挤出，形成挤压制品 7。模支撑 6 用来装置挤压模具。

a　正向挤压机分类

（1）立式挤压机。立式挤压机的特点是其运动部件和出料方向与地面垂直，占地面积小，但需制作较深的竖井。立式挤压机的运动部件只有液压缸，其磨损小，挤压机的对中性较好，工作不易失调，因此可以生产壁厚均匀的薄壁管材。由于结构形式为立式，需要求建筑较高的厂房和很深的竖井，所以只适用于小吨位挤压机，竖井深度决定了挤压长度。

立式挤压机按穿孔装置分为无独立穿孔装置和带独立穿孔装置的挤压机。带独立穿孔装置的立式挤压机由于结构和操作较复杂，调整困难，应用不广。无独立穿孔装置的立式挤压机挤压管材时采用随动针挤压，即穿孔针同挤压轴同时运动。这种挤压机结构简单，设备高度不大，操作方便，其产品质量取决于挤压铸锭的质量，即铸锭的壁厚偏差及表面质量，这就要求对铸锭的内、外表面进行机械加工。立式挤压机结构形式如图6-4所示。

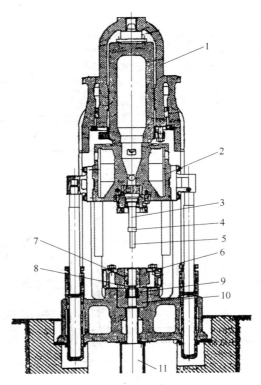

图6-4 立式挤压机结构示意图（不带独立穿孔系统）

1—主柱塞；2—活动梁；3—挤压轴；4—挤压轴头；5—穿孔针；6—挤压筒外套；
7—挤压筒内衬；8—挤压模；9—模套；10—模座；11—挤压制品护套

（2）卧式挤压机。目前，铝及铝合金挤压机普遍采用卧式油压挤压机，其特点是运动部件的运动方向与地面平行。挤压机按其用途分为单动挤压机和双动挤压机，图6-5为单动挤压机示意图。单动挤压机是国际上使用最普遍的挤压机，一般适用于实心制品的生产；双动挤压机主要适用于空心铸锭生产管材。根据挤压轴的行程长短，也可以把挤压机分成短行程挤压机和长行程挤压机。

短行程挤压机是近些年来发展起来的一种挤压机，其挤压轴行程

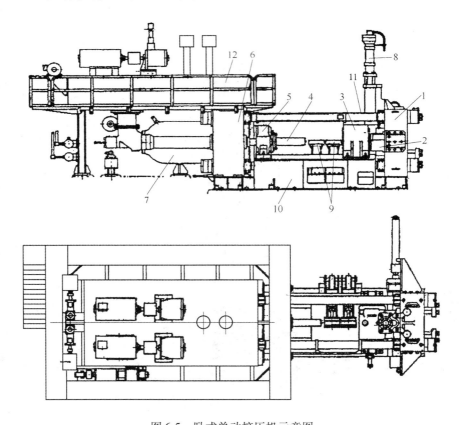

图6-5　卧式单动挤压机示意图

1—前梁；2—滑动模架；3—挤压筒；4—挤压轴；5—活动横梁；
6—后梁；7—主缸；8—压余分离剪；9—供锭机构；
10—机座；11—张力柱；12—油箱

短，缩短了辅助运行时间，提高了生产效率，同时也缩短了整机长度。普通挤压机（长行程）和短行程挤压机的区别是装铸锭方式不同，如图 6-6 所示。

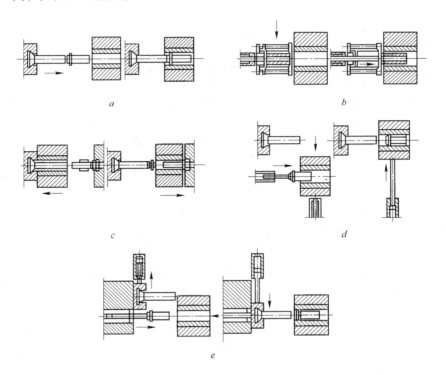

图 6-6 挤压机主柱塞行程长短与装锭方式

a，*b*—铸锭在挤压轴与挤压筒之间装入，为普通（长行程）挤压机

c，*d*，*e*—挤压轴或挤压筒移位后装锭，为短行程挤压机

短行程挤压机主要有两种形式，一种是由供锭机将铸锭放到挤压筒和模具之间；另一种是铸锭位置与普通挤压机相同，挤压轴位于供锭位置处，供锭时，挤压轴移开，由推料杆将铸锭推入挤压筒内，这种挤压机挤压轴行程短，整机长度也短。短行程挤压机结构示意图见图 6-7。

b 正向挤压机各项技术参数

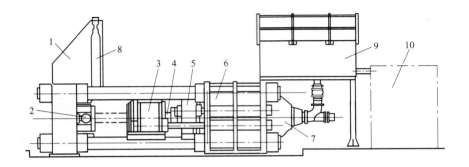

图 6-7　短行程单动挤压机结构示意图

1—前梁；2—滑动模架；3—挤压筒；4—挤压轴；5—活动横梁；
6—后梁；7—主缸；8—分离剪；9—油箱；10—泵站

　　挤压机按照额定挤压力的大小分成多个标准系列，挤压机的能力一般根据所生产的合金、规格，按经验或通过计算挤压力来选取。通常根据挤压制品外接圆直径和截面积确定合适的挤压筒，根据经验，正向挤压时，纯铝挤压成型所需的最小单位挤压力为 100 ~ 150MPa，铝合金为 200 ~ 400MPa。反向挤压因铸锭与挤压筒之间没有相对运动，挤压时不产生摩擦力，其挤压力可比正向挤压的挤压力减少 30% ~ 40%。作用于挤压垫上的单位挤压力称为比压，比压值要大于挤压成型所需的单位压力，由此确定挤压机的能力。

　　目前，我国挤压机的主要设计制作单位有太原重型机械制造有限公司，西安重型机械研究所，沈阳重型机械厂，上海重型机械厂，广州重型机械厂，广州文冲船厂，我国台湾梅瑞实业股份有限公司，建华机械股份有限公司；国外挤压机的主要设计制作单位有德国西马克/德马克公司（SMS/Demag AKtiengesellschaft）、意大利达涅利公司（DANIELI）、日本宇部兴产（UBE）、神户制钢所（KOBEL STEEL LTD）、法国克莱西姆（CLECIM）、波兰扎梅特重机厂（ZAMET）等。大型挤压机主要技术参数如表 6-3 所示。

表6-3 大型挤压机主要技术参数

挤压机能力/MN	140	200	120/130	125	90/100	90/100	95	80/95	75	75	65/70	65	55	50
挤压形式	双动油压	双动油压	正反向双动	双动油压	双动油压	双动油压	单动油压	双动油压	单动油压	单动油压	单动油压	短行程单动	紧凑式单动	单动水压
额定挤压力/MN	140	70/140/200	120/130	55/70/125	90/100	90/100	95	80/95	75.8	75/81	64.69/69.86			50
回程力/MN	8	14	9	8	6	8			4	4.78/5.26	3.93			
穿孔力/MN	30	70	35	31.5	30	30	15	15		25/27		25		
工作压力/MPa	32	32	31.5	32	30	31.5	31.5	31.5	25.5	25/27	25/27			32
挤压筒锁紧力/打开力/MN	6.4/10	12.8/7.4	10	6.4/10	9.4/8	9.51	9.5		9.8/6.6	9.82/7.36	8.04			3.80/2.3
主剪切力/MN	5.0	6.0	6.8	5.0	3.2	5	4		3.2	3.14	2.14	2.11		1.95
主柱塞行程/mm	2500	2550		2500	4200		3255		3500	3350	3725			1520
穿孔行程/mm	4500	4750		1650/4150	1850		1400							
挤压筒行程/mm		2500		2500	1000				2500	2050	1950			1520
挤压速度/mm·s⁻¹	0~30	0~30	0~75	0~30	0.2~20	0~20	0~21.2	0.1~19.8	0.2~20	约20	约25	0~17	0.25~27	1.8~6.0
穿孔速度/mm·s⁻¹	100	0~30		100	70	80								
非挤压时间/s						25					20.5	23	19.8	

续表6-3

挤压机能力/MN	50	55	65	65/70	75	75	80/95	95	90/100	90/100	125	120/130	200	140
挤压筒尺寸/mm×mm 或 mm	φ300、360、420、500×1000	φ(325~400)×1500	φ(457~500)×1500	φ(315~450)×1300	φ310~500、□665×240×1620	φ450、□650×250×1550	φ420、500、580、□670×270×1600	φ430、500、600、□700×280×1800	φ420、460、580、□680×280×1900	φ460、560×1900	φ500、650、800、□850×320×2000	φ450、550、650×2100	φ650、800、1100、□300×1100×2100	φ500、650、800、□850×250×2000
模组尺寸(外径×长度)/mm×mm			889×914	750×800	900×960	900×960	1040	1000	1000	1000	1300×1050			1300
前梁开口(φ×W)/mm×mm		460×700			450×800		800×600			1000×600				
主泵功率/整机功率/kW		1600	1488(泵)	160×8	250×6+110×2	160×8/1912		200×8		250×8/泵2464				
外形尺寸(长×宽)/m×m	35×12.4		20×9								约45×16		46.2×26.3	
地面上高度/m	5.7		7.1	6.0							7.03		6.1	
设备质量/t			610								2950		4270	
制造厂	前苏联	Davy Clecim	意大利	德国SMS	德国SMS	中国太原重型机械公司	波兰Zamet改造	德国SMS日石川岛	德国SMS	中国西安重型机械研究所	中国沈阳重型机器厂	德国SMS	俄罗斯乌拉尔重机厂	美国铝业公司
使用厂	中国西北铝加工分公司	荷兰	美国	挪威	瑞士	中国辽源迈达斯铝液公司	中国西南铝业公司	日本KOK公司	德国VAW	中国山东丛林集团	中国西南铝业公司	意大利	俄罗斯古比雪夫铝厂	
投产时间	1956	1988	1990	1996	1980	2002	2001	1970	1999	2003	1970	2001	1950	1950

c 正向挤压机的优缺点

正向挤压机的优点是：

（1）结构简单，操作方便，生产规格较大；

（2）可以得到任意外形的制品，制品断面只受挤压筒内径、挤压系数、前机架尺寸的限制；

（3）可以生产变截面的制品；

（4）铸锭表面缺陷因摩擦力的作用，不宜流入制品表面，有利于提高挤压制品的表面质量；

（5）可以采用扁挤压筒生产。

正向挤压机的不足是：

（1）铸锭表面与挤压筒内衬及挤压针表面之间的摩擦力较大，挤压力较高；

（2）挤压过程不稳定，金属变形不均匀，造成挤压制品组织和力学性能不均；

（3）金属沿截面的流动速度不均匀，中间流速快，容易造成缩尾缺陷。

B 反向挤压

反向挤压的主要特点是金属流出的方向与挤压轴前进（实际为挤压模轴）的方向相反，挤压筒与铸锭之间无相对运动。图6-8为反向挤压实心制品示意图。

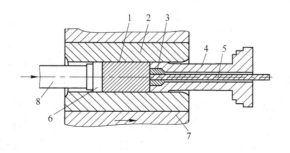

图6-8 反向挤压实心制品示意图

1—铸锭；2—挤压筒内衬；3—模具；4—挤压轴；5—挤压制品；
6—垫片；7—挤压筒外套；8—挤压模轴

反向挤压机按挤压方式分为正、反两用和专用反向挤压机两种形式，每种形式又可分为单动（不带独立穿孔装置）和双动（带独立穿孔装置）两种结构形式。反向挤压机按本体结构又可分为三大类，即挤压筒剪切式、中间框架式和后拉式。

反向挤压机采用预应力张力柱结构，普遍采用快速更换挤压轴和模具装置，挤压筒座采用"X"形导向，模轴移动滑架快速锁紧装置，设有挤压筒清理装置；内置式穿孔针，设有穿孔针旋转及清理装置。

a 反向挤压机分类

（1）挤压筒剪切式。挤压筒剪切式是目前反向挤压机最常用的结构形式，其特点是前梁和后梁固定，通过四根预应力张力柱连成一个整体，在挤压筒移动梁（即挤压筒座）上安装有压余剪切装置，这种结构仅应用于反向挤压机，如图6-9所示。

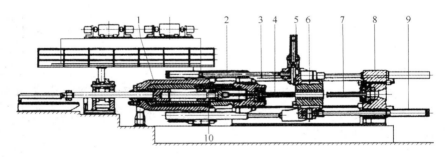

图6-9 挤压筒剪切式双动反向挤压机

1—主缸；2—液压连接缸；3—张力柱；4—挤压轴；5—压余分离剪；6—挤压筒；
7—挤压模轴；8—前梁；9—挤压筒移动缸；10—穿孔挤压针

（2）中间框架式。中间框架式用于正反两用挤压机，其特点是前梁和后梁固定，通过四根张力柱连接成一个整体，在前梁和挤压筒移动梁之间安装有压余剪切用的活动框架，剪切装置就安装在活动框架上。图6-10为中间框架式反向挤压机正在进行压余剪切的情况。当进行正向挤压时卸下模轴，把挤压筒移到靠紧前梁的位置，同一般挤压机一样进行正向挤压。

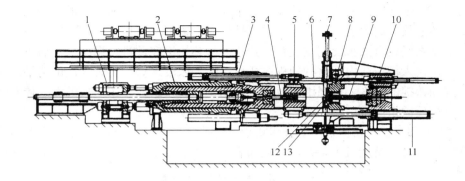

图6-10 中间框架式正反两用挤压机

1—穿孔缸锁紧；2—主缸；3—液压连接缸；4—挤压轴；5—挤压筒；6—张力柱；
7—压余分离剪；8—中间框架；9—挤压模轴；10—前梁；11—挤压筒下
移动缸；12—挤压垫片；13—挤压压余

（3）后拉式。后拉式的结构特点是中间梁固定，前后梁通过四根张力柱连成一个整体的活动梁框架，图6-11所示为该反向挤压机正在挤压时的情况。挤压时挤压筒靠紧中间固定梁，在主缸压力作用

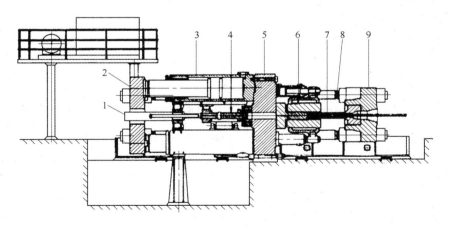

图6-11 后拉式反向挤压机

1—剥皮缸；2—后移动梁；3—主缸；4—铸锭；5—固定梁；6—压机筒；
7—模轴；8—张力柱；9—前移动梁

下，主柱塞向后拉，带动前、后梁向后移动，固定在前梁上的模轴也随前梁一起向后移动，逐渐进入挤压筒内进行反挤压。在固定梁和后梁之间设有热铸锭剥皮装置，挤压前的热铸锭在此进行剥皮，然后直接送入挤压筒内，这种剥皮方式可以最大限度地保持铸锭表面的清洁和铸锭的温度，提高生产效率。该结构形式仅适用于单动式的型、棒材反向挤压机。

　　b　反向挤压机主要技术参数

　　反向挤压机主要技术参数如表 6-4 所示。

表 6-4　反向挤压机主要技术参数

挤压机规格	25MN		45MN	
额定挤压力/MN	27.5（主缸＋压挤筒缸）		45.5	
工作压力/MPa	21		27.5/31.5	
主柱塞压力/MN	22		40.8	
侧缸前进力/回程力/MN			4.06/2.4	
穿孔力/回程力/MN	5.39		15.8/15	
挤压筒前进力/ 回拉力/MN	2.97/3.38		4.32/2.04	
主剪切力/MN	0.82		2.65	
主柱塞行程/mm	1600		2150	
穿孔行程/mm	1160		1350	
挤压筒行程/mm	1250		3990	
挤压速度/mm·s^{-1}	0～23		0.2～24	
挤压筒尺寸/mm×mm	$\phi240\times1150$	$\phi260\times1150$	$\phi320$	$\phi420$
穿孔针直径/mm	$\phi60$、75	$\phi60$、75、100	$\phi95$、130、160	$\phi95$、130、160、200、250
主泵功率/kW	160×3＋90×1		250×7	
铸锭尺寸 /mm×mm	实心锭 $\phi234$、 254×（350～1000） 空心锭外径 $\phi234$、 254×（350～700）		实心锭 $\phi312$、 412×（500～1500） 空心锭外径 $\phi312$、 412×（500～1000）	
设备功率/kW			约 2710	
制造厂	日本 UBE		德国 SMS	

c 反向挤压机的优缺点

反向挤压机的优点是：

（1）铸锭与挤压筒之间没有相对移动，即没有摩擦力，因而挤压时不需要克服铸锭与挤压筒之间的摩擦力，反向挤压所需的挤压力比正向挤压时所需的挤压力低得多，一般可降低30%~40%；

（2）挤压时，金属只在模孔附近发生变形，其余部位不参与变形，金属变形趋于均匀，沿挤压制品长度方向上的组织及力学性能基本一致；

（3）由于金属变形均匀，不容易产生缩尾缺陷，与正向挤压相比，可缩短压余的长度，减少几何废料；

（4）由于挤压力较低，可以采用较长的铸锭进行挤压，提高成品率；

（5）反向挤压设备对中性好，可以生产精度较高的管材；

（6）挤压速度较快。

反向挤压机的不足之处：

（1）挤压设备复杂，精度要求高；

（2）挤压制品的最大外接圆直径受空心模轴强度的限制，尺寸规格小于正向挤压生产的规格；

（3）模具损坏较快，质量要求高；

（4）铸锭长度较长，容易产生表面气泡，需采用梯度加热铸锭；

（5）铸锭表面质量要求高，尺寸精度要求严。

6.1.1.3 其他挤压方法挤压机的结构特点

A 静液挤压机

静液挤压是采用称为压媒的高压液体代替了通常的挤压轴的直接作用，将锭坯从模具中挤出形成制品的一种加工方法。图6-12所示为一种普通型静液挤压机的结构。这种静液挤压机与传统的液压挤压机的主要区别是：挤压轴6不直接与被挤压的锭坯相接触，而使通过中间压力媒质（简称压媒）的静压作用，使锭坯在巨大的压力下（≥1500MPa），从模具11的孔中被挤出，形成挤压制品12。由于在挤压筒8内要经压媒交换盘13填充压媒，挤压时整个挤压筒承受高压作用，因而在挤压筒的两端必须设置高压密封装置。

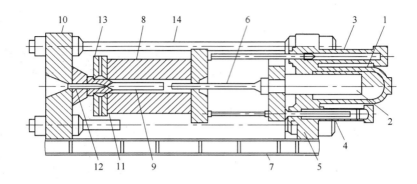

图 6-12　普通型静液挤压机的结构示意图

1—主缸；2—主柱塞；3—挤压筒移动缸；4—侧油缸；5—后梁；6—挤压轴；

7—机座；8—挤压筒；9—锭坯；10—前梁；11—模具；12—挤压制品；

13—压媒交换盘；14—张力柱

B　Conform 挤压机

Conform 铝材连续挤压生产线布置如图 6-13 所示，通常由以下几部分组成：

（1）坯料预处理机组：包括放料、矫直和在线清洗；

（2）Conform 连续挤压机主机；

（3）制品后处理机组：包括制品冷却系统、张力导线和卷取机。

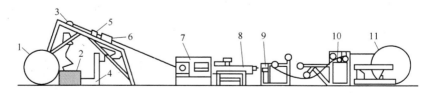

图 6-13　Conform 铝材连续挤压生产线示意图

1—开卷机；2—坯料；3—坯料固定卷盘；4—控制系统；5—矫直机；

6—坯料表面处理机组；7—连续挤压机；8—制品冷却系统；

9—张力导线；10—检验台；11—卷取机

表 6-5 为英国霍尔顿（Holten）机械设备制造公司 C300H 与国产 LJ300 铝材连续挤压生产线基本参数的对照情况。

表 6-5 C300H 与 LJ300 铝材连续挤压生产线基本技术参数

技术参数		C300H	LJ300
坯料表面处理方式		在线钢刷或在线超声波	在线超声波
最大铝杆坯尺寸/mm		$\phi15$	$\phi12$
名义挤压轮直径/mm		$\phi300$	$\phi300$
轮槽形式		单轮单槽	单轮单槽 单轮双槽
最高轮速/r·min^{-1}		40	25
驱动功率/kW		120	144
驱动方式		直流电动机	直流电动机
最大运转扭矩/N·m		63300	40000
最大启动扭矩/N·m		94950	60000
靴体限位方式		液压	液压
额定工作油压/MPa		50	50
最大制品直径 /mm	扩展靴	50	50
	普通靴	30	30
最大理论产量 /kg·h^{-1}	单 槽	300	250
	双 槽	600	550
最大卷取直径/mm		$\phi2000$	$\phi2000$
最大排线宽度/mm		1000	1000
最高卷取速度/m·min^{-1}		316	323
电控方式		PLC	PLC
生产线宽度/m		3.6	4
生产线长度/m		30	36

6.1.2 控制系统

6.1.2.1 液压系统

挤压机通过液压提供动力。液压挤压机的传动系统，按其提供动力方式的不同，可分为三种基本形式：泵直接传动；泵-蓄势器传动；增压器传动。目前，泵-蓄势器传动所占的比重明显降低，而泵直接传动结构简单，单机操作方便，被越来越广泛地采用。增压器传动主要是用于静液挤压机的传动系统。

泵-蓄势器传动的液体工作压力，我国定为 20MPa 和 32MPa 两级。泵直接传动的液体压力，国内外一般都采用 20 ~ 31.5MPa。采用增压器传动静液挤压机，低压侧的压力为 20MPa 和 32MPa，高压侧的压力可达 1500 ~ 3000MPa。

挤压机的液压控制系统，主要指将动力系统传递来的高压液体分配到挤压机工作缸的网路，从而实现对液压缸的工作柱塞作用力的大小、方向和移动速度的控制，以满足挤压工艺的要求。

液压系统控制采用液压集成块，大流量控制阀采用逻辑锥阀控制，主液压泵均为大容量轴向柱塞泵，挤压速度控制采用容积式调速。对于生产软铝合金制品和对挤压速度控制要求不严的挤压机，采用步进电动机或电液比例阀调节主泵排量，开环控制挤压速度。对于生产硬铝合金和挤压速度要求高的挤压机，采用电液比例伺服阀，通过测速机构测出实际挤压速度与设定值进行比较，将偏差信号反馈到电液伺服阀控制主泵的摆角，改变其排油量，从而实现挤压速度的闭环控制。

挤压机的速度控制，不仅涉及主柱塞的速度控制，同时也涉及穿孔系统、挤压筒移动系统的速度控制。通过测量系统的数据反馈与对比，调整油泵的供油量，实现各项速度变化的一致性。

在铝合金挤压时，由于合金元素的含量不同，变形抗力不同，其挤压速度有很大的差异。同一种合金因加热温度不同，挤压速度不同，低温挤压速度大于高温挤压速度。挤压系数小的挤压速度大于挤压系数大的挤压速度。软铝合金的挤压速度大于硬铝合金的挤压速度。挤压速度的控制精度直接影响产品质量及生产效率，所以应选择合理的泵，使其满足高速挤压及低速挤压的速度精度。

6.1.2.2 电控系统

挤压生产线除采用 PLC（可编程逻辑控制器）控制整条生产线的操作外，还配有与 PLC 通信的上位机——计算机和专用软件来监视、控制和记录挤压的全过程,并与全厂的计算机网络联网。在此计算机上通过多画面屏幕菜单输入工作参数、显示工作状态图及主要工作参数,液压传动图,液压系统图,辅助设备动作图,故障报警并显示,记录和储存工艺和操作参数,对模具进行编号管理,储存每日、班、时的产品数据和成品量,根据需要可随时调出和打印上述参数,实现整机、整条生产线和整个车间的自动化管理。

6.1.2.3 对中检测系统

挤压机中心的一致性对挤压机的精度、工具的消耗及产品质量都有较大的影响,特别是对管材的壁厚偏差影响极大。为了保证设备对中挤压,在挤压主柱塞座和挤压筒座上设有无触点的距离传感器,监测其静态和动态中的对中情况,通过 X 方向和 Y 方向的相对位置偏移,确认挤压筒与挤压轴之间的相对偏差,并在显示屏上显示检测结果,以便维修人员及时调整。

6.1.3 铸锭加热炉

铸锭加热炉的作用是根据挤压工艺要求,将铸锭加热到挤压温度。加热铸锭的加热炉按其加热方式分为燃料式和电炉式两大类;电炉又分为电阻炉和感应炉。铸锭加热按其加热铸锭的长度也分为普通加热炉和长锭加热炉。铸锭加热炉的加热能力与挤压机的生产能力相匹配。

6.1.3.1 燃料加热炉

燃料加热炉是依靠燃料(煤气、天然气、轻质油等)燃烧时产生的热量加热铸锭。它的主要优点是加热效率高,生产成本低。缺点是炉温不易调整和控制;铸锭加热质量差,表面局部容易过烧;生产环境差,对大气有污染。这类加热炉多用于对金属温度要求不严和中小型挤压机的铸锭加热。

燃料加热炉的炉型和结构与电阻加热炉相似,炉子为通过式,带强制热风循环,两侧烧嘴喷出的火焰直接加热铸锭的表面,以达到快速加热和提高炉膛温度的均匀性。铸锭输送有链条传动式、导轨推进式或辊道推动式,其结构如图 6-14 所示,燃料加热炉的主要技术参数如表 6-6 所示。

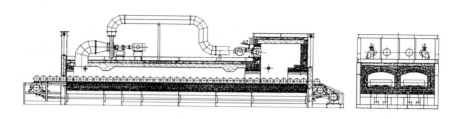

图 6-14　铸锭燃料加热炉结构示意图

表 6-6　燃料加热炉的主要技术参数

技术参数	挤压能力/MN					
	5.0	8.0	12.5	8.0	21.3	55.0
燃料名称	天然气	天然气	天然气	0 号柴油	天然气	天然气
加热能力/t·h^{-1}				0.55	1.85	7.0
燃料最大用量 /m^3·h^{-1}	15	21	33	35	85	325
铸锭尺寸 /mm×mm	$\phi76×356$	$\phi114×508$	$\phi152×660$	$\phi125×550$	$\phi222×800$	$\phi325$、 356×1500
额定工作温度/℃	600	600	600	600	600	550
炉膛尺寸（长×宽×高） /mm×mm×mm	8000×600 ×400	9000×700 ×400	9000×1500 ×460	7500×550 ×220		预热区长 8385 加热区长 7615
铸锭排放方式	单　排	单　排	双　排	单　排	双　排	

6.1.3.2　电阻加热炉

电阻加热炉是铝合金挤压生产中经常采用的一种加热设备，与燃料炉相比，其主要优点是，炉温容易控制和调整；铸锭加热温度均匀，表面不易过烧；工作条件好，对环境污染小。缺点是生产成本高，缺电地区不适用；加热速度不如燃料炉快。

电阻炉采用带强制循环空气的炉型，加热元件通常置于炉膛顶部，炉子的一侧或顶部安装循环风机，另一侧炉墙为反射壁，以便热风循环流动，提高炉内温度的均匀性。加热炉一般分为 3～4 个区，每个加热区的温度可根据需要单独调节。预热区（入口区）的加热功率最高，以保证为装炉的冷铸锭提供大量的热量；出口区功率最低，只用来保温；其他各区的加热功率介于两者之间。其结构如图 6-15 所示。

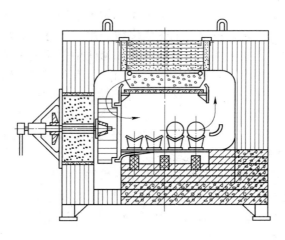

图 6-15　铸锭电阻加热炉（剖面）结构示意图

6. 1. 3. 3　感应加热炉

感应加热炉是被日益广泛采用的一种铸锭加热设备，它是靠感应线圈通电时产生的磁场对铸锭进行加热。被加热的铸锭相当于一个单匝短路线圈，感应电流流动过程中要克服自身电阻，因而产生焦耳热，使铸锭被加热。由于热量直接产生在铸锭内部，故有很高的热效率。它的主要特点是加热速度快；设备体积小；生产灵活性好，可根据挤压机的开动情况随时开动和停止，节能效果明显；便于实现自动化控制，目前逐渐取代燃料加热炉和电阻炉。感应加热炉可分成几个加热区，通过改变各区的电压来调节各区的加热功率，从而实现铸锭梯度加热，温度梯度通常在 0～10℃/100mm。

感应加热时，由于通过铸锭的电流密度分布不均匀，通常铸锭外层先被加热，而中心层是靠热传导来实现加热。当铸锭加热速度快时，铸锭的径向温差大，温度的均匀性不好。对于没有均火或均火效果不好,铸锭内部存在较大的内应力时,容易造成铸锭开裂。感应加热炉电源频率通常在 50~500Hz 之间,频率越高,最大电流密度越靠近铸锭表面,降低了加热效率。频率的选择与铸锭直径、加热速度及温度的均匀性有关,国内对直径大于 130mm 的铸锭通常采用工频(50Hz)感应炉加热,对直径小于 130mm 的铸锭采用中频感应炉加热。对加热温度要求严格的铸锭采用工频感应炉加热。随着对产品质量要求的不断提高,铸锭的加热大多数采用工频感应加热炉。

感应炉有三相电源和单相电源,如果使用单相电源时,则采用三相平衡装置。感应线圈是用铜管绕制而成,有单层和多层结构,单层感应圈比多层感应圈的功率小,一般使用在结构较长的步进式炉体上,而多层感应圈的加热功率大,升温速度快,一般使用在结构较短的周期式炉体上。工作中的感应圈本身发热,应由循环水进行冷却。多层感应线圈比单层线圈耗能少。

工频感应加热炉包括炉体、进出料机构、铸锭长度检测装置、测温装置、功率因数补偿装置、三相平衡装置(单相时)、电控装置等。感应加热炉的结构如图 6-16 所示。表 6-7 列出了铸锭感应加热炉的主要技术参数。

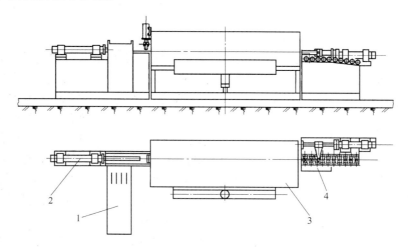

图 6-16　感应加热炉结构示意图

1—储料台;2—推锭装置;3—炉体;4—储料及测温装置

表6-7 铸锭感应加热炉的主要技术参数

技术参数	挤压机能力/MN													
	5	8	12.5	12.5	16.3	20	25	50	55	75	22	16.2	25 反向	80/ 95
加热频率	中 频							工 频						
加热功率 /kW	105	160	240	370	500	600	800	400×2	900×2	1200×2	850	550	675	1400
铸锭直径 /mm	80/85	120/127	150/175	145	178	203		280/350/ 410/485	380	450/650 /250	203	178	244/ 264	485/560/ 655/255
铸锭长度 /mm	250/300	400/500	450/650					300/1000	1200	1550	800	750	1000	600/1400
工作温度 /℃	550	500	500	500	500	520	450	550			520	550	450	570
加热能力 /t·h⁻¹	约0.2	约0.48	约0.75	0.73	1.5	2	2.8	3		5	2.8	1.8	2.27	5~6
温度梯度 /℃·m⁻¹								100					100	

6.1.3.4 长锭加热炉

在某些棒材的生产过程中，挤压铸锭不需要对铸棒在挤压前进行中断、车皮和热处理等加工，而是把铸棒经长锭加热炉加热后，根据挤压机对铸锭长度的需要，把铸棒通过热剪机剪切后进行挤压，该方式主要适用于中小规格的铸锭。其优点是减少了铸锭机械加工工序，提高了生产效率；消除了因锯切铸锭而产生的几何废料；铸锭在挤压时才根据生产工艺切取长度，减少了铝料的库存量；生产中根据制品规格随时改变剪切长度，使几何废料最少；剪切端面平整，切斜度小，有利于挤压。但加热炉体积大，所占空间较多，能耗高。该加热炉有燃料式、电阻炉和感应加热炉之分。其构成主要有炉体、进出料机构、测温装置、电控装置等。表6-8列出了几种长锭加热炉的主要技术参数。

表 6-8　几种长锭加热炉的主要技术参数

技术参数	挤压机能力/MN			
	22. 7	16. 0	27. 0	16. 0
加热形式	天然气加热	电感应加热	电感应加热	0 号柴油加热
加热功率/kW	$40m^3/h$	550 + 75	900 + 150	125kg/h
铸锭直径/mm	203	185	212	178
铸锭长度/mm	6000	6000	6000	6000
额定工作温度/℃		520	520	
加热能力/t · h^{-1}		2	4	
使用厂	方舟铝业	南平铝业	南平铝业	广东有色金属加工厂

6.1.3.5 其他设备

A 热剪机

热剪机用于将加热后的长铸锭按工艺要求剪切成定尺铸锭。热剪机一般设计为液压式，并安装在长锭加热炉的出料口。因热剪机剪切的铸锭是经过加热的铸锭，其剪切力下降，一般不超过2000kN。值得注意的是为了保证铸锭剪切断口截面规整，热剪的剪刃不能用平

（直线）的，应采用与铸锭吻合的半圆形。两个半圆形剪刃形成的直径应比铸锭直径略大。上剪刃在液压缸的作用下下切，直至完全切断。长锭热剪机的主要技术参数如表6-9所示。

表6-9 长锭热剪机主要技术参数

技术参数	挤压机能力/MN			
	22.7	8.0~16.0	16.0	27.0
锭坯直径/mm	203	127~203	203	254
锭坯长度/mm		350~760	350~800	300~1200
剪切力/MN	0.7	1.02	0.9	1.74
剪切行程/mm		368		
剪切速度/m·min^{-1}		2.286		
铸锭推出力/MN	0.44	0.1		
长锭返回力/MN	0.44	0.1		
使用厂	方舟铝业	广东有色金属加工厂	南平铝业	南平铝业

B　热剥皮机

热剥皮机主要用于反向挤压，其作用是在挤压前将已加热好的铸锭表皮剥去，使其表面为新铝状态，直接装入挤压筒中，避免表面被污染，以提高挤压制品的表面质量。剥皮机的剥皮厚度为4~10mm，以去除表面偏析瘤及表面夹渣等缺陷。热剥皮与表面车削相比，剥下来的为大块废料，重熔费用低，回收率高；可以减少机械加工设备，提高生产效率；防止铸锭表面被污染，使铸锭表面能保持最佳状态。该机要求铸锭端面切斜度小，防止铸锭切斜或损坏设备。热剥皮机通常用于实心锭的剥皮，空心铸锭剥皮时剥皮机要有精确的铸锭对中装置，否则剥后的铸锭偏心很严重，难以满足生产要求。一般空心铸锭剥皮后的壁厚偏差应小于1.0mm，对于要求高的管材应不大于0.5mm。鉴于以上原因，热剥皮机在实际生产中应用较少。几种热剥皮机的技术参数如表6-10所示。

表 6-10   几种热剥皮机的技术参数

配套挤压机规格/MN		25	58.8	49	22.54	35.28
剥皮力/MN		1.5	7.35	4.41	1.95	1.176
最大剥皮速度/mm·s^{-1}		76	55	58	50	50
剥皮厚度/mm		6				
铸锭外径/mm	剥皮前	264，244	400.5 ~ 469.9		248	289
	剥皮后	254，234	381 ~ 450.8		242	284
铸锭长度/mm		100	635 ~ 2286	500 ~ 1500	400 ~ 1100	500 ~ 1200
主泵功率/kW		55				
制造商		日本 UBE	日本神户制钢			

6.1.4 挤压机后部辅机

挤压机的后部辅机主要包括牵引机、在线淬火装置、中断锯、固定出料台、冷床、张力矫直机、储料台、锯床输送辊道、成品锯、定尺台等。设备布置参见图 6-1。

6.1.4.1 牵引机

用于将挤压后的制品牵引前进，防止因挤压制品弯曲而在冷床上被划伤。牵引机一般采用直流电动机驱动，变频调速，PLC 可编程序控制。通过译码器译码并传送，可在挤压机操作台上显示牵引速度、小车行程、故障检测等数据，可与挤压机实现联动运行。牵引机有单牵引和双牵引，单牵引应用较广，其自动化程度较低。双牵引结构复杂，应用在自动化程度高的挤压机上，可实现牵引、热锯、张力矫直、制品切头尾、产品堆垛一次完成。

6.1.4.2 在线淬火装置

在线淬火装置主要用于将淬火温度较宽的可热处理强化合金在较高的挤压温度下快速冷却，达到淬火目的；也可以对不可热处理的合金进行快速冷却，减少对冷床等设备的损坏，同时提高了生产效率。在线淬火装置主要有水冷式、风冷式、气-水雾式。水冷式在线淬火装置冷却强度大，可对大断面的棒材、管材进行冷却。风冷式在线淬火装置冷却强度较低，主要用于薄壁及小规格管材等小断面制品的冷却。气-水雾式在线淬火装置为风冷和水雾联合作用，对大截面制品，利用铝的良好导热性，采用快速冷却方法，降低截面温度场的分布不均，减少了淬火后的制品变形。如西安重型机械研究所生产的100MN 双动铝挤压机的淬火装置分成宽 1200mm、长 3800mm 两段，水量：1500L/min。淬火装置的三种不同冷却方式，其热交换效率大约为：风冷淬火 6.28kJ/（℃·m·min）；水雾淬火 18.9kJ/（℃·m·min），是风冷淬火强度的三倍；强喷水淬火 50.4kJ/（℃·m·min），是风冷淬火强度的八倍。

6.1.4.3 冷床

冷床的作用是将挤压后的制品输送到张力矫直机上，同时在该装置下安装冷却风机，以便将制品冷却到室温。冷床主要承载制品，根据挤压机的生产能力，一般冷床的长度较长，以 20～40m 居多。冷床的结构简单，负荷较轻，在安装时尽量保证在同一水平面上。为防止制品表面产生划伤，应在冷床上铺设耐高温毛毡。冷床分为步进梁式和履带传动式，铝挤压机采用履带传动式的冷床较为普遍，但在使用中需经常调整张紧力，否则用一段时间后传送带会松懈而影响使用。对于挤压吨位较大的大型挤压机，一般采用步进式冷床较多，驱动方式有偏心轮式和链轮式，链轮式运动平稳，实用性强。

6.1.4.4 冷却装置

为适应高速挤压，提高模具寿命，减小因变形热而导致模具温度升高，模孔尺寸变化，而造成制品尺寸变化，设有模具液氮冷却系统。一般在挤压机前梁处设液氮和气氮管路的孔洞，氮气通过管路和模具内的通路冷却模具，使模具均匀冷却。

6.1.4.5 锯床装置

挤压后的制品经张力矫直机矫直后，须经锯床切头尾或切定尺、检测试样。锯床一般选用圆锯或带锯两种。圆锯床的圆锯片作旋转的切削运动，同时随锯刀箱作进给运动。圆锯床具有锯切力量大，运行速度快，生产效率高，适用于较大的制品。但圆锯床也有不足之处，就是圆锯片的厚度较厚，为 5～14mm，金属消耗较大；采用镶齿锯片，锯齿容易损坏；锯片在高速锯切、高切削力的条件下容易产生锯片变形而报废，生产费用较高。带锯床是环形锯条张紧在两个锯轮上，并由锯轮驱动带锯进行切割。采用带锯锯切，可以得到较好的锯切端面；锯片薄（0.9～1.2mm），金属消耗少；带锯条价格低，生产成本低；带锯的不足之处是切削力小，吃刀量小，生产效率低；锯床示意图如图 6-17 所示。

图 6-17　锯床示意图
a—圆锯床；b—带锯床

6.1.5　挤压设备的维护

　　挤压设备维护与调整的目的是使经过长期运行而使精度降低的设备，或在运行过程中发生故障而造成个别零部件损坏的设备，恢复原有精度和技术性能。挤压设备出现的故障大致可分为三种类型：安装初期故障、偶发故障、磨损故障。

　　安装初期故障：一般发生在设备投产的前半年，故障的主要原因是设计或安装方面的缺陷。

　　偶发故障：这种偶然发生的故障，一般与工人误操作、设备润滑不良、运行过程中的设备过载及零件内部缺陷有关。

　　磨损故障：这种故障的特点是设备已经严重磨损，超出了允许的偏差范围（在有相对运动的部位），精度明显降低，处于待检修阶段。

　　挤压设备状况是否完好，决定了挤压产品质量是否稳定，生产效率是否提高，检修周期是否延长，备品备件消耗是否较低，所以对设备进行保养、维护和检修是企业必不可少的一项十分重要的活动。企业根据设备生产能力及运行状态，一般制定有设备检修周期，主要考虑生产的性质是三班生产还是一班生产，挤压速度的快慢，变形抗力的大小，设备结构等等因素。生产中按检修的内容不同，可分为小修、中修、大修。

小修：清洗并检查液压控制及动力系统；调整并维修电控系统及连锁信号装置；修复或更换液压缸、阀体的密封及部分衬套；排除液压、润滑及风动系统的泄漏；调整动梁、前梁的滑板；调整挤压中心线；紧固各部位螺栓、螺钉及管道卡子；更换或处理有磨损及生产中有严重缺陷的零件。

中修：小修全部内容；清洗、更换工作液压油；更换液体分配器及填充阀等阀体；更换全部滑板及衬套；调整、紧固张力柱螺母，并在必要时对张力柱进行探伤检查；检查安装精度，并进行必要的调整。

大修：中修全部内容；检查并修复基础；检查安装精度、调整坐标；更换发现有缺陷的所有零部件；检查高、低压管路；清洗高、低压罐，并进行内部防腐处理。

挤压机在繁重的工作环境中，常常发生挤压机中心失调现象，致使管材的壁厚偏差不符合技术要求。即使是挤压棒材，由于多孔棒材的中心与挤压筒中心不一致，金属流动速度不同，造成挤压棒材长短不一致，增加了几何废料，需要及时对设备进行调整。中心失调产生的原因如下：

（1）设备基体在强大张力作用下产生弹性变形；

（2）运动部件在巨大的自重作用下，由于频繁的往复运动，使接触面磨损；

（3）在挤压过程中，由于挤压筒与高温铸锭直接接触和挤压筒的加热装置将热量传给挤压支架和机架等邻近部件，使它们发生热变形。

（4）穿孔针的弯曲与拉细。

为防止中心失调现象发生，一般从两方面采取措施。一方面是设计本体结构在各种因素影响下有自动调心的功能；另一方面是人为地

控制和调整。解决措施有:

（1）防止弹性变形而产生失调的措施。挤压轴及穿孔针的活动横梁、挤压筒支架和前梁等零部件的底部不采用螺栓与地脚板连接，而是自由地放在地脚板上。当立柱被拉伸变形时，前梁可沿地脚板自由滑动，从而保证了挤压工具位于挤压中心线上。

（2）防止部件热变形而产生失调的措施。在挤压过程中，挤压筒和前横梁随着温度升高，其轴心也将升高，这样会使挤压轴，特别是穿孔针的轴线不同心。解决的办法是将前梁安放在带有斜面的地脚板（或平支撑面）上，使两个斜面与挤压中心相交，这样，前梁受热就以轴为中心向四面膨胀，而原中心保持不变。挤压筒采用四边键块，与挤压筒支架构成滑块连接。当温度升高时，以挤压轴为中心向四周辐射膨胀，使其原轴心仍保证不变，保证了自动定心。

（3）防止运动部件因磨损失调的措施。活动横梁和挤压筒支架支撑在地上的棱柱形导轨上，在活动横梁和挤压筒支架的磨损面上安放有楔形的青铜滑块。通过拧动调节螺丝就可改变楔形件的位置，使这些部件在一定范围内实现上下（两边楔形件调整量相同）、左右（两边楔形件调整量不同）移动，以达到调整的目的。

6.2 轧管设备

所谓管材冷轧，就是将热挤压后的管材毛坯，在室温下通过型辊轧制的冷加工方法。经冷轧的管材冷变形量大，尺寸精确，表面质量高，适合于塑性低和薄壁的铝合金管材，属成品管生产。冷轧管机种类很多，可分为周期式轧制、旋压、连轧和行星式轧制。周期式轧制的二辊或三辊冷轧管机以及横向多辊旋压管机比较常用，近年来多辊式连续冷轧管机、多线冷轧管机以及高速冷轧管机也相继研制成功并逐步被使用。

6.2.1 二辊式冷轧管机

6.2.1.1 二辊式冷轧管机的分类及性能

二辊式冷轧管机是利用变截面孔型和锥形芯头在冷状态下轧制管材，具有道次加工率大，减壁和减径量较大，可轧制难变形的硬铝合金，可一次轧制到接近成品尺寸等特点。生产的管材外径在 15 ~ 450mm，成品长度可达 30m 以上，这种设备已朝着高速、多线和长管坯方向发展。

二辊式冷轧管机在各国的称呼和型号是不相同的。我国定为 LG 型，L 和 G 分别为汉字"冷"和"管"字的汉语拼音的第一个字母，字母后面的数字表示此轧管机能轧出最大成品管的外径，例如 LG-55 型，表示能轧制的成品管的最大外径为 55mm。LG-30-Ⅲ 型，表示能轧制的成品管最大外径为 30mm 的高速冷轧管机。德国称此轧管机为皮尔格冷轧管机，最早型号为 PH、PC，目前为 KPW 型的长、短行程和单、多线的高速冷轧管机，如 KPW3 × 5VMR，其中"3"表示三线，VMR 表示长行程，VM 则表示短行程。前苏联的冷轧管机型号为 XⅡT，其后面的数字表示的意义与我国相同，有的还在后面用数字表示改进型号和管坯长度，如 XⅡT-55-2-5 型。美国称此冷轧管机为劳克莱特 Rockright 轧机，多数称为"tube reducer"。

二辊式冷轧管机除了在规格和技术特性上有区别之外，还可以按装料方式分为侧面装料和端部装料两种形式。二辊式冷轧管机的机械化和自动化水平都较高，生产效率高，操作人员少，劳动强度低，但二辊式冷轧管机的设备结构复杂，制造困难，投资和维修费用也高。轧管工具的设计制作和生产中的更换也比较困难，不适合频繁更换轧制规格的生产，对纯铝管和壁厚较厚的管材的生产率不如拉伸方法高。因此二辊式冷轧管机适合于大规模生产难变形的硬铝合金和比较薄的软铝合金管材。

目前，二辊式冷轧管机的最高轧制速度可达 240 次/min 以上，并采用各种质量平衡装置以减轻轧管机的动负荷，降低轧制功率，提高轧制速度并使轧机工作平稳。

二辊式冷轧管机的多线化是进一步提高生产效率的有效方法。目前有二、三、四线甚至六线的轧管机，使用环形孔型代替旧式轧管机的半圆形孔型，增加了工作行程长度，增大了变形量和送料量，提高了轧机的生产效率。增加管坯的长度可以减少装料停机时间，也可以轧出单根长度更长的管材。新型轧管机采用的坯料长度可达 8 ~ 12m 以上。二辊式冷轧管机在自动送料和连续操作上作了很大改进，可实现不停机上料的连续作业。采用开式机架或底座侧面板可以打开的结构，方便换辊，减少了换辊停机时间。

经过几十年的发展和改进，国产二辊式冷轧管机的总体水平已接近德国第三代同类产品的水平，生产管材的规格为 15 ~ 200mm。目前德国的二辊式冷轧管机已开发出第四代产品，在世界上处于领先地位，轧制的管材规格为 18 ~ 250mm；俄罗斯已开发出第三代产品，规格型号为 XⅡT25 ~ 450，近 20 种。美国是最早使用二辊式冷轧管机的国家，轧管机的数量也最多，最大规格到 450mm。

目前，二辊式冷轧管机已系列化，我国的二辊式冷轧管机系列如表 6-11 所示。表 6-12 ~ 表 6-15 列出了部分二辊式冷轧管机主要技术参数。

表 6-11　我国 LG 系列冷轧管机技术特性

主要参数	LG-30	LG-30-Ⅲ	LG-55	LG-80	LG-120	LG-150	LG-200
管坯外径/mm	22 ~ 46	22 ~ 46	38 ~ 73	57 ~ 102	89 ~ 146	108 ~ 171	180 ~ 230
管坯壁厚/mm	1.35 ~ 6	1.35 ~ 6	1.75 ~ 12	2.5 ~ 20	约26	约28	6 ~ 32
管坯长度/m	1.5 ~ 5	1.5 ~ 5	1.5 ~ 5	1.5 ~ 5	2.5 ~ 6.5	2 ~ 6.5	1.5 ~ 6.5
管材外径/mm	16 ~ 32	16 ~ 32	25 ~ 55	40 ~ 80	80 ~ 120	100 ~ 150	125 ~ 200
管材壁厚/mm	0.4 ~ 5	0.5 ~ 5	0.6 ~ 10	0.75 ~ 18	1.4 ~ 16	3 ~ 18	3.5 以上
管材长度/m	约25	3 ~ 25	约25	约25	4 ~ 10	4 ~ 10	4 ~ 25
机架行程长度/mm	453.4	453.4	625	705	802	905	1076
机架双行程次数/次·min^{-1}	80 ~ 120	70 ~ 210	68 ~ 90	60 ~ 70	60 ~ 100	45 ~ 80	45 ~ 70
管坯送进量/mm	2 ~ 30	3 ~ 20	2 ~ 30	2 ~ 30	2 ~ 20	2 ~ 20	2 ~ 15
机架质量/t	1.86	1.65	3.85	6.32	约13	22.4 ~ 24	34
机架平衡重/t					约13	21.5 ~ 24.5	34
主传动电动机/kW·(r·min)$^{-1}$	72/575	115	100/475	130/600	320/500/1000	320	600
轧机外形尺寸（长×宽）/m×m	24.47 × 4.45		25.21 × 4.47	25.4 × 4.44	31.7 × 8.5	58.6 × 9.5	
轧机总重（不包括电器）/t	60.5	39.4	71.5	85.6	304	240	340
生产率/m·h^{-1}	115	343	108	95	90	75	70

表6-12 洛阳矿山机器厂二辊式冷轧管机主要技术参数

型号	管坯直径/mm	管坯厚度/mm	管坯长度/mm	成品管直径/mm	成品管壁厚/mm	管坯送进量/mm	同时轧制根数/根	工作辊直径/mm	孔型长度/mm	机架行程/mm	机架行程次数/次·min⁻¹	主传动电动机功率/kW	外形尺寸/m×m	设备质量/t
LG-30IV	22~46	1.35~6	1.5~5	16~32	0.4~5	2~30	1	300		388	80~120	75	43.65×4.4	52.4
LG-30GH	23~51	2.0~12	5~12	15~30	0.8~8	3~15	1	300	670	862	70~160	200	45×7	80
LG-55II	38~73	1.75~12	1.5~5	25~55	0.6~10	2~30	1	364		534	68~90	112	44.39×4.5	64.4
LG-55G	54~76	<12	<10	25~60	>1.0	4~16	1	364		623	70~130	200		107
LG-60H	30~80	2.5~13	5~12	25~60	1.0~10	4~20	1	370	730	903	60~80	144	58×6	139
LG-60GH	38~80	2.5~16	5~12	25~60	1.0~12	4~24	1	370	800	1023	60~130	400	50×7.5	
LG-80II	57~102	2.5~20	1.5~5	40~80	0.75~18	2~30	1	434		605	60~70	130	44.75×4.6	77
LG-90GH	57~108	3.0~21	5~16	40~90	1.4~15	4~24	1	450	950	1184	50~110	510	66×8	195

注:G 为高速;H 为环形孔型,长行程。

表 6-13 宁波机床厂二辊式冷轧管机主要技术参数

型号	管坯直径 /mm	管坯厚度 /mm	管坯长度 /mm	成品管直径 /mm	成品管壁厚 /mm	管坯送进量 /mm	同时轧制根数/根	工作辊直径 /mm	机架行程 /mm	机架行程次数 /次·min⁻¹	主传动电动机功率 /kW	外形尺寸 /m×m
LG-15-H	15~25	1.5~2.5	0.8~3.8	8~16	0.8~2		1			40~100		
LG-30-H	25~45	1.5~6.0	1.5~6.0	15~32	1.0~5		1			50~120		
LG-30×2-H	25~40	1.5~3.5	1.5~6	15~30			2			50~120		
LG-60-H	≤79	≤8	≤5	25~60	1.0~6		1			60~100		
LG-60×2-H	≤79	≤8	≤5	25~60	1.0~6		2			60~100		
LGC-60-H	≤79	≤7	≤5	25~60	1.0~6		1			60~120		
LGK-60	≤70	≤7	≤5	25~60	1.0~6	1~15	1	320	644	60~100	100/67	35.0×4.6
LG-90-H	60~108	2.5~20	2.5~5	50~90	2.0~18		1			60~90		
LG-150-H	108~170	≤28	≤7	90~150	3.0~18		1			20~40		

注：G 为高速；H 为环形孔型,长行程；K 为开坯。

表 6-14 俄罗斯二辊式冷轧管机主要技术参数

型号	管坯直径 /mm	管坯厚度 /mm	管坯长度 /mm	成品管直径 /mm	成品管壁厚 /mm	管坯送进量 /mm	同时轧制根数 /根	工作辊直径 /mm	孔型长度 /mm	机架行程 /mm	机架行程次数 /次·min⁻¹	主传动电动机功率 /kW	设备质量 /t
ХПТ15-25	25~36	1.5~6	2~5	15~25	0.4~4	5~15	3				80~120	125	
ХПТ32-3	22~46	1.35~6	1.5~5/8	16~32	0.4~5	2~30	1			452	80~150	70	73
ХПТ2-40	25~60		5	15~40		3~40	2				150	250	
ХПТ55-3	38~73	1.75~12	1.5~5/8	25~55	0.5~10	2~30	1			625	68~130	110	83
ХПТ2-55	30~70	3.0~10	1.5~5/8	20~55	0.5~8	0~30	2			800	50~120	185	
ХПТБ2-75	50~100	3.0~15	3.0~12	30~75	1.5~12	4~30	2	420	900	1080	40~100	250	288
ХПТ2-75	50~100	3.0~15	3.0~12	30~75	1.5~12	4~30	2			1080	40~100	≤250	100
ХПТ90-3	57~102	2.5~20	1.5~5/8	40~90	0.75~18	2~30	1			705	60~100	150	
ХПТ90Ⅱ	60~102	2.0~12	2.5~11	50~92	1.4~10	2~25	1			705		160	
ХПТ2-90	50~125	2.0~20	5	32~90	0.75~18	4~45	2			1105	70~100	600	
ХПТБ2-110	50~100	3.0~15	3.0~15	30~90	1.5~12	1~30	2	440	900	1080	40~100	350	
ХПТ2-110	50~125	3.0~15	3.0~15	30~90	1.5~12	4~30	2			1080	40~100	350	
ХПТ120Ⅱ	89~140	4.0~24	2.5~8.5	80~120	1.5~20	2~25	1			755	60	125×2	
ХПТ160	100~200	3.0~25		90~160	1.0~20		1			1004	80		450

注：Б为第二代产品。

表 6-15 德国曼内斯曼-梅尔公司二辊式冷轧管机主要技术参数

型号	管坯直径(最大)/mm	管坯长度/m	成品管直径(最小)/mm	管坯送进量/mm	同时轧制根数/根	工作辊直径/mm	孔型长度/mm	机架行程/mm	机架行程次数/次·min⁻¹	主传动电动机功率/kW
KPW18HMR(K)	21		4		1	130	270	380	350	30
KPW25VMR	28		8~20		1	185	360		100~260	37
KPW25VMR	32		10~23		1	205	365		100~260	45
KPW25HMR(K)	33		8		1	205	370	490	320	90
KPW50VM	51		14~38		1	280	370		75~190	90
KPW50VMR	51		14~38		1	300	600		75~190	165
KPW50DMR(K)	51		14		1	300	680	860	250	250
KPW75VM	76		20~60		1	336	455		60~160	180
KPW75VM	76		20~60		1	370	740		60~160	300
KPW75DMR(K)	76		20		1	370	800	1020	190	400
KPW100VM	102		30~80		1	403	545		55~140	240
KPW100VMR	102		30~80		1	450	890		55~140	400
KPW100VMR(K)	102		30		1	450	980	1203	140	500
KPW125VM	133		48~113		1	480	630		50~125	350
KPW125VMR	133		48~113		1	520	1000		50~125	550

续表 6-15

型号	管坯直径(最大)/mm	管坯长度/m	成品管直径(最小)/mm	管坯送进量/mm	同时轧制根数/根	工作辊直径/mm	孔型长度/mm	机架行程/mm	机架行程次数/次·min⁻¹	主传动电动机功率/kW
KPW125VMR(K)	133		48		1	520	1050	1323	110	600
KPW150VMR	160		50		1	580	1100	1400	100	1000
KPW175VM	175		76~150		1	640	840		37.5~90	650
KPW225VM	230		114~205		1	760	950		37.5~75	1200
KPW250VM	260		140~230		1	800	950		20~45	1000
SKW50VMR	51		14~38		1	300	680		70~180	200
SKW2×50VMR	51		14		2	400	640		165	
SKM3×50VMR	51		14		3	400	640		165	
SKW75VMR	76	13	20~60	4~24	1	370	820	1023	60~150	350
SKW2×75VMR	76		20		2	490	800		150	
SKM3×75VMR	76		20		3	495	800		150	
SKW100VMR	102		30~80	4~24	1	450	950		50~130	500
SKW2×100VMR	102		35		2	575	960		135	
SKM3×100VMR	105		35		3	580	960		135	
SKM125VMR	133		48~113		1	520	1050		50~115	700
SKM150VMR	160		50~120		1	580	1100		40~100	960

注：VM 为垂直质量平衡；HM 为水平质量平衡；DM 为双质量平衡；R 为环形孔型；S 为超长行程；K 为连续上料。

6.2.1.2   二辊式冷轧管机的结构组成

二辊式冷轧管机主要由机座、工作机架、主传动系统、送进和回转机构、装料机构、卸料机构、液压和润滑系统等组成，如图 6-18 所示。

（1）机座由底座、支架、滑轨、齿条等组成。

（2）工作机架由牌坊、轧辊、轴承、齿轮、轧辊调整和平衡装置等组成，如图 6-19 所示。

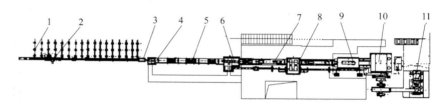

图 6-18   LG90-GH 二辊式冷轧管机总体布置图

1—上料台；2—推料装置；3—芯棒润滑装置；4—回转装置；5—中间床身；
6—回转和凸轮装置；7—床身；8—送进装置；9—工作机架；10—曲轴
及平衡装置；11—主传动装置

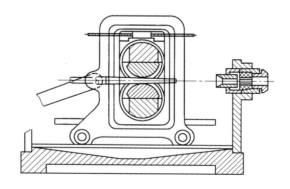

图 6-19   冷轧管机工作机架示意图

现代轧管机为方便换辊，把工作机架的牌坊做成开式结构和机座侧面板做成可打开式结构，工作轧辊可很方便地从上部吊出或从侧面移出，大大缩短换辊时间。工作机架在曲轴连杆机构的带动下在底座

的滑轨上往复运动，与此同时，装在机架内的轧辊通过辊端上的齿轮
与机座侧架上的齿条啮合，把机架的水平往复运动转变为轧辊的往复
回转运动，以实现周期式的轧制过程。二辊式冷轧管机环形孔型轧制
示意图如 6-20 所示。

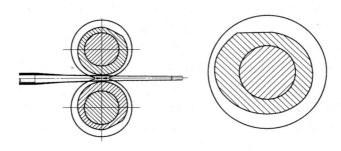

图 6-20　二辊式冷轧管机环形孔型轧制示意图

（3）主传动系统由主电动机、皮带传动装置、曲轴连杆机
构、质量平衡装置等组成，主电动机通过皮带传动装置、曲轴连
杆机构把动力传给工作机架使其作往复运动。主电动机一般采用
直流电动机，大型轧机上也有使用交流电动机或液压驱动代替电
动机-曲轴机构传动。直流电动机适用于多品种的需求，而采用交
流电动机可降低设备投资。为实现高速轧制，现代冷轧管机都采
用了质量力平衡技术，其形式有水平质量平衡、双质量平衡、垂
直质量平衡、气动平衡和液压平衡等，用得较多的是垂直质量
平衡。

（4）送进和回转机构是冷轧管机很关键的部分。在轧制过程
中，管坯需间歇回转和送进，管坯卡盘的返回，芯杆的回转、送
进、返回等动作是由回转和送进机构来完成。常用的回转和送进机
构的形式有凸轮式、超越离合器减速机式、差动齿轮减速机式、直
流电动机-液压传动式等。回转和送进机构由传动系统、前卡盘、
管坯卡盘、芯杆卡盘等组成。当工作机架运动到后极限位置时，此
时孔型与辊子之间瞬间（约 0.1～0.2s）不接触，使管坯产生一个
送进的运动，从而将被轧制的管坯送进预定长度进行轧制。当工作

机架运动至前极限位置时，在轧出的管材与轧辊之间产生不接触的瞬间，管坯在芯杆给予旋转力的作用下产生一个回转运动（使用环形孔型时，采用每周期两次送进，工作机架在前极限位置时也送进一次，即轧辊在返回行程时也进行轧制），管坯与芯杆回转相同的角度，然后工作机架回到后极限位置，完成送进和回转过程。由于该过程是瞬间间歇动作，部件受到的冲击力很大，故极易损坏、磨损和出现故障。对回转送进机构的要求是送进量要准确、均匀、稳定、无冲击，其不均匀性不得超过送进量的 15%；送进量调节范围要宽，一般在 3～40mm；其回弹量要小，不超过 0.5～2.5mm；保证回转角度在 60°～90°范围内自动变化而不重复。产生回弹的原因是：在轴向力的作用下，送进机构中的部件存在的间隙减小之故。

（5）装料机构由装料架、拨料臂、退料杆等组成，其作用是把需轧制的管坯从料架上一根根装到轧机的中心线上进行轧制。装料形式有侧面装料和端部装料两种形式。侧面装料是将轧机停止后，芯头随芯杆退到后端，管坯从侧面送到轧制中心，管坯装入后，芯杆穿进新装入的管坯中直至轧制位置，然后开机轧制；端部装料可以不停车装料，实现连续生产。侧面装料时芯杆需退回至后端位置，装料时停机时间长，但侧装料结构的轧管机长度相对较短，一般用于较大型的轧管机。端部装料结构的轧管机长度较长，生产效率高，可以生产长达 30m 以上的管材。

（6）卸料机构由出料槽、在线锯切机、拨料装置、料台、卷取装置等组成。卸料机构用来承接轧出的成品管并按要求进行切断或卷曲。卸料形式有直条和卷盘两种，在直条管出料过程中，配置在线锯切机按定尺长度切断后装筐，铝管材轧制大多采用这种形式，可缩短出料台长度。卷盘出料是在出料台侧面或前部配置卷曲机，在线卷取或轧出长直条后再卷取成盘。

（7）液压和润滑系统由油箱、液压泵、管道和阀门组成。液压系统给轧机的执行机构提供动力。润滑系统的作用是设备的各部位自润滑和轧制时的工艺润滑和冷却。

6.2.2 多辊式冷轧管机

多辊式冷轧管机于 1952 年由苏联制造成功并用于生产，其型号为 XΠTP，即为滚轮式冷轧管机。字母后面的数字表示轧出的管子最小和最大外径，例如 XΠTP30-60。我国的冷轧管机系列型号为 LD，L 和 D 分别为"冷"和"多"字的汉语拼音的第一个字母，其后面的数字表示轧制出的管子最大外径，如 LD-60 型。

多辊式冷轧管机是铝及铝合金无缝管材生产的通用设备，采用等断面的孔型和圆柱形的芯头进行轧制，轧制过程中金属变形程度小，变形比较均匀，适合于脆性较大、难变形的合金薄壁管材和质量要求较高的管材生产，轧制的管材壁厚与直径之比可达 1/100 ~ 1/250。设备的形式有三辊、四辊和五辊，轧制根数为 1 ~ 4 根。目前，由于轧制时的减径量小，道次变形量和送进量也较小，生产效率较低，在管材生产中使用的并不多，只用来补充生产二辊式冷轧管机难以生产的中小规格特薄壁管材。

多辊式冷轧管机是由 3 个或 3 个以上在滑道上滚动的轧辊和圆柱形芯头组成的轧制机构。轧辊安装在辊架中，并在其后安置具有一定斜面的滑道，使轧辊沿着滑道运行，轧辊在运行中逐渐靠近，其组成的圆环直径逐渐缩小，实现减径目的。滑道固定在厚壁筒的工作机架中，并整体安装在运行小车上。其结构图如图 6-21 所示。

在轧制过程中，小车、机架及辊架在摇杆的带动下作往复运动，辊架是通过下连杆和摇杆连接，小车是通过上连杆和摇杆连接，因下连杆与摇杆固定轴的距离小于上连杆与摇杆固定轴的距离，故辊架线速度小于小车的线速度，要求辊架（工作辊）沿轧制线的线速度和移动量要比小车的小一半左右。

由于辊架和机架（小车）的线速度存在一定差值，所以轧辊必然沿着滑道滚动。滑道的工作面是倾斜的，当轧制开始时，摇杆处于左极限位置，轧辊处于滑道的左极限位置，3 个轧辊之间的间隙最大，所组成的圆环直径最大，即孔型最大，此时芯头带动管毛坯向前

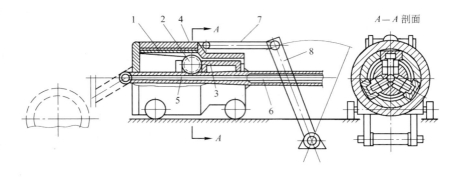

图 6-21　多辊式冷轧管机结构示意图

1—滑道；2—轧辊；3—辊架；4—工作机架；5—芯头；

6—芯杆；7—上连杆；8—摇杆

并旋转一定角度，实现管坯的送进和回转过程。当小车和辊架开始向右移动时，滑板的速度大于轧辊的速度，使滑板逐渐压下轧辊，轧辊之间的间距逐渐缩小，即断面积逐渐减小，在轧辊和芯头的作用下，管坯直径减小，壁厚减薄。当小车运行至最右端为止，孔型断面积最小，管坯获得成品管尺寸，然后小车和轧辊又一起向左运动，重新精整一次所压过的管坯，一直运行到最左端，此时管坯向前送进预定的长度并和芯头一起旋转一定角度，进行下一周期的轧制。

　　一般形式的多辊式冷轧管机设备组成与二辊式冷轧管机基本相同，除工作机架外，其他部分的结构与二辊式冷轧管机相似。多辊式冷轧管机的工作机架是一厚壁套筒，内装滑道和辊架，轧辊沿径向等角度配置，多辊式冷轧管机广泛使用丝杠-马尔泰盘式回转送进机构。马尔泰盘式回转送进机构的特点是冲击力大，回转角不能任意改变，加工精度要求高，但它的送进量稳定。

　　新型的多辊式冷轧管机采用了一些新的结构以改善轧机的性能，如采用长行程、两套轧辊架和两套滑道结构，增大了轧制规格范围和道次变形量；采用垂直质量平衡装置以提高轧制速度；采用无丝杠回转送进机构和两套芯杆卡盘，实现装料时不停机连续生产和送进量可无级调整。我国生产的多辊式冷轧管机主要技术参数如表 6-16 和表 6-17 所示。

表6-16 西安重型机器研究所多辊式冷轧管机技术参数

型号	管坯直径 /mm	管坯厚度 /mm	管坯长度 /mm	成品管直径 /mm	成品管壁厚 /mm	同时轧制根数 /根	工作辊数 /个	机架行程 /mm	机架行程次数 /次·min⁻¹	主传动电动机功率/kW	外形尺寸 /m×m	轧机质量 /t
LD-8	3.5~12	0.2~1.2	1.2~3.5	3~10	0.1~1.0	1	3	450	≤110	7.5	12.63×1.9	5.0
LD-15	9~17	0.2~1.8	≤4	8~15	0.1~1.0	1	3	450	70~140	10	16.30×2.14	4.7
LD-15(新)	4~17	0.2~2.0	≤4	3~15	0.1~1.0	1	3	450	≤100	7.5		6
LD-30	17~34	0.5~2.5	≤5	15~30	0.2~2.0	1	3	475	60~130	25		14
LD-30-WS	15~35	0.5~4.0	3~6 (9)	13~32	0.2~3.0	1	3	605	60~100	30	15.34×3.10	17
LD-60	32~64	0.5~4.0	≤5	30~60	0.3~3.0	1	3	603	50~100	55		27
LD-60-WS	32~74	0.5~6.0	3~6 (9)	30~70	0.3~5.0	1	4	721	50~90	55	18.59×4.61	30
LD-120	64~127	2.0~8.0	3~6	60~120	0.5~7.0	1	5	904	50~80	160	39.33×5.78	85

注: WS 为无丝杆、连续上料、长行程、长管坯。

表 6-17   宁波机床厂多辊式冷轧管机技术参数

型 号	管坯直径/mm	管坯厚度/mm	管坯长度/mm	成品管直径/mm	成品管壁厚/mm	同时轧制根数/根	工作辊数/个	机架行程次数/次·min⁻¹
LD-8	3.5~9	0.3~1.3	1.2~3.0	3~8	0.1~1.0	1	3	60~140
LD-12×4	6.5~14	0.4~1.2	1.0~3.0	6~12	0.2~1.0	4	3	60~140
LD-15×2	6.5~17	0.4~1.8	0.8~3.8	6~15	0.2~1.0	2	3	60~140
LD-30	17~34	0.5~2.5	2.0~5.0	15~30	0.3~2.0	1	3	30~120
LD-60	32~64	≤4.0	2.0~5.0	30~60	0.3~3.0	1	3	50~100
LD-90	≤98	≤10	≤5.0	50~90	≤8.0	1	5	50~80
LD-150	96~160	≤8	2.5~5.0	80~150	≤7.0	1	4	50~80
LD-180	110~190	≤13	3.0~7.0	110~180	2.0~7.0	1	5	30~60
LD-180A	110~210	≤13	3.0~7.0	110~200	2.0~7.0	1	5	20~45

6.3 拉伸机

拉伸机为冷加工设备,主要用于生产铝及铝合金管材、线材及高精度拉制棒材。按拉出产品的形状分为直线拉伸机和圆盘拉伸机。直线拉伸机按传动方式分为链式、钢丝绳式和液压式三种,其中链式拉伸机是应用最广泛的一种拉伸设备,钢丝绳式和液压式拉伸机应用相对较少。圆盘拉伸机因能充分发挥游动芯头拉伸工艺的优越性,适合于长度很长的小管材的生产,但在目前我国铝管材生产中基本没有使用。

6.3.1 链式拉伸机

6.3.1.1 链式拉伸机的分类

链式拉伸机按用途可分为有芯杆拉伸机和无芯杆拉伸机。有芯杆装置拉伸机主要用于管材减壁拉伸;无芯杆拉伸机用于管材减径拉伸及棒材拉伸。一般链式拉伸机按传动链数量可分为单链拉伸机和双链拉伸机,按同时拉伸产品的根数可分为单线拉伸机和多线拉伸机。

6.3.1.2 单链拉伸机

单链拉伸机的拉伸小车是由一根链条带动,主要由床身、拉伸小车、链条、传动装置、小车返回装置、芯杆装置(拉伸管材时用)及模座等构成,其结构如图 6-22 所示。拉伸过程中,首先将传动装

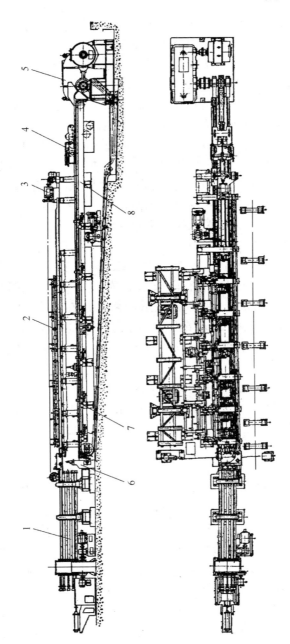

图 6-22 单链拉伸机外形示意图

1—送料架；2—环料架；3—推料（穿芯杆）机构；4—拉伸小车；
5—传动装置；6—模架；7—放料杆；8—床身

置运行起来，带动链条沿轨道运动。将坯料放入送料架上，如果是减壁厚的管材，芯杆将穿入管材内，否则不使用芯杆。将坯料缩径端穿入模架上的拉伸模中，拉伸小车的钳口夹住坯料，在链条的带动下向前运行，坯料通过模孔而改变外径尺寸。当坯料拉出拉伸模后，小车钳口松开，拉伸后的坯料与小车脱离，并放入料架内，完成一根料的拉伸过程。单链拉伸机结构简单，但卸料不方便，卸料方式有人工放料和拨料杆拨料两种。人工放料用于小型拉伸机，在制品拉伸完、拉拔小车脱钩、钳口自动张开的一瞬间由人工将料放入料架中。带拨料杆装置的拉伸机拨料原理是，拨料杆的位置平时与拉伸机轴线平行，在拉伸时逐一在拉伸小车后面转动90°与制品垂直处于接料状态，拉伸完后制品落到拨料杆上并被拨入拉伸机旁的料架内。

6.3.1.3　双链拉伸机

双链拉伸机是近代拉伸机发展的一种新型结构，双链拉伸机的工作机架采用C形结构，机架内装有两条水平横梁，其底面支撑拉链和小车，侧面装有小车轨道，两根链条从两侧面连在小车上，在C形架之间的下部装有滑料架，链条由导轮导向，在C形架的上部平台上有受料-分配机构的分料器和滚轮。双链拉伸机的结构如图6-23和图6-24所示。

双链拉伸机与单链拉伸机比较有如下优点；

（1）拉伸后的制品可以直接由两根链条之间自由落下而无专用的拨料机构，卸料也方便，这对拉伸大而长的制品具有更大的优势。

（2）使用广泛，在一台设备上可拉伸大、小规格的制品，消除了单链拉伸机的拉伸小车在拉伸力大时挂钩、脱钩困难的缺点。

（3）由于采用两根链条受力，链条的规格大大减小，使中、小吨位的拉伸机可采用标准化链条。

（4）小车拉伸中心线与拉伸机中心线一致，克服了单链拉伸机拉制中心线高于拉伸机中心线的弊端，因此拉伸平稳，拉出的制品尺寸精度、表面质量和平直度高。

总体来说，单链拉伸机结构简单，长度较短，不仅限制了拉伸制品的长度（6~9m），而且限制了拉伸速度（0.03~0.5m/s），影响

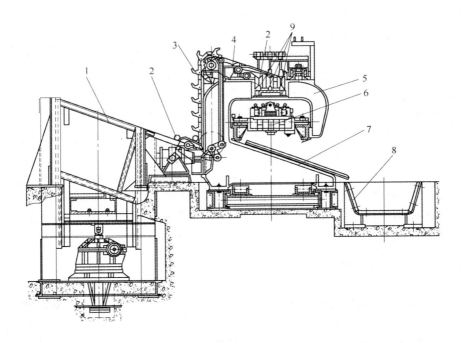

图 6-23　双链管材拉伸机装卸架和 C 形机架结构示意图
1—可动料架；2—管坯；3—链式管坯提升装置；4—斜梁；5—C 形机架；
6—拉伸小车；7—滑料架；8—制品料架；9—滚轮

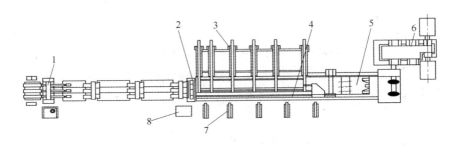

图 6-24　多线回转式双链拉伸机平面图
1—回转盘；2—模架；3—上料架；4—床身；5—拉伸小车；
6—传动装置；7—制品料架；8—操作台

生产效率。现代拉伸机有各种先进的辅助装置，包括供坯机构，管坯套芯杆机构，拉伸小车自动咬料、挂钩、脱钩、小车返回重新咬料等机构和从小车上将制品推向料架的装置等。拉伸速度由低到高平稳增加，且拉伸速度在各段工作中是可变的。

　　为了提高拉伸机的生产能力，近代拉伸机正朝着多线、高速、自动化方向发展。多线拉伸一般采用同时拉伸三根，最多可拉伸九根，配有 18 根芯杆。拉伸速度可达 150m/min，先进的拉伸设备已达到装、卸料等工序全部实现自动化控制。

　　目前，我国的双链式冷拉伸机已经形成系列，管材双链拉伸机有 5 ~ 6000kN 共 15 个规格，各规格拉伸机的技术性能参数见表 6-18，洛阳中信重机公司生产的双链冷拉管机技术性能参数如表 6-19所示。

6.3.2　液压式拉伸机

　　液压式拉伸机具有传动平稳，拉伸速度容易调整，停点控制准确的优点，最适宜于拉伸难变形合金和高精度、高质量的异型管材，如变断面管材等。图 6-25 为液压拉伸机结构示意图。这种拉伸机扩径与拉伸两用。液压拉伸机的本体结构是由主缸、主柱塞、前后横梁、张立柱、滑架、连接杆等组成。几种拉伸机的技术性能参数如表 6-20所示。

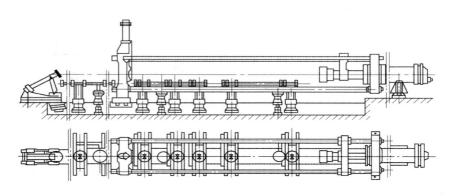

图 6-25　液压拉伸机结构示意图

表6-18 双链式冷拉伸机主要技术性能参数

序号	产品型号	额定拉制力 /kN	额定拉制速度 /m·min⁻¹	拉制速度范围 /m·min⁻¹	小车返回速度 /m·min⁻¹	最大拉制直径/mm		拉制长度 /m	拉制根数 /根	主电动机功率 /kW
						黑色	有色			
1	LBG-0.5	5	40	3~80	80	5	8	8~15	1~3	4.5
2	LBG-1	10	40	3~80	80	10	15	8~15	1~3	9
3	LBG-3	30	40	3~80	80	15	20	8~15	1~3	30
4	LBG-5	50	40	3~80	80	20	30	8~15	1~3	55
5	LBG-10	100	60	3~100	100	40	55	8~15	1~3	126
6	LBG-20	200	60	3~100	100	60	80	8~15	1~3	250
7	LBG-30	300	60	3~100	100	89	130	8~15	1~3	360
8	LBG-50	500	60	3~100	100	127	150	8~15	1~3	630
9	LBG-75	750	40	3~60	60	146	175	12~18	1	630
10	LBG-100	1000	30	3~60	60	168	200	12~18	1	630
11	LBG-150	1500	30	3~60	50	180	300	12~18	1	2×470
12	LBG-200	2000	20	3~40	40	219	400	12~18	1	2×420
13	LBG-300	3000	20	3~40	40	273	500	12~18	1	2×630
14	LBG-450	4500	12	3~20	20	351	550	12~18	1	2×560
15	LBG-600	6000	12	3~20	20	450	600	12~18	1	2×750

表6-19 洛阳中信重机公司生产的双链冷拉管机技术性能参数

型号	额定拉制力/kN	拉制速度/m·min⁻¹	加料启动速度/m·min⁻¹	小车返回速度/m·min⁻¹	拉制根数/根	坯料长度/m	坯料直径/mm	成品长度/m	成品直径/mm	传动形式	主电动机功率/kW	外形尺寸(长×宽×高)/m×m×m	设备质量/t
LB-1	10	6~45	6	60	1~2	2~7	6~10	8	4~9	双链	8.85	17.8×7.3×1.2	5.78
LB-1 II	10	12~68	6	85	2	2~8	6~18	9	4~15	单链	12	20.9×3.4×1.2	5.95
LB-1 III	10	3~25	3	85	2	2~8	6~18	9	4~15	单链	6.5	20.9×3.4×1.2	5.70
LB-3	30	6~24	6	85	1~3	2~8	6~23	9	5~20	单链	21	22.7×4.4×1.7	13.40
LB-3 II	30	12~60	6	85	1~3	2~8	6~23	9	5~20	单链	40	22.7×4.6×1.2	14.23
LB-3 III	30	6~24	6	85	1	6~16	45	18	43	单链	21	33.6×4.3×1.2	10.44
LB-3 IV	30	3~75	3	85	1~3	2~8	6~23	9	5~20	单链	21	22.7×4.4×1.7	14.00
LB-5	50	3~35	3	50	1~3	8	15/25	9		双链	30	24×3.5×1.3	13.32
LB-5	50	3~50	3	80	1~3	2~8.5	20/30	9		双链	55	27.9×5.1×1.8	24.52
LB-8	80	7~28		85	1~3	2~8.5	12~40	12	10~38	单链	40	27.6×4.9×1.7	17.20
LB-8 II	80	3~15	3	85	1~3	2~8.5	12~40	12	10~38	单链	30	42×4.8×2.1	23.70
LB-8 III	80	3~28	3	60	1~3	2~8.5	12~40	12	10~38	双链	40	28.1×4.7×1.3	14.50
LB-8	80	12~60	3	80	1~4	8	45	9	40	双链	55	22.5×4.6×1.7	12.66
LB-10	100	6~48	3~6	60	1~3	8.5	40	10	12~33	双链	100	25.5×5.7×1.7	20.89
LB-10 I	100	6~48	3~6	60	1~3		40	15	12~33	双链	125	21.5×1.9×1.7	15.72
LB-10	100	3~35	3	50	1~3	2~8		9	40	双链	55	24×3.6×1.5	14.92
LB-15	150	8~32	3	100	1~4	2~8.5	18~57	12	15~51	单链	100	30×6.2×1.8	40.00

续表6-19

型号	额定拉制力/kN	拉制速度/m·min⁻¹	加料启动速度/m·min⁻¹	小车返回速度/m·min⁻¹	拉制根数/根	坯料长度/m	坯料直径/mm	成品长度/m	成品直径/mm	传动形式	主电动机功率/kW	外形尺寸(长×宽×高)/m×m×m	设备质量/t
LB-15 II	150	8~32	3	100	1~3	2~8.5	18~55	12	16~50	单链	75	24×6×1.8	23.80
LB-15 III	150	8~32	3	100	1	2~8.5	18~57	12	15~51	单链	100	28×4×2.4	26.50
LB-15 IV	150	8~32	3	100	1~3	2~7.5	12~51	9	10~30	单链	75	24×6×1.5	23.16
LB-15	150	12~60	3	80	1~2	7.5	80	24		双链	100	55.3×4.8×2	59.85
LB-15	150	12~60	3	80	1~4		80	9		双链	100	24.6×4.1×2.2	24.82
LB-20	200	10~30	6	50	1~2	2~6	10~60	9		双链	75	22.5×4×1.6	27.10
LB-20	200	6~48	3~6	60	1	8.5	73	10	20~58	双链	160	26×5.8×1.6	32.10
LB-30	300	12~48	3	100	1	2.5~9	40~102	13	30~89	单链	2×125	32.9×6.3×1.85	44.00
LB-30 II	300	3~24	3	100	1	2.5~9	40~102	13	30~89	单链	2×75	23.9×6.4×1.8	45.00
LB-30 III	300	3~24	3	100	1	2.5~9	40~102	13	30~89	单链	2×75	32×7×1.9	41.00
LB-30 IV	300	12~48	3	100	1	2.5~9	40~102	13	30~89	单链	2×125	30.8×5.8×2.4	34.80
LB-30 V	300	3~24	3	100	1	2.5~9	40~102	13	30~89	单链	2×75	30.8×5.8×2.4	34.80
LB-30	300	6~48	3~6	60	1	11	102	13	89	单链	250	31×6.2×1.8	42.60
LB-30	300	3~72	1~3	72	1~3	2~11	23~65	4~15		双链	250	39.6×5.5×2.6	60.00
LB-50	500	3~40	3	60	1~3	8.5	150	10		双链	2×160	29.8×8.7×2.8	109.00
LB-50 II	500	3~40	3	60	1	6~7.5	70~100	8	50~80	双链	2×160	27.4×7.7×1.8	90.00
LB-75	750	3~30	6	60	1	8.5	175	10		双链	2×200	42.3×9.7×2.3	102.00
LB-75	750	3~30	3	60	1	9.5	83~120	13		双链	2×200	39.2×9.8×2.7	148.00
LB-100	1000	5~35	5	20~60	1	3~9	230	13	220	单链	2×200	43.8×10.7×1.3	175.00

表 6-20　液压拉伸机技术性能参数

额定拉伸力/kN	300	500	500	750	2000
拉伸速度/m·min⁻¹	2~28	4~24	1~24	3~16	5
额定拉伸速度 /m·min⁻¹	28	12	20	16	5
小车返回速度 /m·min⁻¹	40	40	40	40	10
同时拉伸根数/根		1~3	1	1	1
坯料长度/mm	2000~7500	3500~6000	3500~6000	2500~8500	1300 以上
坯料直径/mm	40~130	35~100	75~120	110~200	
成品长度/mm	9000	8000	8000	2800~9000	
成品直径/mm	35~120	30~98	60~110	100~180	160~408
主电动机型号	JS-125-6	JO-92-6	JS-126-6	JS-125-6	
主电动机功率/kW	2130	275	2115	2130	

6.3.3　圆盘拉伸机

圆盘拉伸机又称为卷筒拉伸机或线材拉伸机，制品出模孔后被卷在圆盘上，是生产长管材、线材不可缺少的设备，主要采用游动芯头衬拉及空拉管材技术生产盘管，采用盘卷线坯料生产线材。这种拉伸机的明显优点是设备占地面积小，拉制的管材、线材长度可达上千米，减少了辅助工序、金属损耗和往复运输造成的机械损伤，适用于高速拉伸。这种拉伸机最适用于生产纯铝等塑性较好的管材，硬合金管材的生产不宜采用。拉制线材不受合金的影响。

圆盘拉伸机一般是用圆盘的直径来表示其能力的大小。用圆盘直径为 2800mm，可拉出管子直径为 70mm，壁厚为 4mm 的管材，拉伸力为 15t。目前最大卷筒直径已有 3500mm。对线材来说，拉制的直径较小，一般控制在 φ12mm 之内。

圆盘拉伸机结构比较复杂，并且与一些辅助工序如开卷、矫直、制夹头、盘卷存放和运输等所用设备与机构组合成一个完整机列。圆盘拉伸机的结构形式较多，根据圆盘轴线与地面的关系分立式和卧式两大类，其中立式圆盘拉伸机又分为正立式和倒立式。主传动装置配置在卷筒上部的圆盘拉伸机称为正立式，主传动装置配置在卷筒下部的圆盘拉伸机称为倒立式。按卸料方式倒立式圆盘拉伸机可分为连续卸料式和非连续卸料式两种。现代生产中，连续卸料的倒立式圆盘拉伸机应用广泛。图 6-26 为倒立式圆盘拉伸机结构示意图，立式圆盘拉伸机的技术性能参数见表 6-21。

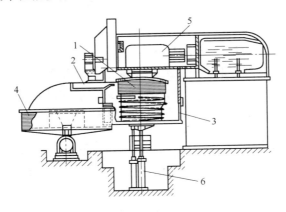

图 6-26　倒立式圆盘拉伸机结构示意图

1—拉伸卷筒；2—横座；3—受料盘；4—放料架；5—驱动装置；6—液压缸

表 6-21　立式圆盘拉伸机技术性能参数

参数名称	立式圆盘拉伸机			
	750 型	1000 型	1500 型	2800 型
拉伸速度/m·min^{-1}	100 ~ 540	80 ~ 540	40 ~ 575	40 ~ 400
在拉伸速度为 100(80) m/min 时的拉伸力/kN	15	25	80	150
卷筒直径/mm	750	1000	1500	2800
卷筒工作长度/mm	1200	1500	1500	
拉伸管材直径范围/mm	12 ~ 8	15 ~ 5	45 ~ 8	70 ~ 25
管材壁厚/mm				4 ~ 1.65
拉伸管材长度/mm	350 ~ 2300	280 ~ 800	130 ~ 600	100 ~ 500
主电动机功率/kW	32	42	70	250
主电动机转速/r·min^{-1}	750 ~ 1500	650 ~ 1800	600 ~ 1800	
设备质量/t	22.15	30.98	40.6	

6.4 矫直机

矫直设备主要用于管材棒材、线材制品的弯曲、椭圆、扭拧等尺寸的矫正。根据矫直的方式不同，一般将矫直设备分为张力矫直机、辊式矫直机、辊式异型管棒材矫直机、压力矫直机及线材矫直机。

6.4.1 辊式矫直机

辊式矫直是圆管材、棒材、线材应用较广泛的一种方法。工作辊以不同的方式排列，制品在工作辊之间运行，并受到工作辊施予的压力，受压后产生反复弯曲变形，从而达到矫正的目的。常用的辊式矫直机有斜辊式矫直机、辊压式矫直机和正弦矫直机三种。

6.4.1.1 斜辊式矫直机

斜辊式矫直机即工作辊的轴线与制品的运行方向呈一定夹角。其工作原理是：制品沿着两排工作辊之间向前运行，当工作辊旋转时，在工作辊施加给制品的压力作用下，产生向前运动和旋转运动的摩擦力，使制品既向前做直线运动，同时又沿着制品轴线做旋转运动。另外，在工作辊的作用下，被矫直的制品在工作辊之间反复弯曲，不断地改变方向，使其弯曲度减小直至消失，从而完成矫直过程。

斜辊式矫直机按辊子数目分为二辊、三辊、五辊、六辊、七辊、九辊、十一辊，一般多采用七辊。随着对制品质量要求的提高，九辊和十一辊也被广泛使用。斜辊式矫直机按辊子排列方式区分，分为立式和卧式两种。辊子可单独调整位移及角度，也可联动调整，通过计算机控制，实现矫直自动化。表6-22列出了几种斜辊式矫直机的主要技术参数。

6.4.1.2 辊压式矫直机

辊压式矫直机通常用来矫直方形、矩形、多边形管材和棒材。辊压式矫直机通常为立式，矫直辊交错排列，矫直辊的辊型与制品的截面相符。一般矫直辊多制成悬臂式结构，辊子的数量在7~12之间。上面的矫直辊为主动辊，可以上下单独手动或电动调整，也可以联动。矫直辊不可调整角度，故矫直过程中制品不可做旋转运动，只能做直线运动。矫直时，电动机通过带动主动辊旋转，来带动制品向前

表6-22 几种斜辊式管棒矫直机主要技术参数

设备名称	矫直范围				矫直速度 /(m·min⁻¹)	制品弯曲度 /(mm·m⁻¹)		主电动机功率 /kW	外形尺寸/m			设备质量 /t	制造厂
	屈服强度 /MPa	管材外径 /mm	管材最大壁厚 /mm	最小长度 /m		矫直前	矫直后		长	宽	高		
卧式七辊矫直机	≤340	10~40	5	2.5	30~60	≤30	≤1	7.5	1.6	1.2	1.2	2.4	太原矿山机器厂
卧式七辊矫直机	≤280	25~75	7.5	2.5	14.6~29.6	≤30	≤1	20	2.3	2.7	1.1	6.44	
卧式七辊矫直机	≤280	60~160	7	2	14.7~33.4	≤30	≤1	40	3.5	2.3	1.5	12.32	
立式管材矫直机	≤400	5~20	6		32	≤30	≤1	1.5×2	1.68	0.81	1.32	1.06	
立式七辊管材矫直机	≤350	15~60	4.5		30~70			22×2	3.23	2.22	1.56	5.88	
立式六辊矫直机	≤400	20~80	12.5		60/90/120/180			40×2	5.96	3.34	2.86	15.67	
卧式七辊管材矫直机	≤340	6~40	5		30~60			7.5	7.2	2.7	2.9	2.4	洛阳矿山机器厂
立式六辊管材矫直机	≤490	30~70	15		60			22×2				16.2	
立式六辊管材矫直机	≤300	20~159	25		30~72			55×2	2.4	1.5	2.8	33	
高精度管材矫直机	≤400	80~220	32.5	3	14~18 30~35	≤30	≤0.5	110×2	35.9	8.87	3.825	125	西安重型机械研究所
高精度管材矫直机	≤450	25~120		2	14~33	≤10		30×2		10			
高精度管材矫直机	≤340	60~250	1.5（最小）	3.5	25~40	≤0.5							

运行，通过反向弯曲的方式，使弯曲的制品向反方向弯曲，以消除弯曲，达到矫直目的。一般矫直机工作辊数量越多，制品反复弯曲的次数越多，矫直的效果越好。由于矫直采用反弯曲方式，没有扭拧方向的变形，故只能矫直弯曲，无法消除扭拧缺陷。

6.4.1.3　正弦矫直机

正弦矫直机通常也称回转式矫直机，适用于小规格薄壁盘管和线材的矫直。正弦矫直机由送料辊、旋转套筒、模孔、引料辊和皮带构成，如图 6-27 所示。盘管或线材在送料辊 1 的作用下向前运动，从旋转套筒 2 中间的模孔 3 中穿过，引料辊 4 将矫直后的制品拉出矫直机并向前运动。引料辊的前端安装有一剪刀，按一定长度剪切矫直后的制品。旋转套筒中的模孔通过调整螺丝，使模孔偏离套筒的轴线，从而组成类似于正弦曲线的状态。制品在模孔的作用下来回弯曲变形，达到矫直目的。

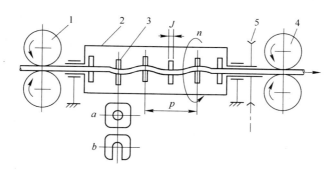

图 6-27　正弦矫直机结构示意图

1—送料辊；2—带工作辊旋转套筒；3—模孔；4—引料辊；5—皮带轮

6.4.2　张力矫直机

张力矫直机是通过拉伸和扭转变形消除制品的弯曲和扭拧缺陷，主要适用于非圆形制品、棒材及消除内应力的制品。拉伸矫直机一端为静夹头（固定夹头），其机头固定不动；另一端为动夹头（移动夹头）。拉伸力是由动夹头内的液压缸产生，拉伸所需的拉伸矫直力取决于制品的断面积和屈服强度，即 $P = R_{eL}F$（F 为被矫直材料的断面积, R_{eL} 为被矫直材料的屈服强度, P 为拉伸矫直力), 根据设备吨位的不同, 选择不同直径的液压缸, 一般矫直机的吨位为 0.1 ~ 30MN。根据生产工艺流程, 张力矫直机可配置在挤压机列中, 作为在线拉伸机; 也可单独配置, 自成体系。

张力矫直机的机头有两种结构形式, 一种为拉伸夹头带扭拧装置, 即钳口可以旋转任意角度, 这种矫直机对制品不但可以进行矫直, 而且可以消除扭拧缺陷。另一种为拉伸夹头不带扭拧装置, 制品在进行张力矫直前先在专门的扭拧机上进行扭拧, 然后再进行矫直。

张力矫直机多为床身式结构, 由动夹头、静夹头 (带扭拧装置)、床身、液压传动装置、上下料装置、控制系统等组成。静夹头根据拉伸制品长度的不同, 通过电动机驱动或手动移到所需位置, 进行拉伸时固定不动, 动夹头由液压缸带动, 通过液压缸施加给制品一个拉伸力, 使制品产生 1% ~ 3% 的冷变形。床身式结构张力矫直机的结构如图 6-28 所示。

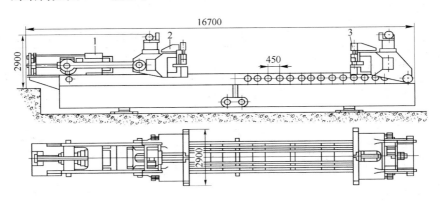

图 6-28 床身式结构张力矫直机结构示意图
1—液压缸; 2—动夹头; 3—静夹头 (带扭拧装置)

张力矫直机也有采用柱子式结构的, 主要由机架、导柱、动夹头、静夹头 (带扭拧装置)、液压系统、上下料机构、控制系统等组成, 如图 6-29 所示。几种张力矫直机主要技术参数如表 6-23 所示。

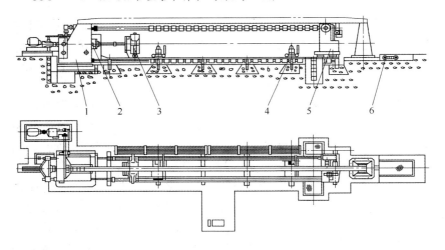

图 6-29 柱子式结构张力矫直机结构示意图

1—机架；2—工作缸；3—动夹头；4—升降料小车；5—静夹头
（带扭拧装置）；6—静夹头移动装置

表 6-23 几种张力矫直机主要技术参数

参 数 名 称	矫直张力/kN							
	150	250	300	1000	2500	4000	8000	15000
液体压力/MPa	13.5	9.75	20	20	20	20	25	20
钳口开度/mm		0~150	160	170~240	160~200	310~360	40~400	1000~1200
制品长度/m	4~31	4.6~44	15~41	4.5~13.48	2.6~5.2	6~12	3~14	3.5~36
最大拉伸行程/mm	1250	1600	1200	1500	1500	1500	2000	3000
拉伸速度/mm·s^{-1}	0~56	0~55	18	15	25	15	5~20	8.5
最大扭矩/kN		2.33	6	7.5	5	15	200	350
扭拧转速/r·min^{-1}		6.2	3	6	0.4	5.2	1.5	1~1.4
扭拧角度/(°)						360	360	360
回程力/kN				75	510	1050		1500
主电动机功率/kW	11	18.5		20	17	75	75×2	75×2
扭拧电动机功率/kW		1.5	2.2	7.5	4.4	22	37	30×4

参 数 名 称		矫直张力/kN							
		150	250	300	1000	2500	4000	8000	15000
设备外形尺寸/m	长	0.56	1.35	49.69	24.88	32.38	37.42		30.42
	宽	1.17	2.42	1.22	1.76	6.15	7.75		2.00
	高	5.92	11.89	1.57	20.6	2.95	3.05		2.76
设备总重/t		5.92	11.89	17	36.8	133.8	128.7		107.67

6.4.3 立式压力矫直机

立式压力矫直机主要是消除一些大断面制品经过张力矫直仍未能消除或因设备所限不能进行矫直的局部弯曲。压力矫直是在立式压力机上进行的，其工作原理就是将制品放在支撑架上，在重负荷的作用下，压于制品的凸起面上，使其产生变形以达到矫直目的。

目前，多将液压机作为压力机。常用的液压传动矫直机有单柱式和四柱式两种，其公称吨位有 630、1000、1600、3150kN 等几种。立式压力矫直机技术参数如表 6-24 所示。

表 6-24 立式压力矫直机技术参数

主要参数		矫直机公称吨位/kN			
		630	1000	1600	3150
柱塞行程/mm		400	460	500	650
工作台面尺寸（长×宽）/mm×mm		2500×400	2000×590	3000×500	3500×900
压力头到工作台距离/mm		550	610	750	900
柱塞速度/mm·s⁻¹	空程	50	20	45	26.4
	负载	1.5		1.58	1.5
	返回	22	27	40	23.8
矫直范围/mm		$\phi50 \sim 150$		$\phi80 \sim 200$	最大高度600

6.5 淬火炉

淬火炉主要用于对热处理可强化的合金进行淬火强化处理，或对热处理不可强化的合金进行控制晶粒度退火处理。淬火炉的结构形式主要有立式、井式及其他形式的淬火装置等。立式淬火炉比较高大，主要用于管材、棒材的淬火或退火处理。井式淬火炉较小，用于线材的淬火和退火处理。卧式淬火炉是一种箱型结构的炉子，用于管、棒、线材的淬火处理。淬火炉的加热方式主要采用电阻加热方式，也可采用燃油或燃气加热方式，目前主要以电阻炉加热方式为主。铝合金用淬火炉的作业方式为间歇式，即制品成批装出炉，在炉内固定位置上周期地完成一个加热过程。

6.5.1　立式淬火炉

立式淬火炉用于管材、棒材的热处理，为减少挤压材中断，提高生产效率和成品率，一般炉子高度与挤压制品长度相配套。考虑到挤压制品后续的拉伸矫直工艺、制品吊起与落下、挤压制品的长度等各种因素，一般将淬火炉的高度控制在 5 ~ 24m 之内。立式淬火炉由炉子本体、加热元件、空气循环风机、风帽、风向导向板、淬火水井、淬火介质、摇臂式挂料架、炉内和炉外用的卷扬吊料机构等组成。淬火介质选择用水，为防止铝材腐蚀，需配备淬火用水处理系统，降低水中的钠、镁等金属离子含量。水井内应配备搅拌系统，使水温保持均匀，一般选择喷射式搅拌或螺旋桨搅拌方式。配备有水冷却系统，将冷却水温及时降下来，以保证水温符合工艺要求。

淬火炉加热时，由鼓风机将加热的热空气通过加热室输送到炉子顶端，通过风帽将热风吹到炉膛内，用于加热制品。由于风向是单向的，热风通过制品被吸热，使温度下降，造成炉膛下部温度低于上部。金属加热速度和温度不均匀，影响制品组织性能的一致性。目前采用带风向导向板的方式，即通过程序控制，热风从炉顶吹入炉膛一定时间后，风向导向板翻转，使热风从炉子底部向上吹入加热室，提高了炉膛底部温度，保证了炉膛温度的均匀，有利于金属组织性能的一致性。

立式淬火炉的炉体支撑在淬火水井的上方，水井的一部分露出炉体。工作时，炉外的吊料机构将制品吊起，放入井内，由摇臂式挂料架将制品接住，并移动到炉膛下方，炉内吊料机构将制品吊入炉膛内，关闭炉门，启动加热元件。完成加热周期后，打开炉门，将加热好的制品由吊料机构快速放入淬火水井内，实现淬火过程，然后由摇臂式挂料架将制品移送到炉外吊料机构下，将制品吊出并放到地面小车上，完成淬火全过程。

立式淬火炉占地面积小，但需要较高的厂房和较深的水井，施工难度大，设备建设费用高。图 6-30 为立式淬火炉炉体结构示意图。表 6-25 列出了淬火炉的主要技术参数。

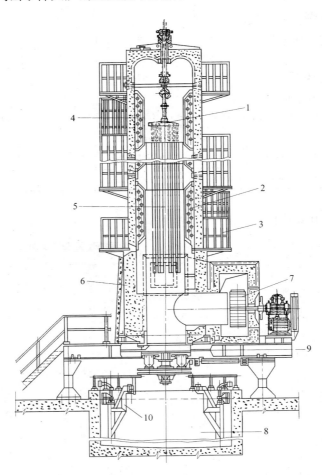

图 6-30　立式空气淬火炉炉体结构示意图

1—吊料装置；2—加热元件；3—炉子走梯；4—隔热板；5—被加热制品；6—炉墙；
7—风机；8—淬火水槽；9—活动炉底；10—摇臂式挂料架

表 6-25   立式淬火炉主要技术参数

立式淬火炉名称	7m 淬火炉	9m 淬火炉	22m 淬火炉	24m 淬火炉
加热方式	电阻	电阻	电阻	电阻
最大装炉量/kg·炉$^{-1}$	1000	2000	1200	1500
制品最大长度/mm	7000	10000		
制品加热温度/℃	500 ± 4	500	530	530
炉子最高温度/℃	600	600		
加热总功率/kW	300	525	750	850
循环风机功率/kW	42/30	42/30	115	115
循环风机风量/m³·h^{-1}	10000	10000		
炉膛有效尺寸/mm×mm	φ1600×10000	φ1600×11000	φ1250×12000	φ1250×14000
外形尺寸 /mm×mm×mm 或 mm	14680 （高）	7007×4660 ×17680（高）	24000	26300（高）
淬火水井尺寸/mm×mm	φ4000×11325	φ4000×14325		

6.5.2   井式淬火炉

井式淬火炉用于线材淬火的加热，主要由炉体、加热元件、风机、淬火水槽、吊料装置等组成。炉体与淬火水槽分为两体，工作时，由吊料装置将料盘连同线材一起吊入炉内，启动风机和加热元件，当完成加热周期后，将料盘及线材快速吊出并放入淬火水槽内，完成淬火过程。井式淬火炉体积较小，风机装在炉门上，从上方向下吹入空气，形成上下循环。由于炉内线材较满，空间小，空气循环稍差，加热温度精度较差。井式淬火炉见图 6-31。

图 6-31   井式淬火炉

6.5.3　其他形式的淬火装置

6.5.3.1　卧式淬火炉

卧式淬火炉是一种箱型结构的炉子，用于管、棒、线材的淬火处理，如图6-32所示。炉子由送料和出料传动装置、炉体和淬火装置三部分组成，空气循环风机安装在炉子进口端顶部。淬火处理的操作过程是：先把需淬火的制品放在进料传送链上，传送链把制品送入炉内进行加热。需淬火时，淬火水槽的水位上升，靠水封喷头将水封住，达到设定水位后，多余的水经回水漏斗流回循环水池，打开出口炉门，传送链即可把制品送入水槽中淬火。卧式淬火炉也可用于退火和时效处理，只要把水槽中的水位降至传送链以下即可。

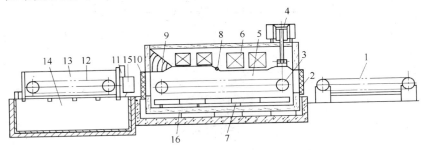

图 6-32　卧式淬火炉结构示意图

1—进出料传动装置；2—进料炉门；3—炉内传动链；4—风机；5—炉膛；6—加热器；
7—炉下室；8—调节风阀；9—导风装置；10—出料炉门；11—水封喷头；
12—出料传动链；13—淬火水槽；14—循环水池；
15—回水漏斗；16—下部隔墙

卧式淬火炉不需要高厂房和深水槽，但其占地面积相对较大。最大的缺点是由于制品淬火时沿横断面的冷却不均匀而造成变形很大，因此卧式淬火炉在挤压材中很少被采用。

6.5.3.2　在线精密水、雾、气淬火系统

在线精密水、雾、气淬火系统安装在距出模口 1～3m 的地方，由一个宽 300～800mm、长 6～11m 的水槽以及多排喷水（气）的喷嘴和管道组成（图6-33）。喷嘴的排数、列数以及水、气、雾的流

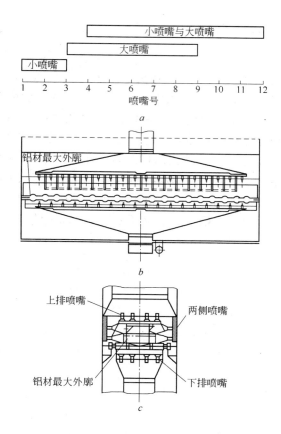

图 6-33   WSP 科梅塔尔公司 20MN 挤压机的精密水、雾、气冷却布置示意图

a—喷嘴数目及其分布位置；*b*—总体结构简图；*c*—俯视图

量、压力、速度、温度和喷嘴的开闭等均由计算机根据铝材的品种、形状和尺寸规格等自动控制，以保证铝材经淬火后既能获得所需的性能，又不至于产生过大的扭曲变形。

6.6　退火、时效炉

　　铝及铝合金用退火炉、时效炉为同一炉体，选择好温度控制系统即可满足两者的需求。炉子的常用结构形式有台车式、箱式、井式等，作业方式有连续式、间歇式，加热方式有电阻加热、燃油或燃气加热、电磁感应加热等，空气循环方式有强制空气循环方式、热辐射等方式。

6.6.1 台车式退火、时效炉

台车式退火、时效炉是一种箱式结构的炉子，在炉子长方向的一端或两端设有炉门，炉子底部设有轨道，轨道上放有台车，台车由牵引装置驱动沿轨道进入或移出炉膛。台车式退火炉由炉体、炉门及提升机构、风机、加热装置、台车及牵引装置、轨道等组成，如图6-34所示。新型结构的炉子不再采用耐火砖结构，炉膛由壁板拼装而成，壁板内层为耐高温的钢板，外层为普通钢板，钢板中间填充具有良好隔热和保温性能的纤维毡、矿渣棉等轻质材料。空气循环风机设在炉膛一端或炉子顶部，空气循环风道设在炉膛上方，加热装置设在风道中。炉门由电动提升机构控制开启与关闭。单炉门炉体由牵引装置将台车拉出后再卸料、装料，而两端有炉门的炉子，台车从一端炉门出来，另一辆台车从另一炉门进入炉内，加热完成后，炉内的台车出来，另一端的台车进入炉内。两者相比，双炉门比单炉门生产效率高，而且不会因为制品温度过高而发生烫伤，另外制品及时进入炉内，可减少能源消耗。但双炉门的炉子占地面积大，投资大。

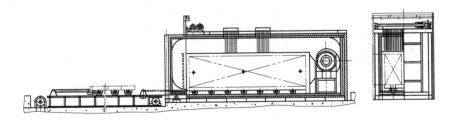

图6-34 台车式退火炉结构示意图

6.6.2 箱式退火、时效炉

箱式退火炉由钢制外壳、耐火砖、隔热材料、耐热钢板制成的内壳等组成，上顶为可移动的炉盖，电加热装置安装在炉壁两侧或炉顶，炉子一端装有离心式风机，通过强制空气循环提高炉内温度的均匀性。制品装入料筐中，采用吊料装置将料筐与制品吊入、吊出炉膛，受炉膛限制及吊车起重能力的影响，一般炉膛尺寸较小，装炉量都比较少。

　　还有一种箱式退火炉是由箱体、传送装置、加热元件等组成，炉子两端开有炉门。制品放在传送装置上，由传送装置将制品输送到炉内，炉顶为电加热器，通过辐射传递热量。传送装置连续运行，将加热后的制品及时传送到炉外，降低加热时间，可防止制品加热时产生晶粒粗大。由于制品加热时间短，这种退火炉只适用于壁厚较薄的薄壁管材退火使用。

6.6.3　井式退火、时效炉

　　井式退火、时效炉用于线材的生产。炉子由炉体、炉盖、风机、加热装置等组成，炉体为圆筒形钢结构和耐火材料构成，顶部为上开盖的炉门。电阻加热装置安装在炉壁的四周，辐射热直接对着炉膛内，风机安装在炉子底部或炉盖上，如图 6-35 所示。表 6-26 列出了井式电阻炉主要技术参数。

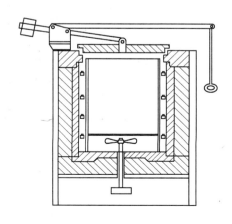

图 6-35　井式电阻炉结构示意图

表 6-26 井式电阻炉主要技术参数

型 号	加热功率/kW	电压/V	相数	最高工作温度/℃	炉膛尺寸/mm × mm
RJJ-36-6	36	380	3	650	$\phi 500 \times 650$
RJJ-55-6	55	380	3	650	$\phi 700 \times 950$
RJJ-75-6	75	380	3	650	$\phi 950 \times 1200$

6.6.4 中频感应退火炉

中频感应退火炉属于快速加热式退火炉，主要用于 3A21、5A02 等合金管材快速退火的专用设备，防止管材退火时产生晶粒粗大。炉子由感应加热线圈、送料轨道、出料轨道、喷水冷却装置等组成。管材单根或成小捆由送料轨道送入感应线圈内并进行快速加热，出感应线圈后即喷水冷却。

6.7 锯床

锯切主要是对制品进行下料、切头、切尾、取试样料和切成品。锯切设备一般有带锯机、简易圆盘锯、杠杆式圆锯切机和滑座式锯切机（圆锯床）等。

6.7.1 圆锯床

圆锯床用于锯切直径较大的厚壁管，主要由锯切机构、送进机构、压紧机构和工作台等部分组成，其技术性能参数如表 6-27 所示。目前用于铝及铝合金半成品及成品锯切的圆锯床已被高速圆锯代替，锯片转速已达到每分钟几千转。

表 6-27 圆锯床主要性能参数

主要参数	型 号		
	G607	G601	G6014
锯片直径/mm	710	1010	1430
最大锯切规格(高×宽) /mm × mm 或 mm	$\phi 240$ 方材 220 × 220	$\phi 350$	$\phi 500$ 方材 350 × 350

续表 6-27

主要参数		型　号		
		G607	G601	G6014
主轴转速/r·min^{-1}		4. 75/6. 75/ 9. 5/13. 5	2/3. 15/5/8. 1/ 12. 4/20	1. 52/2. 47/ 4. 21/9. 7/16. 55
进给速度/mm·min^{-1}		25 ~ 400	12 ~ 400	12 ~ 400
主电动机功率/kW		5. 5	13	14
外形尺寸/mm	长	2350	2980	3675
	宽	1300	1600	1940
	高	1800	2100	2356
设备质量/t		3. 6	6. 2	10

6.7.2　简易圆盘锯

　　简易圆盘锯适用于锯切直径在 50mm 以下的管材。简易圆盘锯由锯片、皮带、电动机和工作台组成,这种锯的优点是切断后的断面垂直于管材轴线,而且设备结构简单,使用寿命比带锯长。其主要技术参数如表 6-28 所示。

表 6-28　简易圆盘锯主要技术参数

技术参数	管材用简易圆盘锯	技术参数	管材用简易圆盘锯
锯片直径/mm	250 ~ 300	锯片转速/r·min^{-1}	5000
锯片厚度/mm	0. 5 ~ 1. 5	电动机功率/kW	3 ~ 4
锯片齿数/个	125 ~ 150	电动机转速/r·min^{-1}	2900

6.7.3　杠杆式圆锯切机

　　杠杆式圆锯切机结构简单,适用于小断面挤压管材的热锯切和小断面半成品制品的锯切,由带锯片的摆动架、摆动轴和电动机组成。锯片的送进和返回是通过扳动摆动架上的手柄,使摆动架绕摆动周来实现的。杠杆式圆锯切机一般作为临时性的设备使用。其结构如图 6-36 所示。

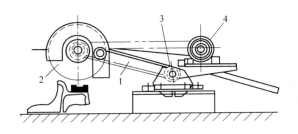

图 6-36 杠杆式圆锯切机简图
1—摆动框架；2—锯片；3—摆动轴；4—电动机

6.7.4 带锯机

带锯机有立式带锯机和卧式带锯机。卧式带锯机通常用于制品的切断，立式带锯机通常用于制品端头的锯切。带锯机用于管材锯切具有锯切速度快、锯缝小的优点，但由于带锯条的使用寿命不如圆锯长，因而使用范围不广泛。

一般锯条全长 7 ~ 8m，锯条的宽度为 35mm，厚度为 0.75 ~ 1.25mm，每 100mm 长度上有 15 ~ 30 个锯齿。为了使锯切口清洁，应根据制品的尺寸选择锯齿的大小。锯齿大小取决于每 100mm 锯条长度内的齿数。因此，锯切管材时，每 100mm 锯条长度内的锯齿数必须与制品的壁厚和管材的直径相适应，如表 6-29 所示。

表 6-29 选择带锯条齿数参考值

管材壁厚/mm	每 100mm 锯条长度内锯齿数/个
1.5 以下	30
1.6 ~ 3.0	24
3.0 以上	15 ~ 18

参 考 文 献

[1] 肖亚庆，谢水生，刘静安．铝加工技术应用手册[M]．北京：冶金工业出版社，2005．

[2] 王祝堂，田荣璋．铝合金及其加工手册[M]（第3版）．长沙，中南大学出版社，2005．

[3] 刘文韬．铝合金挤压成型技术及表面处理、阳极氧化与喷涂、焊接新工艺和挤压设备、模具设计制造选用实用手册[M]．银川：宁夏大地出版社，2007．

[4] 马怀宪．金属塑性加工学：挤压拉拔与管材冷轧[M]．北京：冶金工业出版社，2006．

[5] 温景林．金属挤压与拉拔工艺学[M]．沈阳：东北大学出版社，1996．

[6] 温景林，丁桦，曹富荣．有色金属挤压与拉拔技术[M]．北京：化学工业出版社，2007．

[7] 3. A. 考夫，等．冷轧钢管[M]．李长穆、李向杰译．北京：中国工业出版社，1965．

[8] 东北工学院金属材料系金加专业编．有色金属加工学，1978．

[9] 中南矿冶学院有色金属及合金压力加工教研室编．有色金属及合金管棒型材生产，1977．

[10] 王锰，等．轻金属材料加工手册[M]．北京：冶金工业出版社，1979．

[11] 魏军．金属挤压机[M]．北京：化学工业出版社，2005．

[12] 钟毅．连续挤压技术及其应用[M]．北京：冶金工业出版社，2004．

[13] 刘静安．铝合金挤压工具典型图册[M]．北京：化学工业出版社，2008．

[14] 贾俐俐．挤压工艺及模具[M]．北京：机械工业出版社，2004．

[15] 翟德梅．挤压工艺及模具[M]．北京：化学工业出版社，2004．

[16] 杨如柏．CONFORM连续挤压译文集[M]．张胜华编译．长沙：中南工业大学出版社，1989．

[17] 谢建新，刘静安．金属挤压理论与技术[M]．北京：冶金工业出版社，2002．

[18] 樊刚．热挤压模具设计与制造基础[M]．重庆：重庆大学出版社，2001．

[19] 武恭，姚良均．铝及铝合金材料手册[M]．北京：冶金工业出版社．

[20] 刘静安，李建湘．铝合金管棒线材生产技术与装备发展概况[J]．轻合金加工技术，2007，35(5)：4~8．

[21] 夏建奎，赵淑丽．铝合金管材轧制变形过程的研究[J]．科技咨询导报，2007(24)．

[22] 邓小民．5056合金薄壁管冷加工工艺研究[C]．全国第十二届轻合金加工学术交流论文集，2003．

[23] 谢水生，贺金宇，刘静安．扁挤压筒结构参数优化及分析研究[J]．塑性工程学报，2001．

[24] 孙宝田．C330H型CONFORM生产线机械设计简介[J]．轻合金加工技术，1992．

[25] 温景林，管仁国，石路．连续铸挤成型技术的发展及应用[J]．轻合金加工技术，2005，33(4)：12~15．

［26］徐文嘉，陈纪纲. 铝线拉拔力的测量装置［J］. 轻合金加工技术，1995(6).

［27］张胜华，胡建国. 连续挤压管材焊合性能的研究［J］. 轻合金加工技术，1991，19（12）.

［28］杨贵平. 铝及铝合金管材拉伸配模计算程序设计［J］. 铝加工，1993，16(4).

［29］周宜淼. 圆管拉拔工艺的 K 系列参数［J］. 有色金属加工，1997.

［30］钟忠. 采用流动芯头拉伸管材时对芯头稳定性的研究［J］. 有色金属加工，1991.

冶金工业出版社部分图书推荐

书　　名	定价（元）
铝加工技术实用手册	248.00
轻合金挤压工模具手册	255.0
铝、镁合金标准样品制备技术及其应用	80.00
铝合金熔铸生产技术问答	49.00
铝合金材料的应用与技术开发	48.00
大型铝合金型材挤压技术与工模具优化设计	29.00
铝型材挤压模具设计、制造、使用及维修	43.00
镁合金制备与加工技术	128.00
半固态镁合金铸轧成形技术	26.00
铜加工技术实用手册	268.00
铜加工生产技术问答	69.00
铜及铜合金挤压生产技术	35.00
铜及铜合金熔炼与铸造技术	28.00
铜合金管及不锈钢管	20.00
高性能铜合金及其加工技术	29.00
钛冶金	69.00
特种金属材料及其加工技术	36.00
金属板材精密裁切100问	20.00
棒线材轧机计算机辅助孔型设计	40.00
滚珠旋压成形技术	30.00
有色金属行业职业教育培训规划教材	
金属学及热处理	32.00
有色金属塑性加工原理	18.00
重有色金属及其合金熔炼与铸造	28.00
重有色金属及其合金板带材生产	30.00
重有色金属及其合金管棒型线材生产	38.00
有色金属分析化学	46.00